統計ライブラリー

新版
ロジスティック回帰分析

SASを利用した統計解析の実際

丹後俊郎
山岡和枝
高木晴良

[著]

朝倉書店

新版への序

　ロジスティック回帰分析―SAS を利用した統計解析の実際―を 1996 年に出版してから早くも 17 年がたった．ロジスティック回帰分析は，SAS，SPSS，STATA，R などの統計ソフトの普及もあり，医学を始めさまざまな分野で利用されるようになってきた．この間，疫学研究においてもケース・コホート研究，ネステッド・ケースコントロール研究などのハイブリッドな研究デザインを取り入れた研究が提案されてきた．一方で統計モデルに関しても，相関のあるデータとして個人差や経時的データを含む階層構造やクラスター構造をもつデータの解析も大きく進展がみられた．これまで母数効果モデルが中心であった統計モデルから，変量効果モデルとしてのロジスティック回帰分析が利用されるようになってきた．さらに，欠測を含む不完全データの解析にも大きな関心が寄せられている．

　このようなデータ解析では，推定の意味やメカニズム，前提となる仮定，解析の限界など，より複雑な理論への理解が求められる．このような時代の変遷に対応するために，本書もこのたび改訂版を発刊することになった．改訂にあたっては，本書の当初の目的であるロジスティック回帰分析の基本的理論およびそれと有機的に結びついた事例を挙げて応用例を示し，基礎と応用への理解が深まるよう図るという基本方針を踏襲し，それに新しいトピックを加えるということを基本とした．主な改訂点は次の点である．

1. 第 2 章では疫学研究での比較の尺度，調査の種類と発症確率，ケース・コホート研究，ネステッド・ケースコントロール研究などのハイブリッドな研究デザインと関連する指標について整理し，2.6 節にこれらの指標とロジスティック回帰分析での推定の意味について解説した．
2. さらに相関構造をもつ場合として新たに階層構造やクラスター構造をもつデータの解析（2.7 節）と，欠測データを持つ不完全データの解析（2.8 節）についての多重補完法なども含めた解説を加えた．
3. 第 3 章では 2.7 節と対応して階層構造やクラスター構造をもつデータ解析（3.4 節）に関して，クラスター構造と経時データという 2 つのケースを例に取り解説を加えた．さらに 2.8 節と対応して欠測データを持つ不完全データの解析事例（3.5 節）について，完全ケース，「無視できる最尤法」，多重補完法の解析例を加えた．
4. SAS V9.3 でのロジスティック回帰分析のために提供された新たなプロシージャや

コマンド,正確な方法などを利用し,より便利になった機能を利用するように変更した.
5. 付録として掲載していた Windows 版 SAS の基本的利用法や巻末に掲載していたデータを WEB での提供 (http://www.asakura.co.jp/books/isbn/978-4-254-12799-7/ からダウンロード可能) とし,新しい情報を加えて重くなった分をできるだけ軽減するように図った.

新版ロジスティック回帰分析での新たな展開が,読者の方々のロジスティック回帰分析への理解をさらに深め,複雑なモデルを用いた解析の正しい利用がさらに普及していくことを期待したい.また,この 17 年間に様々な読者の方々からいただいた誤記等についてのご指摘についてはできるだけ反映させた.ご指摘をいただいた皆様にはこの場を借りて感謝の意を表したい.最後に,改訂版にあたりご尽力をいただいた朝倉書店編集部の関係者の皆様に心からの御礼を申し上げたい.

2013 年 10 月

丹　後　俊　郎
山　岡　和　枝
高　木　晴　良

序

　回帰分析といえば，従属変数 y を独立変数群（$x_1, \cdots, x_r$）の線形和で説明（予測）しようとする

$$y = \beta_0 + \beta_1 x_1 + \cdots + \beta_r x_r + 誤差$$

なる重回帰分析を思い出すかもしれない．しかし，従属変数である変数 y には体重とか血圧などのような連続変数が仮定されており，重要な統計的推論にはその（誤差の）分布に正規分布が仮定されていることを忘れてはならない．世の中にはある疾病の発生，車の故障，地震の発生などのように，ある事象の生起の有無を表す2値変数を従属変数として独立変数群で説明（予測）したい場合も少なくない．このために $y=0,1$ として重回帰分析を適用しようとしても，連続変数と正規分布の仮定が満足されず適当でない．この種の2値変数と説明変数群との関係をモデル化した方法の1つがロジスティック回帰分析である．その歴史は統計学的には決して新しくないが，その分析方法の有用さが広く一般に認識されたのは，1967年に Truett, Cornfield and Kannel によって発表されたロジスティック回帰分析を利用したフラミンガム疫学調査結果の論文である．冠状動脈性疾患のリスクファクターを定量的に評価したもので，それまでの研究方法にはない新鮮さと強力さがあふれていたのである．それ以来，さまざまな分野で多変量解析の1つの方法としてロジスティック回帰分析が用いられてきている．特に疫学調査では多変量調整オッズ比の推定のための必須の道具となっている．

　最近では，SAS, BMDP, SPSS, S-PLUS など，世界的に広く利用されている統計ソフトにもロジスティック回帰分析は必須のプログラムとして提供されている．しかしながら，日本ではロジスティック回帰分析を系統的に解説したテキストは見当らない．したがって，「文献で logistic regression analysis という方法をよく目にするがその方法がよくわからないので教えてほしい」，「何かロジスティック回帰分析を解説した本でよいものはないか」という主旨の相談を幾度も受けてきた．こうしたことから日本語のテキストの必要性を感じるとともに増大する需要に応えることが本書の刊行の動機となったのである．

　本書の構成は，ロジスティック回帰分析を数理統計学的な立場から解説を行う専門書ではなく，読者が抱える課題を解決するための調査デザインとそれに必要な統計解析を解説する形をとった．つまり，具体的な問題の中からその方法論の必要性を解説し，基本的な考え方，分析結果の解釈を理解していただく，という点に主眼を置いた

構成をめざしている．特に1章「ロジスティック回帰分析の歴史と応用分野」はまず最初に読んでいただきたい章である．ロジスティック回帰分析とは何かが理解できるだろう．一方で，その数理に興味のある読者（特に，理工系の学生，研究者）が学習する便を計るため「統計的推測」の章を独立に設けた．もっとも，この章は数理の展開だけでなく統計学的推測の考え方も詳しく解説してあるので本書の読者すべてに参考となるものと考えている．また，ロジスティック回帰分析を「読解」するだけでなく，その実際を「肌で感じて」いただくことをめざして，代表的な統計ソフトSAS (Windows版，version 6.11) を用いて，一連のデータ解析の過程を詳細に解説している．実際例を用いて解析結果を示すことにより，読者自身が実際に解析を行い，結果を出力し，その結果から必要な統計量を算出し，そこから可能な推論を導くといったプロセスを擬似体験できると考えている．

　SASを取り上げた理由は主として「利用者が多い」ことだけであり，他の秀れた統計ソフトBMDP，SPSS，S-PLUSなども解説したかったが残念ながら紙面の都合上断念せざるを得なかった．

　本書によりロジスティック回帰分析の理解が広まり，正しい利用方法が普及することを期待したい．

1996年6月

丹後俊郎
山岡和枝
高木晴良

目　次

1. **ロジスティック回帰分析の歴史と応用分野** …… *1*
   - 1.1　フラミンガム研究——コホート研究 …… *1*
     - 1.1.1　リスクファクター …… *1*
     - 1.1.2　Cornfield の線形判別関数 …… *2*
     - 1.1.3　Truett らの報告 …… *5*
     - 1.1.4　リスクの大きさ——オッズ比 …… *7*
     - 1.1.5　長期間の追跡の問題点 …… *8*
   - 1.2　ケースコントロール研究 …… *10*
   - 1.3　クロスセクショナル研究 …… *12*
   - 1.4　交絡因子と臨床試験 …… *13*
   - 1.5　分 散 分 析 …… *15*
   - 1.6　LD50, ED50 の推定 …… *17*
   - 1.7　スペースシャトル事故の予測 …… *19*

2. **ロジスティック回帰モデル** …… *22*
   - 2.1　ロジスティック回帰分析の前に …… *22*
     - 2.1.1　疾病発症の指標 …… *22*
     - 2.1.2　人年・人月・人日の意味 …… *24*
     - 2.1.3　比較の尺度 …… *26*
   - 2.2　モデルの概要 …… *27*
     - 2.2.1　モデルの構造 …… *27*
     - 2.2.2　調査の種類と発症確率の解釈 …… *29*
     - 2.2.3　標本とプロファイル …… *30*
     - 2.2.4　変数と用語 …… *31*
   - 2.3　推定と検定の方法 …… *31*
     - 2.3.1　最 尤 法 …… *33*
     - 2.3.2　条件付きロジスティック回帰モデル——条件付き最尤法 …… *34*
     - 2.3.3　正確な方法——完全な条件付き尤度構成法 …… *36*
   - 2.4　オッズ比の計算と解釈 …… *37*

- 2.5 Poisson 回帰モデルとの近似的同値性——開いたコホート ………… *39*
- 2.6 ケースコントロール研究でのオッズ比の解釈 ………………………… *42*
  - 2.6.1 伝統的なケースコントロール研究 ………………………………… *42*
  - 2.6.2 Mantel のアプローチ ……………………………………………… *45*
  - 2.6.3 ケース・コホート研究 ……………………………………………… *46*
  - 2.6.4 ネステッド・ケースコントロール研究 …………………………… *47*
- 2.7 階層構造,クラスター構造をもつデータの解析 ……………………… *48*
- 2.8 欠測データを含む不完全データの解析 ………………………………… *51*
  - 2.8.1 欠測データメカニズム ……………………………………………… *52*
  - 2.8.2 回帰モデルでの欠測データメカニズムの意味 …………………… *54*
  - 2.8.3 多重補完法の考え方 ………………………………………………… *56*
  - 2.8.4 線形回帰モデルを利用した多重補完法の手続き ………………… *57*
  - 2.8.5 Rubin のルール ……………………………………………………… *60*
- 2.9 測定誤差の調整 …………………………………………………………… *60*
  - 2.9.1 基本的な考え方 ……………………………………………………… *60*
  - 2.9.2 Rosner らのモデル ………………………………………………… *64*
- 2.10 標本の大きさ ……………………………………………………………… *65*
  - 2.10.1 説明変数が連続変数の場合 ………………………………………… *66*
  - 2.10.2 説明変数が 2 値変数の場合 ………………………………………… *68*
- 2.11 ロジスティック回帰分析の文献例 ……………………………………… *70*
  - 2.11.1 腎結石とカルシウムに関するコホート研究 ……………………… *70*
  - 2.11.2 男性乳がんと職業との関連に関するケースコントロール研究 ……… *72*
  - 2.11.3 乳がんのリスクに関するコホート内ケースコントロール研究 ……… *74*
  - 2.11.4 学童の愁訴に関するクロスセクショナル研究 …………………… *75*
  - 2.11.5 学童の呼吸器症状と大気汚染に関するクロスセクショナル研究 …… *77*

3. SAS を利用した解析例 ……………………………………………………… *81*
- 3.1 解析での留意点 …………………………………………………………… *81*
  - 3.1.1 SAS で利用できるプロシージャ …………………………………… *81*
  - 3.1.2 解析の手順 …………………………………………………………… *82*
  - 3.1.3 ダミー変数のつくり方 ……………………………………………… *82*
- 3.2 低体重児のリスクファクターに関するケースコントロール研究 …… *85*
  - 3.2.1 データ構造 …………………………………………………………… *85*

3.2.2　主効果だけのモデル ……………………………………………… *86*
　　3.2.3　LOGISTIC による変数選択 …………………………………… *105*
　　3.2.4　交互作用項の検討 ……………………………………………… *109*
　　3.2.5　CATMOD による influential プロファイルの検索 …………… *114*
　3.3　子宮内膜がんに関するマッチド・ケースコントロール研究 ……… *119*
　　3.3.1　データ構造 ……………………………………………………… *119*
　　3.3.2　PHREG による1対1マッチングの解析 ……………………… *120*
　　3.3.3　PHREG による1対4マッチングの解析 ……………………… *132*
　　3.3.4　PHREG による変数選択 ………………………………………… *133*
　　3.3.5　PHREG による交互作用の検討 ………………………………… *136*
　　3.3.6　PHREG による influential プロファイルの検索 ……………… *138*
　3.4　データが階層構造，クラスター構造をもつ場合のロジスティック回帰分析
　　………………………………………………………………………………… *143*
　　3.4.1　小学生の読み書き能力に関する調査 ………………………… *144*
　　3.4.2　呼吸器疾患に関する治療法を比較する無作為化比較実験 ……… *153*
　3.5　欠測データを含む不完全データの解析例 …………………………… *163*
　　3.5.1　SAS による欠測データを取り扱う一般的な方法 ……………… *163*
　　3.5.2　SAS を用いた多重補完法の実践例 …………………………… *165*
　3.6　老人の手段的自立に関するクロスセクショナル研究 ……………… *175*
　3.7　性別・学年別愁訴発現率 ……………………………………………… *181*
　3.8　スペースシャトル事故予測の解析例 ………………………………… *183*
　3.9　LD50，ED50 の推定 …………………………………………………… *191*
　3.10　条件付き正確な推定・検定法の解析例 ……………………………… *195*

4.　他の関連した方法 ……………………………………………………………… *200*
　4.1　Mantel-Haenszel 型の推測 …………………………………………… *200*
　4.2　比例オッズモデル ……………………………………………………… *203*
　　4.2.1　モデルの概要 ……………………………………………………… *204*
　　4.2.2　文献例：Woodward らの冠状動脈性疾患に関する研究 ……… *206*
　　4.2.3　LOGISTIC を利用したチーズの官能検査データの解析 ……… *209*
　4.3　Cox の比例ハザードモデル …………………………………………… *212*
　　4.3.1　モデルの概要 ……………………………………………………… *212*
　　4.3.2　文献例：Jacobson らのエイズに関する研究 …………………… *217*

       4.3.3　PHREGを利用した肺がんの臨床試験データの解析例 ……………… *221*

5. 統計的推測 …………………………………………………………………… *241*
　5.1　一般化モデルと尤度の構成法 ………………………………………………… *241*
　5.2　最　尤　法 ……………………………………………………………………… *243*
　　5.2.1　モデルと尤度 …………………………………………………………… *243*
　　5.2.2　最尤推定値 ……………………………………………………………… *244*
　　5.2.3　最尤推定値の存在条件 ………………………………………………… *246*
　　5.2.4　信　頼　区　間 ………………………………………………………… *246*
　　5.2.5　モデルの適合度 ………………………………………………………… *248*
　　5.2.6　overdispersion ………………………………………………………… *253*
　　5.2.7　influentialプロファイル検索のための診断統計量 ………………… *254*
　　5.2.8　モデルの有意性検定――尤度比検定 ………………………………… *256*
　　5.2.9　モデルの有意性検定――Wald検定とスコア検定 ………………… *256*
　　5.2.10　スコア検定とMantel-Haenszel検定 ……………………………… *258*
　　5.2.11　変　数　選　択 ………………………………………………………… *260*
　　5.2.12　ＡＩＣ規準 ……………………………………………………………… *262*
　5.3　条件付き最尤法 ………………………………………………………………… *263*
　　5.3.1　条件付き尤度 …………………………………………………………… *263*
　　5.3.2　層　別　解　析 ………………………………………………………… *264*
　　5.3.3　influentialプロファイル検索のための診断統計量 ………………… *266*
　5.4　完全な条件付き尤度最大法――正確な方法 ………………………………… *268*
　　5.4.1　検　　　定 ……………………………………………………………… *268*
　　5.4.2　推　　　定 ……………………………………………………………… *269*

参　考　文　献 …………………………………………………………………………… *270*

索　　　引 ………………………………………………………………………………… *275*

1. ロジスティック回帰分析の歴史と応用分野

本章では疫学研究におけるロジスティック回帰分析のルーツとその分析方法の幅広い応用分野について概観する.これまでの研究でどのような形でロジスティック回帰モデルが活用されてきたかを知ることができよう.

1.1 フラミンガム研究——コホート研究

今日疫学研究で広く利用されているロジスティック回帰分析のルーツは,1948年にアメリカのフラミンガムで開始された冠状動脈性疾患に関するコホート研究(cohort study)に遡る.このフラミンガム研究(Framingham study, Dawber, *et al.*, 1951)が当時の医学にはなかった新しい概念「多重リスクファクター(multiple risk factor)」をつくり上げたのである.

1.1.1 リスクファクター

当時,結核と結核菌の関係のように,病因概念として定着していたのは原因としての「病原菌」,結果としての疾病の「発症」という1:1の因果関係であった.コッホの4原則はまさにその典型例である:
1) 病原菌は対象疾患患者のすべてに存在すること
2) 対象疾患以外の患者にはその病原菌は存在しないこと
3) 分離培養された病原菌を感受性ある動物に投与すると同じ疾患が再現されること
4) この動物からも再び病原菌が分離できる

しかし,がん,糖尿病,循環器疾患のようないわゆる成人病は,感染症とは異なり,病因と思われる因子に曝露されてから発症するまでの時間が長いこともあり,個人ごとにそれを特定することは困難である.したがって,患者個人個人に対して病因を特定する臨床的な努力をする代り,同じ因子をもつ集団を追跡して対象疾患の発症の程度を観察する疫学的な努力をするという方法論の転換が必要になる.もちろん,結核

菌のように対象疾患の患者のすべてに同じ因子が存在するわけではない．因子の組合せとその程度が異なり，また同程度の因子を有していても，発症する人もいれば発症しない人もいるという確率的な現象と解釈するのである．ある因子への曝露の程度が増大するに従って発症のリスクも増大するという統計的用量–反応関係が存在するとき，この因子を対象疾患と関連のある危険な因子ということでリスクファクター（risk factor）と呼ぶ．このリスクファクターは冠動脈性疾患の例では高血圧，高コレステロール血症，喫煙習慣というように通常は複数個存在し，それらを多くもつ個体ほど発症の確率（リスク）が高まると捉える．リスクファクターの中には真の原因と誘発因子が存在するとも考えられるが，どれがどれと特定することが困難であるので特にその区別はしない．したがって，リスクファクターの塊としての患者とリスクファクターを全くもたない健常人という2元論ではなく，患者も健常人も，その両極端の間にそれぞれのリスクファクターをその強弱を含めてさまざまな組合せでもつ連続量としてのリスクを抱えた集団として捉えるのである．

1.1.2　Cornfield の線形判別関数

フラミンガム研究は，Dawber らのフラミンガムに拠点をおく調査実施グループと，解析用のコンピュータが置かれていた NIH の Cornfield らを中心とする解析担当グループの2つに分かれていた．Cornfield は前項に述べた連続量としての発症リスクを評価するために，リスクファクターの組合せである説明変数 $\boldsymbol{x} = (x_1, x_2, \cdots, x_r)$ をもつ個体の発症確率 $p(\boldsymbol{x})$ を

$$p(\boldsymbol{x}) = \Pr\{発生 \mid x_1, x_2 \cdots, x_r\} = \frac{\exp(Z)}{1+\exp(Z)} = \frac{1}{1+\exp(-Z)} \tag{1.1}$$

と表現することを提唱したのである．Z は説明変数の線形な合成変数である．このモデルが Cornfield によって発表されたのは調査が始まって15年目の1962年であった．発症群と非発症群ごとに血清コレステロール，血圧などの連続変数からなるリスクファクターの分布が多変量正規分布すると仮定し，発症群と非発症群とを判別する線形判別関数として導いたのである．

さて，リスクファクターの中には血圧のような連続変数ばかりでなく心電図所見のようなカテゴリー変数であるものが少なくない．このようにいろいろな尺度をもつ変数がリスクファクターとなる可能性を考えると，多変量正規分布という仮定はあまりにも非現実的すぎる．そこで，Walker and Duncan（1967）はこの仮定を必要としない最尤法（maximum likelihood method, 5.2節参照）で推定することを提案した．

解説 1.1：ロジスティック回帰モデル

一般にある現象の発生する確率（割合）p を，その現象の生起を説明するために観測された変数群 $x = (x_1, \cdots, x_r)$ で説明しようと考える場合，$x = (x_1, \cdots, x_r)$ という状態のもとで現象が発生するという条件付き確率を $p(x)$ で表し，これを

$$p(x) = \Pr\{発生 \mid x_1, x_2, \cdots, x_r\} = F(x_1, \cdots, x_r) \tag{1.2}$$

という関数 F を用いてモデル化（modeling）することが多い．ここで，

(1) r 個の変数の影響を線形な合成変数

$$Z = \beta_0 + \beta_1 x_1 + \beta_2 x_2 + \cdots + \beta_r x_r \tag{1.3}$$

(2) 関数 F に Z のロジスティック関数（logistic function）

$$F(Z) = \frac{\exp(Z)}{1 + \exp(Z)} = \frac{1}{1 + \exp(-Z)} \tag{1.4}$$

としたモデルが式 (1.1) のモデルである．つまり図 1.1 に示すように，$(-\infty \sim \infty)$ の変動範囲をもつ説明変数の合成変量 Z と範囲 $(0, 1)$ に値をもつ発生確率 $p(x)$ とをロジスティック関数でリンク（結合）させたモデルである．

式 (1.1) を変形すると

$$\log \frac{p(x)}{1 - p(x)} = \beta_0 + \beta_1 x_1 + \beta_2 x_2 + \cdots + \beta_r x_r \tag{1.5}$$

となり，見掛け上，重回帰モデルのような式が現れる．これがロジスティック「回帰」モデル（logistic regression model）と呼ばれる由来である．また式 (1.5) の左辺を確率 $p(x)$ のロジット（logit）と呼び，ロジット分析（logit analysis）とも呼ばれる．

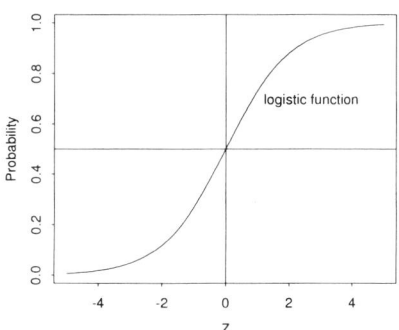

図 1.1 ロジスティック関数：$F(Z) = 1/(1 + \exp(-Z))$．これよりロジスティック回帰モデルは，$(-\infty \sim \infty)$ の変動範囲をもつ説明変数の合成変量 Z と範囲 $(0, 1)$ に値をもつ発生確率 $p(x)$ とをロジスティック関数でリンク（結合）させたモデルであることがわかる．

解説 1.2：線形判別関数

発症群と非発症群の追跡開始時点でのリスクファクター $x = (x_1, x_2, \cdots, x_r)$ の分布がそれぞれ多変量正規分布 $N(\mu_1, \Sigma_1)$，$N(\mu_0, \Sigma_0)$ に従うと仮定する．それぞれの群の確率密度関数は

$$f_j(x) = \left(\frac{1}{\sqrt{2\pi}}\right)^r |\Sigma_j|^{-0.5} \exp\left\{-(x - \mu_j)^t \Sigma_j^{-1} (x - \mu_j)\right\} \tag{1.6}$$

μ_j：平均値ベクトル，Σ_j：分散共分散行列　　($j = 0, 1$)

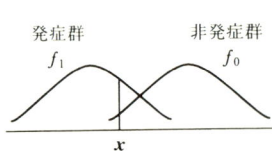
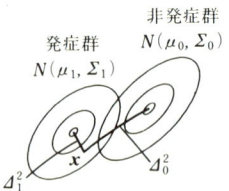

図1.2 あるリスクファクター x をもっている個体の判別．確率密度が大きい群 $f_1(x) > f_0(x)$ に判別する方式によりこの個体は発症群 f_1 に判別される．

図1.3 Mahalanobis距離最小化の規準．等分散性 $\Sigma_1 = \Sigma_0 = \Sigma$ がだいたい成立すると考えられる場合には，密度関数最大化の基準は Mahalanobis 距離最小化の基準と等価となる．したがってこの個体は $\Delta_1^2 < \Delta_0^2$ より発症群に判別される．

で与えられる．このとき，あるリスクファクター x をもっている個体をこの確率密度が大きい群に判別すると考えても不自然ではない．ここで各群内のデータのバラツキの大きさがそれほど異ならない，つまり

$$\Sigma_1 = \Sigma_0 = \Sigma$$

なる等分散性がだいたい成立すると考えられる場合には，密度関数最大化の基準は次に示すMaharanobis 距離（distance）最小化の基準と等価となる（図1.2, 1.3参照）：

$$\Delta_j^2 = (x - \mu_j)^t \Sigma^{-1} (x - \mu_j)$$

そこで，その差をとると，

$$Z = \Delta_1^2 - \Delta_0^2 = x^t \Sigma^{-1}(\mu_1 - \mu_0) - \frac{1}{2}(\mu_1^t \Sigma^{-1} \mu_1 - \mu_0^t \Sigma^{-1} \mu_0)$$

$$= x^t \beta + \beta_0$$

と x の線形式が得られる．最も単純に考えれば，「$Z<0$」であれば発症群，「$Z>0$」であれば非発症群と判別できる．さて，発症例を N_1 人，非発症例を N_0 人とすると，

1) リスクファクター x をもつ人は全体で　　$N_0 f_0(x) + N_1 f_1(x)$
2) 発症した例数は　　$N_1 f_1(x)$

であるので発症の確率（割合）は，$q = N_1/(N_1 + N_0)$ とすると，

$$p(x) = \frac{N_1 f_1(x)}{N_0 f_0(x) + N_1 f_1(x)} = \frac{1}{1 + \dfrac{1-q}{q} \dfrac{f_0(x)}{f_1(x)}}$$

$$= \frac{1}{1 + \exp\left[-\{\log(q/(1-q)) + \beta_0 + x^t \beta\}\right]} \tag{1.7}$$

と推定されることになり，ロジスティック回帰分析の形となり，かつその係数は定数項を除いて線形判別関数の係数と一致する．この Cornfield の方法は群ごとの標本平均値と標本分散共分散をそのまま利用できる簡単な方法であり，文献的には判別関数法（discriminant function method）と呼ばれている．なお，Cornfield の発症確率の数学的根拠は有病率 q を事前確率（prior probability）とした「Bayes の定理」により事後確率（posterior probability）

として導出される（たとえば，繁桝 (1985) 参照）．

1.1.3 Truett らの報告

冠状動脈性疾患のリスクファクターに関するフラミンガム研究の成績が 1967 年，Truett らにより発表された（Truett, *et al.*, 1967）．研究開始時点に観測した以下に示す 7 つのリスクファクターが検討された：

○年齢
○血清コレステロール（mg/100 ml）
○収縮期血圧（mmHg）
○相対体重（体重÷年齢別身長別体重の中央値）
○ヘモグロビン（g/100 ml）
○喫煙（1 日当り：0＝never，1＝1 箱未満，2＝1 箱，3＝1 箱より多い）
○ ECG 所見（0＝ 正 常，1＝definite or possible left ventricular, definite nonspecific abnormality and intraventricular block）

12 年間の追跡調査の結果でありその成績の一部を表 1.1 と表 1.2 に示す．「推定値 $\hat{\beta}$ ± 標準誤差 SE($\hat{\beta}$)」の形式で示すと，男性全体（combined ages）では，

○年齢（0.0708 ± 0.0083）
○コレステロール（0.0105 ± 0.0016）

表 1.1　フラミンガム研究での 12 年間の追跡調査の結果の男性の成績の一部
(Truett, *et al.*, 1967)

TABLE 5. LINEAR DISCRIMINANT FUNCTION COEFFICIENTS AND CONSTANT TERM, MEN (IN NATURAL UNITS)

Risk factors	Age groups			
	Combined ages	30–39	40–49	50–62
Constant ($\hat{\alpha}$)	−10.8986	−17.6355	−13.6995	−8.6035
Age (yr)	0.0708	0.0920	0.1201	0.0724
Cholesterol (mg %)	0.0105	0.0231	0.0074	0.0091
Systolic blood pressure (mm Hg)	0.0166	0.0219	0.0086	0.0158
Relative weight	0.0138	0.0139	0.0269	0.0077
Hemoglobin (g %)	−0.0837	0.0257	−0.0109	−0.1697
Cigarettes smoked (see code)	0.3610	0.5981	0.4336	0.2723
ECG abnormality (0,1)	1.0459	1.2874	1.0525	0.7311
Standard errors of estimated coefficients				
Age	0.0083	0.0628	0.0413	0.0307
Cholesterol	0.0016	0.0040	0.0027	0.0023
Systolic blood pressure	0.0036	0.0011	0.0063	0.0043
Relative weight	0.0051	0.0126	0.0090	0.0076
Hemoglobin	0.0542	0.1361	0.0944	0.0776
Cigarettes/day	0.0587	0.1436	0.0984	0.0922
ECG abnormality	0.2706	0.7994	0.4752	0.3369

表1.2 フラミンガム研究での12年間の追跡調査の結果の女性の成績の一部 (Truett, et al., 1967)

TABLE 6. LINEAR DISCRIMINANT FUNCTION COEFFICIENTS AND CONSTANT TERM, WOMEN (IN NATURAL UNITS)

Risk factors	Age groups		
	Combined ages	30–49	50–62
Constant ($\hat{\alpha}$)	−12.5933	−15.1064	−11.6930
Age (yr)	0.0765	0.1365	0.0805
Cholesterol (mg %)	0.0061	0.0173	0.0026
Systolic blood pressure (mm Hg)	0.0221	0.0098	0.0163
Relative weight	0.0053	0.0043	0.0078
Hemoglobin (g %)	0.0355	−0.0272	0.0691
Cigarettes smoked (see code)	0.0766	−0.0859	0.1869
ECG abnormality (0,1)	1.4338	1.2974	0.8957
Standard errors of estimated coefficients			
Age	0.0133	0.0339	0.0352
Cholesterol	0.0021	0.0041	0.0024
Systolic blood pressure	0.0043	0.0093	0.0041
Relative weight	0.0054	0.0100	0.0062
Hemoglobin	0.0844	0.1490	0.1088
Cigarettes/day	0.1158	0.1964	0.1692
ECG abnormality	0.4342	0.9484	0.4100

○収縮期血圧（0.0166±0.0036）

○相対体重（0.0138±0.0051）

○ヘモグロビン（−0.0837±0.0542）

○喫煙（連続変数として使用，0.3610±0.0587）

○ECG所見（1.046±0.27）

と推定された．Wald検定[†]によれば，年齢，コレステロール，収縮期血圧，喫煙，ECG所見などが高度に有意となっているのが理解できよう．つまり，年齢が高いほど，コレステロールが高いほど，血圧が高いほど，喫煙習慣のある者ほど，ECG所見に異常のある者ほど発症する確率が高くなり，その予測値が計算されるのである．

表1.3には，個人ごとに予測された発症確率 $p(x)$（12年間で発症する確率，incidence proportion を意味する）の高い順に追跡者を10等分（decile of risk）してリスク順位を計算し，そのグループ内での発症者数（observed number of cases），ロジスティック回帰モデルから計算される期待発症数（expected number）

$$\text{expected number} = \Sigma_k p(x_{jk}) \quad (1.8)$$

を計算して表示している．ここで，x_{jk} はリスク順位 j の群の中の k 番目の追跡者のリ

[†] 帰無仮説 $H_0 : \beta = 0$ のもとで，$X^2 = (\hat{\beta}/\text{SE}(\hat{\beta}))^2$ が漸近的に自由度1の χ^2 分布となるので，「$X^2 > 3.84$」であれば両側検定・有意水準5%で有意と解釈される．

表1.3 予測発症確率に基づくグループ内での発症者数とロジスティック回帰モデルから計算される期待発症数（Truett, et al., 1967）

TABLE 1. EXPECTED AND OBSERVED NUMBER OF CASES OF CHD AND OBSERVED INCIDENCE IN 12 YR OF FOLLOW-UP AT FRAMINGHAM OF MEN AND WOMEN AGED 30–62 YR AND FREE OF CHD AT ORIGINAL EXAMINATION, BY DECILE OF RISK

Decile of risk	2187 Men		Observed 12-yr incidence (no. of cases per 100)	2669 Women		Observed 12-yr incidence (no. of cases per 100)
	Number of cases			Number of cases		
	Expected	Observed		Expected	Observed	
10	90.5	82	37.5	70.4	54	20.2
9	47.1	44	20.1	24.7	23	8.6
8	32.6	31	14.2	15.0	21	7.9
7	25.0	33	15.1	9.8	14	5.2
6	19.7	22	10.1	6.5	5	1.9
5	15.0	20	9.1	4.4	6	2.2
4	11.5	13	5.9	3.2	2	0.7
3	8.6	10	4.6	2.3	0	0.0
2	6.0	3	1.4	1.7	3	1.1
1	3.4	0	0.0	1.1	1	0.4
Total	259.4	258	11.8	139.1	129	4.8

スクファクターの説明変数である．この観測数と期待数が近ければモデルの適合度が良いと判断できる（Hosmer-Lemeshow 検定，5.2.5 項参照）．

　この方法の波及効果は大きく，7 カ国共同疫学調査をはじめとして，これ以後の冠状動脈性心疾患に関する疫学調査のほとんどすべてが，この方法を利用してリスクファクターの評価を行っている．日本でも小町ら，廣田らがこの方法を先駆的に取り入れた調査を行っている（たとえば小町喜男他，1979；廣田安夫，1979）．

　また，もう 1 つの重要な貢献は，これらの成果によって，疾患予防対策を感染症とは全く異なった方法で実現できたことであろう．このフラミンガム調査をきっかけとして世界的に行われた疫学調査の結果により，たとえば，虚血性心疾患でいえば，その 1 次予防として，高脂肪食品の制限，血圧スクリーニング，禁煙キャンペーン，が確立していったのである．また，ロジスティック回帰モデルを利用した発症危険率の予測式なども作成されている．

1.1.4　リスクの大きさ——オッズ比

　前項では，表 1.1 に示された**推定値 $\hat{\beta}$** の解釈として「年齢が高いほど，コレステロールが高いほど，血圧が高いほど，喫煙習慣のある者ほど，ECG 所見に異常のある者ほど発症する確率，すなわち，発症のリスクが高い」と表現したが，これでは，個々のリスクファクターがもつリスクの大きさを評価していることにはならない．そこで個々のリスクの評価方法を考えてみよう．式 (1.5) の両辺の指数をとると

$$\frac{p(\boldsymbol{x})}{1-p(\boldsymbol{x})} = \exp\{\beta_0 + \beta_1 x_1 + \beta_2 x_2 + \cdots + \beta_r x_r\} \tag{1.9}$$

となる．左辺の発症する確率 $p(\boldsymbol{x})$ の発症しない確率 $1-p(\boldsymbol{x})$ に対する比をリスクファクター $\boldsymbol{x}$ をもつ個体の発症オッズ（incidence odds）と呼ぶ．ここで，コレステロールの値が 200 の個体 A と 150 の個体 B の発症オッズを比較してみよう．**ただし，その他の変数は全く同じ値であるとする**．2 人の変数を

$$\boldsymbol{x}_A = (200, x_2, \cdots, x_r), \quad \boldsymbol{x}_B = (150, x_2, \cdots, x_r)$$

としよう．式 (1.9) より個体 A，B それぞれの発症オッズは

$$\frac{p(\boldsymbol{x}_A)}{1-p(\boldsymbol{x}_A)} = \exp\{\beta_0 + \beta_1 200 + \beta_2 x_2 + \cdots + \beta_r x_r\}$$

$$\frac{p(\boldsymbol{x}_B)}{1-p(\boldsymbol{x}_B)} = \exp\{\beta_0 + \beta_1 150 + \beta_2 x_2 + \cdots + \beta_r x_r\}$$

であるから，その比をとると

$$\phi_{A,B} = \frac{p(\boldsymbol{x}_A)}{1-p(\boldsymbol{x}_A)} \div \frac{p(\boldsymbol{x}_B)}{1-p(\boldsymbol{x}_B)} \quad \leftarrow \quad \boxed{\begin{array}{l}\dfrac{\exp(A)}{\exp(B)} = \exp(A-B) \\ \exp(\alpha A) = (\exp(A))^{\alpha}\end{array}}$$

$$= \exp\{\beta_1(200-150)\} = \exp\{50\beta_1\} = (\exp\{\beta_1\})^{50}$$

となる．**他のリスクファクター** $(x_2, \cdots, x_r)$ **が消えていることに気がつくだろう**．男性全体での推定値 $\hat{\beta}_1 = 0.0105$ を代入してみると

$$\hat{\phi}_{A,B} = (\exp(0.0105))^{50} = 1.69$$

と個体 A は個体 B に比べて 1.69 倍の発症オッズを有すると推測できる．このオッズの増大はコレステロール値の差が 50 ある個体間で生じる．130 vs 80，250 vs 200 などいずれも同じ 1.69 倍の発症オッズが生じる．つまり，$\exp(\beta_1)$ はコレステロール 1 単位（1 mg）増加するに伴って生じるオッズの増大を意味する．この指標がロジスティック回帰モデルを利用することによって得られるオッズ比（odds ratio）であり，他のリスクファクター，交絡因子（confounding factor）を調整した調整オッズ比（adjusted odds ratio）と呼ばれるものである．連続変数の場合，1 単位の変化は小さすぎるので，10 単位，50 単位と適当に大きくして表現する．表 1.1 の男性全体の場合をオッズ比でまとめると表 1.4 のようになる．

1.1.5 長期間の追跡の問題点

初期の頃のコホート研究でのロジスティック回帰モデルでは，追跡開始時点，つまり，ベースライン（baseline）時点のリスクファクターのデータだけを利用することが多かったように思われる．ところが，通常の追跡調査は定期的に住民検診などを行

表 1.4 各リスクファクターの増加量当りのオッズ比と有意性

変数	増加量	オッズ比	Wald χ^2 検定両側 p 値
年齢	10	2.03	$p<0.0001$
コレステロール	50	1.69	$p<0.0001$
収縮期血圧	50	2.29	$p<0.0001$
相対体重	50	1.99	$p=0.0068$
ヘモグロビン	5	0.66	$p=0.1224$
喫煙	—	—	—
ECG 所見	1	2.85	$p<0.0001$

注) 喫煙はここでは本来カテゴリー変数であり,連続変数としての単位当りのオッズ比を計算することは不適当である.カテゴリー変数としてのオッズ比の推定,信頼区間などは 2, 3 章参照.なお,ECG 所見は 2 値変数であるので連続変数と同じ取扱いができる.この場合は正常に対するオッズ比である.

って経時的にデータを繰り返し観測しており,ここに示したロジスティック回帰分析の例ではその利用法が考えられていない.フラミンガム研究でも,研究開始後 12 年間で発症した割合が解析されているが,2 年ごとの膨大な臨床検査データは有効に利用されていない.追跡期間が長期にわたるとベースライン時点のデータと発症との関係の解釈が容易でなく,脱落 (loss-to-follow-up) も必然的に起る.ベースライン時点の被追跡者の特性値が長期にわたって変化しないと仮定すること自体非現実的であろう.加齢に従って,生活習慣,食習慣も変化すると考えるのが自然であろう.もし,被追跡者の定期的な観測と発症時点のデータが入手できるように調査計画を立てれば,この問題に対するアプローチが 2 つ考えられる.その 1 つは,リスクファクターの経時的データの変化のパターンと疾病の発症をモデル化する方法であり,Truett (1971), Wu (1979), Tango (1985) らがその方法を提案している.ただ,説明変数は 2 値変数を含めた連続変数に限定したモデルである.もう 1 つは,発症割合でなくある発症までの時間を「死亡」と考えた生存時間解析のための Cox の比例ハザードモデル (4.3 節参照),時間軸を層別した Poisson 回帰モデル (2.5 節) を適用することである.これらの方法は脱落例も解析に入れられる点で現実的である.また,繰り返し測定データの解析法 (analysis of longitudinal data, repeated measurements) も利用できるかもしれない (Diggle, et al., 2001 ; Fitzmaurice, et al., 2011).しかし,いずれにしても,時間依存型の変数を取り込んだ回帰モデルは,まだ十分な解釈ができるほどモデルが成熟していない.今後の発展を期待するところである.

1.2 ケースコントロール研究

典型的なケースコントロール研究（case-control study）では調査時点で調査対象として選んだケース（患者），コントロール（対照）からそのリスクファクターと考えられる因子に関する情報を過去にさかのぼった調査，インタビューによる思い出しなどにより収集する．しかし，リスクファクターの観測と疾病の発症との間には時間の経過があるので，後述するように調査の形態を意識することなくロジスティック回帰モデルを適用し，オッズ比で解釈することができる．ただし，定数項の推定値 β_0 だけは解釈できず，したがって，$p(x)$ の推定値も発症確率を意味しないことに注意しなければならない（2.6節参照）．

表 1.5 食道がんに関するケースコントロール研究の結果の一部

アルコール飲量 (g/day)	タバコ喫煙量(g/day)							
	0-9		10-19		20-29		30+	
	ケース	コントロール	ケース	コントロール	ケース	コントロール	ケース	コントロール
0-39	9	252	10	74	5	37	5	23
40-79	34	145	17	68	15	47	9	20
80-119	19	42	19	30	6	10	7	5
120+	16	8	12	6	7	5	10	3

たとえば，表 1.5 に示した食道がんに関するリスクファクター探索のためのケースコントロール研究の結果の一部を考えてみよう．ここで問題となるのは，

P1. 喫煙量，アルコール飲量ともに，最低の消費量カテゴリーに比べて，食道がんのリスク（オッズ比）がどのようになるか？

P2. 喫煙とアルコールとの間に交互作用（interaction）があるか？

P3. 用量-反応関係（dose-response relationship）がみられるか？

などであろう．このデータではリスクファクターが

1) 喫煙量に関する変数 x_1：$=1(0-9),\ 2(10-19),\ 3(20-29),\ 4(30+)$
2) アルコール飲量に関する変数 x_2：$=1(0-39),\ 2(40-79),\ 3(80-119),\ 4(120+)$

とそれぞれカテゴリー化されているので，

A) 標本ベクトル $x=(x_1, x_2)$ が $x=(i, j),\ i=1,\cdots,4,\ j=1,\cdots,4$

B) $p(x)$ が p_{ij}

と変形できる．そこで，問題 P1 に対しては，次のロジスティック回帰モデルを当てはめることになる．

$$\log\frac{p_{ij}}{1-p_{ij}} = \mu + \alpha_i + \beta_j$$

ここで，

μ：全体の平均

α_i：喫煙量の第 i カテゴリー（$i=1,\cdots,4$）の効果

β_j：アルコール飲量の第 j カテゴリー（$j=1,\cdots,4$）の効果

である．カテゴリー変数の場合，そのパラメータ α_i, β_j はあくまで相対的な差だけが意味があり，絶対的な大きさは意味がないので，一意に推定するための制約条件，たとえば各項目の第1カテゴリーのパラメータの値を0（$\alpha_1=\beta_1=0$）とおいて，第1カテゴリーを基準とした推測を行うのが通例である．2.4節で示されるように第 i カテゴリーの第1カテゴリーに対するオッズ比 ψ_{i1} は

$$\hat{\psi}_{i1} = \exp(\hat{\alpha}_i - \hat{\alpha}_1) = \exp(\hat{\alpha}_i)$$

となることに注意すると，その結果は表1.6に示された形式にまとめられる．

表1.6 タバコ，アルコールのオッズ比，95%信頼区間と有意性

変数		オッズ比	95%信頼区間 （Wald法）	Wald χ^2 検定両側 p 値
タバコ	0-9	1.00	—	
	10-19	1.471	(0.972, 2.228)	0.068
	20-29	1.530	(0.926, 2.528)	0.097
	30+	2.685	(1.523, 4.735)	0.0006
アルコール	0-39	1.00	—	
	40-79	3.404	(2.150, 5.389)	<0.0001
	80-119	7.374	(4.393, 12.38)	<0.0001
	120+	24.047	(12.66, 45.68)	<0.0001

注）モデルの適合度は良好である（デビアンス $\chi^2=7.765$, 自由度9, $p=0.558$）

問題 P2 の交互作用の有無に関しては，上記のモデルの適合度を検討してみる．モデルの適合度統計量であるデビアンス χ^2 統計量（deviance，5.2.5項参照）をみると，

$$\chi^2 = 7.765, \quad 自由度9, \quad p = 0.558$$

であることからモデルの適合度はほぼ良いと考えられる．したがって，交互作用はほぼ存在しないと考えてよいであろう．

さて，問題 P3 に関しては，喫煙量 x_1，アルコール量 x_2 ともに順序スコア（ordered score）に変換して連続量としてロジスティック回帰モデル

$$\log\frac{p(\boldsymbol{x})}{1-p(\boldsymbol{x})} = \mu + \eta x_1 + \theta x_2$$

を適用し，

$\quad$ 帰無仮説 $H_0: \eta = 0$ 　または　 $K_0: \theta = 0$
$\quad$ 対立仮説 $H_1: \eta > 0$ 　　　　　 $K_1: \theta > 0$

のもとで傾向性の有無について検定すればよい．利用するスコアに関しては，本来はその群の平均的な量を計算すべきであるが，ここでは単純にそれぞれのカテゴリー番号 1，2，3，4 をそのままスコアとして先のモデルを適用してみよう．その推定結果は表 1.7 のようになる．

この結果からアルコール，タバコとも正の用量-反応関係が検出される．ケースコントロール研究から計算されるオッズ比の意味とその妥当性に関しては 2.6 節参照．

表 1.7 タバコ，アルコールの傾向性のためのモデルの推定値

変数	係数		標準誤差	Wald χ^2 検定両側 p 値
タバコ	η	0.299	0.0848	$p = 0.0004$
アルコール	θ	1.016	0.0946	$p < 0.0001$

注）モデルの適合度は良好である（デビアンス $\chi^2 = 10.1$，自由度 13，$p = 0.686$）

1.3　クロスセクショナル研究

次にいわゆるサーベイ（survey）に相当するクロスセクショナル研究（cross-sectional study）ではリスクファクターと疾病の発症の有無は同時点での観測であるから，推測できるのは有病状態とリスクファクターの同時分布にすぎない．したがって，この場合の有病率（"割合"を意味する）を $p(\boldsymbol{x})$ としたロジスティック回帰モデルの適用とその解釈は関連性（association）の検討にとどまり，時間経過が欠損しているので原因・結果の議論はできない．もっとも，問題発見のため，仮説設定の初期段階の研究としての価値を全く否定することはできない．たとえば，表 1.8 に示すような患者血清データからクリオグロブリン産生（cryo）に関与する因子を探ろうとする研究はまさにその典型である．このデータをロジスティック回帰モデル

$$\text{logit } p(\boldsymbol{x}) = \mu_0 + \beta_{\text{ch50}} \text{CH50} + \beta_{\text{age}} \text{AGE}$$

で解析した結果，CH50，AGE の 2 項目が有意な関連性があり，有意な項目だけに関するパラメータの推定値が表 1.9 に示すように得られたとしよう．しかし，このデータの性格から，CH50 が低下すればクリオグロブリン産生のリスクが高まるとは推測できない．CH50 が低いほど，高年齢ほど産生割合が高かったとしか解釈できないのである．もし，これらのデータがベースライン時点での観測値であり，ある追跡期間

中の新規クリオグロブリン産生を調査したものであれば，話は別である．この種の調査でも調査対象者の過去の履歴を調査する項目が含まれていれば，その場合はケースコントロール研究と同様の扱いが可能である．

表1.8 C型慢性肝炎の患者血清202検体情報から「cryo」陽性に関与する因子の検討のためのデータ

cryo	CH 50	GPT	AGE	GENDER	DISEASE
+	0	35	56	M	CH
		⋮			
+	0	150	63	F	CH
−	35	68	69	F	LC

表1.9 クリオグロブリンに関するロジスティック回帰モデルの推定値

項目	$\hat{\beta}$	SE($\hat{\beta}$)	p-value
CH50	−0.104	0.015	<0.001
AGE	0.035	0.014	0.014

1.4 交絡因子と臨床試験

臨床試験（clinical trials）ではある治療法の効果（ヒトに良い影響を与える効果）を評価するのが目的であるので，治療法以外で効果に影響を与える因子，つまり予後因子（prognostic factor）の分布が群間でアンバランスになると，実際には存在しない治療効果が見掛け上現れたり，存在すべき効果が見えなくなってしまうことがある．この現象を交絡（confounding）と呼び，このような予後因子を交絡因子（confounding factor）と呼ぶ．臨床比較試験では疫学調査と違ってヒトに対してある作用を積極的に作用させてその効果をみる「実験的性格」をもつことが可能なので，治療法の割付けを無作為化（randomization）して事前に交絡因子のバランスを保つことが要求される．しかし，いかに無作為割付けをしても標本は有限であるので結果として予後因子の分布に偏りを生じることがあり，事後的に調整（adjustment）する必要性が生じる場合がある．このような場合に備えて，プロトコール（試験計画書）には調整すべき予後因子を明記する，あるいは，いくつかの重要な予後因子に関して事前に層別因子として取り上げて，層別割付けを実施することを明記することが望ましい．調整なしの解析で効果が認められず，事前に決めていなかった予後因子で調整してみると効

果があったと結論しても「探索的, 後知恵」と評価されるだけであろう.

一方, 疫学調査では主としてヒトに悪い影響を与える因子の存在とその効果の大きさを研究するのがねらいであるので, 計画時点で無作為割付けをすることは非現実的かつ倫理的に許されない. したがってデータの収集時点で交絡因子の比較群間のバランス (等質性) は期待できず, 解析時点で事後的な調整が必須となるのである. この意味でも, ロジスティック回帰モデルは疫学調査での必須の道具となっているのである.

ところで, この調整で区別したいのは, 交絡因子と背景因子 (background factor) の違いである. 背景因子は文字どおり, 患者背景に関するすべての因子であり, すべてが観測できるとは限らないが, その中に重要な予後因子が潜んでいるのである. 臨床試験ではよく, 群間の比較可能性を検討するために, すべての背景因子の群間比較を行い有意差の有無をチェックし, 有意差が認められた因子に関して調整しよう…とするのが習慣となっているようである. しかし, 予後 (交絡) 因子でない背景因子に有意な群間差が認められたとしてもなんら結果に影響を与えないのである. この因子で調整すれば, いたずらに層別化して各層内のデータ数が少なくなり, 逆にノイズを大きくして感度を鈍らせる結果となってしまうので, 調整は事前に選定された予後因子に限定したい.

さて, いずれにしても, 治療効果として有効率で評価する臨床比較試験においても, このような交絡因子の調整にロジスティック回帰モデルを利用することができる. しかし, 臨床試験の場合, 有効率 ("割合"を意味する) の差で評価される場合が多く, オッズ比を推定するロジスティック回帰モデルの解析では有効率の有意差を評価する検定はできても, 調整後の有効率の差の信頼区間, 臨床的に意味のある有効率の差の最小値 Δ に基づく非劣性検定 (non-inferiority test) などの計算はできないことに注意したい. これらを計算するには有効率を $p(\boldsymbol{x})$ として次の線形モデル

$$p(\boldsymbol{x}) = \beta_0 + \beta_1 x_1 + \beta_2 x_2 + \cdots + \beta_r x_r \tag{1.10}$$

を実施しなければならない (Tango, 1994). このモデルは一般化線形モデル (generalized linear model) の枠内で実施可能であるが, 左辺は範囲 $[0, 1]$ であるのに対して右辺は $[-\infty, \infty]$ の範囲となる可能性があるため「線形性」の妥当性, 適合度を十分に検討しなければならない.

解説1.3：一般化線形モデル

式 (1.4) の関数 $F(.)$ には分析の目的に応じてさまざまな関数を適用できる. 式 (1.10) は恒等関数 $F(Z) = Z$ とした例である. これ以外に代表的な2つを紹介しよう. 標準正規分布関数 (standardized normal distribution function)

$$F(Z) = \Phi(Z) = \int_{-\infty}^{Z} \frac{1}{\sqrt{2\pi}} \exp\left(-\frac{t^2}{2}\right) dt \tag{1.11}$$

を用いたモデル，つまり，

$$\Phi^{-1}(p(\boldsymbol{x})) = \beta_0 + \beta_1 x_1 + \beta_2 x_2 + \cdots + \beta_r x_r \tag{1.12}$$

をプロビット回帰モデル（probit regression model）という．

関数 $F(.)$ に2重指数関数（double exponential function）

$$F(Z) = 1 - \exp(-\exp(Z)) \tag{1.13}$$

を適用したモデル，つまり，

$$\log(-\log(1-p(\boldsymbol{x}))) = \beta_0 + \beta_1 x_1 + \beta_2 x_2 + \cdots + \beta_r x_r \tag{1.14}$$

を complementary log-log 回帰モデルという．これらの3種類のモデルは，一般化線形モデル（generalized linear model）の枠組みの中で統一的に取り扱われる．図1.4 に示した関数の微妙な違いが，モデルの適合度と推定結果とに大きな違いとして現れることがある．

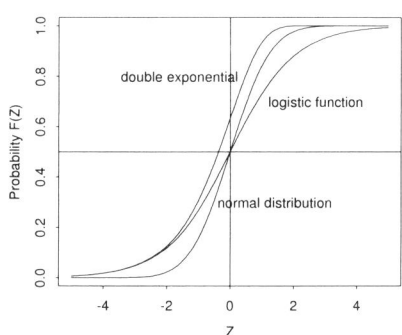

図1.4 標準正規分布関数，ロジスティック関数，2重指数関数の相違．図に示した関数の微妙な違いが，一般化線形モデルの適合度と推定結果とに大きな違いとして現れることがある．

1.5 分散分析

分散分析（analysis of variance）といえば実験（試験，調査）結果に影響を与えると考えられる因子の効果を推定しその有意性を検定する分析方法である．ロジスティック回帰モデルにより分散分析的な解析を行うこともよくなされる（というよりも，分散分析の拡張といったほうが正しい）．実験結果は通常「測定値」としての連続変数である場合が多い．たとえば，表1.10 に示す毒性実験データ（実験開始後12時間後の血清コレステロール）のモデルは

$$y_{ij} = \mu + \alpha_i + \beta_j + (\alpha\beta)_{ij} + \varepsilon_{ij}$$

α_i：因子Aの処置 i の効果，β_j：因子Bの処置 j の効果，$(\alpha\beta)_{ij}$：因子AとBの交互作用，ε_{ij}：誤差項で，平均0，分散 σ^2 の正規分布

となる．統計解析は2元配置（two-way）分散分析で行われる．

表 1.10　毒性実験データのモデル
（実験開始後 12 時間後の血清コレステロール）

		濃度　B		
		10 mg	20 mg	40 mg
ある物質の有無　A	＋	237	208	192
		254	178	186
		246	187	185
	－	178	146	142
		179	145	125
		185	141	136

しかし，実験・調査結果が頻度（count, frequency），割合（proportion）である場合も少なくない．表 1.11 に示すデータがその例である．これは小学生が訴える自覚症状の生理的愁訴を調査した結果の 1 項目である．ここでは生理的愁訴の出現に関して次の問題が考えられる．

表 1.11　生理的愁訴（前日の疲れが回復しにくい）の出現率

	1 年生	2 年生	3 年生
男子	2/20＝10.0%	7/21＝33.3%	3/20＝15.0%
女子	9/21＝42.9%	6/14＝42.9%	6/21＝28.6%

（1）　性差はあるのか（学年を通じて）
（2）　学年差はあるのか（性別に関係なく）
（3）　ある学年の男子（女子）が他と異なった出現率（"割合"を意味する）を示している（交互作用がある）か？

このデータでは前式の測定値 y_{ij} に相当するデータが割合：$p_{ij}=r_{ij}/n_{ij}$ である．愁訴の出現数 r_{ij} が 2 項分布 $B(n_{ij};p_{ij})$ に従う確率変数の観測値と仮定すると，上式と同様の線形モデル

$$p_{ij}=\mu+\alpha_i+\beta_j, \quad \mu：全体の平均$$

α_i：第 i 性（$i=1,2$）の効果

β_j：第 j 学年（$j=1,2,3$）の効果

を適用することができる．しかし，このモデルでは $0\leq p_{ij}\leq 1$ であるため，右辺がこの範囲を外れると論理的におかしいモデルとなることに注意しなければならない．しかし，p の代りにロジット変換 $\log(p/(1-p))$ をしたロジスティック回帰モデル

$$\log \frac{p_{ij}}{1-p_{ij}} = \mu + \alpha_i + \beta_j$$

を導入すると，左辺，右辺とも［$-\infty, \infty$］の範囲となり論理的矛盾なく分散分析と同様な解析，たとえば次の検定

　　　帰無仮説 $H_0: \beta_1 = \beta_2 = \beta_3 = 0$　（学年差はない）
　　　対立仮説 $H_1: H_0$ ではない

が可能となるのである．

　表1.11のデータのロジスティック回帰モデルによる解析結果は，①学年差はなく（$p=0.223$），②有意な性差が認められた（$p=0.022$）．モデルの適合度はデビアンス $\chi^2 = 1.99$，自由度 = 2，$p=0.371$ となり適合度は良好といえ，③交互作用もないと考えられた．解析の詳細は3.7節を参照されたい．

　ここで，ロジスティック回帰分析を行わずに，性別に，学年別に次のような検定を繰り返す場合を想定してみよう．すなわち，1年生の性差 {2/20 vs 9/21} を Fisher exact test で計算してみると両側 p 値 = 0.03 となり有意差があるが，2年生では両側 p 値 = 0.72 と有意な性差がない．また，男子について，学年差 {2/20：7/21：3/20} の差を χ^2 検定で計算してみると $\chi^2 = 3.94$（自由度2，$p > 0.05$）となり有意でない．このように，χ^2 検定，頻度が小さければ Fisher exact test を繰り返すと多重性（multiplicity）の問題が起るとともに，結果として生じた（見掛けの）層ごとに有意差が出たり出なかったりする結果のバラツキの解釈が困難なことも少なくなく，見通しの良い解析法とはいえなくなってしまう．

1.6　LD 50, ED 50 の推定

　毒性，薬剤の効果を検討する用量-反応関係（dose-response relationship）の分析では，反応率がちょうど50％となる用量をそれぞれ，LD 50（median lethal dose；50％致死量：薬物を動物に投与し50％の動物を死亡させる推定量），ED 50（median effective dose；50％有効量：薬物を動物に投与し50％の動物に有効である推定量）と呼んで，毒性の強さ，薬効の大きさの指標としてよく用いられている（鈴木康雄，1995）．推定法としては，用量 d に対する反応率（"割合"を意味する）を $p(d)$ とすると，ロジット分析

$$\log \frac{p(d)}{1-p(d)} = \alpha + \beta d$$

または，式 (1.12) のプロビット分析

表 1.12 毒性試験データ

$\log_{10}$(用量)	標本数	死亡数
1.691	59	4
1.724	60	10
1.755	62	19
1.784	56	31
1.811	63	52
1.837	59	53
1.861	62	60
1.884	60	60

$$\Phi^{-1}(p(d)) = \alpha + \beta d$$

などが歴史的によく利用されている．当然，LD 50，ED 50 は

$$p(d) = 0.5$$

の用量として定義される．つまり，いずれの場合も左辺は 0 となるから，それは

$$\alpha + \beta d = 0$$

となる用量 d であり，

$$\hat{d}_{50} = -\frac{\alpha}{\beta}$$

と推定される．さて，表 1.12 に示す毒性試験のデータにロジットモデルを適用すると，

$$\log\frac{p(d)}{1-p(d)} = -64.77 + 36.53 \log_{10}(d)$$

となる．この例では用量が常用対数に変換されていることに注意して，対数 LD 50 は

$$\log\{\hat{d}_{50}\} = 64.77/36.53 = 1.773$$

$$\text{SE}\log\{\hat{d}_{50}\} = 0.003$$

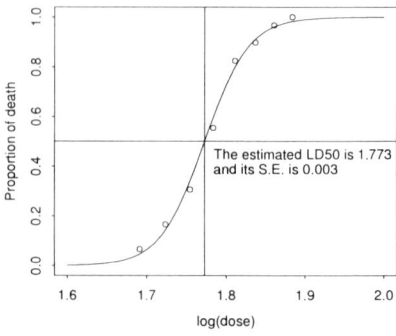

図 1.5 ロジットモデルを適用したときの死亡率の観測値とその予測値

となるので，

$$\hat{d}_{50} = 59.29, \quad 95\% \text{ CI}: 58.50 \sim 60.10$$

と推定でき，用量 59.29（95%信頼区間は 58.50～60.10）でほぼ 50％の動物が死んでしまうことがわかる．図 1.5 に反応率すなわち死亡率（ここでは"割合"を意味する）の観測値，その予測値を示した．より詳細な解析例は 3.9 節を参照のこと．

1.7 スペースシャトル事故の予測

さて，本章のしめくくりとして，少々風変りなしかし重要な例を紹介しよう．

1986 年 NASA スペースシャトル Challenger 号が打ち上げられた直後に爆発し，乗組員全員が死亡した事故は当時大々的に報道されたが覚えているだろうか？ 事故調査班はその原因が「O-ring」の故障と断定した．「O-ring」とは高温のガスが漏れて燃料ラインに侵入するのを防ぐための弁（seal）であり，通常 6 カ所に用いられている．事故調査班は，事故につながる重要な要因として温度を取り上げている．

表 1.13 に事故前の過去 23 回のスペースシャトルの O-ring の故障に関するデータ（O-ring 故障個数，温度）を示した．問題は温度と故障の発生率（"割合"を意味する）との関係である．過去 23 回の打上げ時の温度の範囲は 53～81°F であった．その散布

表 1.13 過去 23 回のスペースシャトル打上げ時の温度の「O-ring」故障数

r	temp	r	temp	r	temp	r	temp	r	temp	r	temp	r	temp	r	temp	r	temp	r	temp
2	53	1	57	1	58	1	63	0	66	0	67	0	68	0	69	0	70	0	68
0	70	1	70	1	70	0	72	0	73	0	75	2	75	0	76	0	76	0	68
0	78	0	79	0	81														

r：故障数， temp：温度(F)

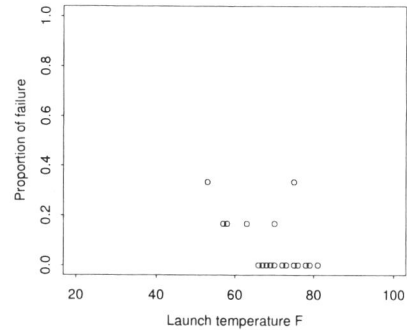

図 1.6 スペースシャトルの O-ring の故障での，温度と故障の発生率との散布図．この図からは明らかな関係は見出せないが，故障発生率は温度が低いほうに多いという傾向がありそうなことが読み取れる．

図を図 1.6 に示した．この図からは明らかな関係は見出せないが，故障発生率は温度が低いほうに多いという傾向がありそうである．これらのデータに関して Dalal, et al. (1989) は詳細な検討を行ったが，ここではそれをもっと簡単な形にして示すことにする．Challenger 号の事故時の温度は 31°F (-0.6°C) であり，過去 23 回の故障のいずれの場合よりも低い．この温度での故障確率の予測がここでの問題である．つまり，問題は次のようなモデルで表現される：

$$p = F(温度)$$

この問題に対して，少々大胆に，関数 F にロジスティック関数を用いたロジスティック回帰モデルを適用してみよう．結果は，次の単純な温度に関する線形モデル

$$\log \frac{p}{1-p} = \alpha + \beta(温度) = 5.085 - 0.1156\, t$$

つまり，

$$\hat{p}(t) = \frac{1}{1 + \exp(-5.085 + 0.1156\, t)}$$

が最適となった（モデルの適合度は，デビアンス $\chi^2 = 18.1$，自由度 21，$p = 0.64$ よりまずまず良好といえよう）．図 1.7 にはモデルの推定結果に大きな影響を与えるデータを検索するための Cook 型統計量（Cook distance, 5.2.7 項参照）を示した．予想どおり，2 回の故障が生じた比較的高い温度 75°F で最も大きい値となっているが，このデータは温度と故障発生率との間に推定された負の関係式を弱める方向に働いているので，もし，除外すれば，負の関係をもっと強める傾向となり（解析者の都合の良い方向にバイアス），ここではこのデータは除くことは適当ではない．さて，予測値と

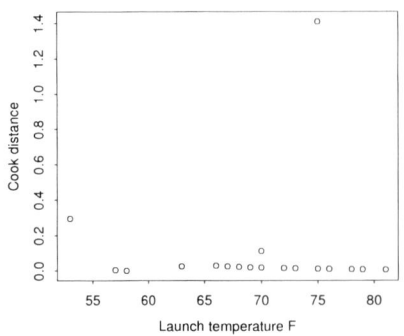

図 1.7 モデルの推定結果に大きな影響を与えるデータを検索するための Cook 型統計量．2 回の故障が生じた比較的高い温度 75°F で最も大きい値となっている．

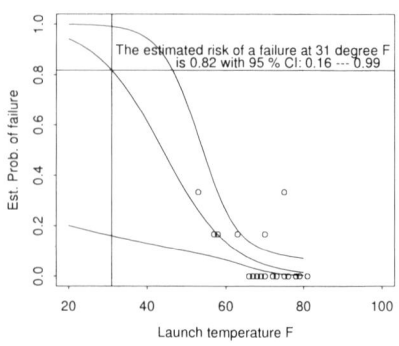

図 1.8 ロジスティック回帰モデルを適用したときの予測値

95%信頼区間

$$(\hat{p}_L(t), \hat{p}_U(t)) = \frac{1}{1+\exp(-5.085+0.1156\,t \pm 1.96\,\mathrm{SE}(\hat{\alpha}+\hat{\beta}t))}$$

を図1.8に示した．この結果から，温度が31°Fでの故障確率の推定値は

$$\hat{p}(31) = 0.818 \quad (95\% \text{ CI}:0.16-0.99)$$

となった．したがって，6つの「O-ring」のうち少なくとも1つが故障する確率は

$$1-(1-\hat{p}(31))^6 = 0.999963$$

となり，その95%信頼区間は0.65〜1.00と推定される．

ただし，このように温度のデータの範囲を越えた温度に関する予測を行う外挿 (extrapolation) は関数 F に大きく依存して変化するので慎重な解析が望まれる．より詳細な解析例は3.8節を参照のこと．

2. ロジスティック回帰モデル

　本章では，研究方法に応じたロジスティック回帰分析のモデル（数学的定式化）の基礎的な考え方とそのモデルに基づく推測方法（モデルで定義したパラメータの解釈）について解説する．次に，実際の研究のデザインを考えるうえで必要な標本の大きさの計算方法とデータの最終的なまとめ方の典型例を代表的な文献例によって示す．

2.1　ロジスティック回帰分析の前に

2.1.1　疾病発症の指標

　疾病発症の指標（measure of disease occurrence）には 3 つの基本的な指標があり，その意味をよく理解し，使い分ける必要がある．これらはリスク指標（measure of disease risk）とも呼ばれる．罹病，発病（morbidity）などと雑然と呼ばれている疾病の発症あるいは罹患（incidence）に関する指標は日本の多くのテキストでも混乱がみられるので注意したい．ここでは，疾病の発生を強く意識して「発症（incidence）」という用語で統一する．もちろん「罹患」と置き換えても同じ意味である．

　a. 有病者数と有病率（prevalence）　　ある時点でのある疾病をもつ個体の数（number）とその割合（proportion）である．クロスセクショナル研究（cross sectional study）で得られる一般的指標である．公衆衛生行政者にとっては有益な情報をもたらす指標であるが，健康な状態から疾病への状態への推移に関する情報はなにも教えてくれないので厳密には原因・結果の議論には利用できない．しかし，過去のリスク要因への曝露状況に関する情報が入手できれば，ある程度の関連性の議論は可能である．

　b. 発症率（incidence, incidence rate）　　発症率（罹患率とも呼ばれることが多い）とは次に解説する「発症割合」とは異なり追跡単位期間中の新規発症の速度，強度といったものを表現し，英語では incidence density, instantaneous incidence rate, force of morbidity, hazard rate などとも呼ばれる．日本語では率（rate）を使うことが多いが，割合（proportion）も率と表現することが多いので注意が必要である．単

位期間を年（year）とすれば発症率 r は，

$$r = \frac{\text{追跡期間中に新規に発症した患者数}}{\text{人年（person-years）}} \quad (/\text{years}) \tag{2.1}$$

で定義される．ここで，人年とは次節で解説するが，個人ごとの追跡期間の総和で，延べ追跡期間である．なお，人年で代表される人時間（person-time）の単位は days や months なども使われる．この指標は疾病のリスクを表現する一般的指標である．**その値域は，[0, 1] である割合とは異なり，[0, ∞] となる．** 死亡率（mortality rate）についても全く同様で，たとえば，xx 年度虚血性心疾患死亡率は "annual incidence rate of death from coronary heart disease" を意味する．したがって，調査開始時点と終了時点でのメンバーが，途中脱落，途中エントリー，などで変化する開いたコホート（open cohort, 図 2.1）での重要な疾病指標となる．

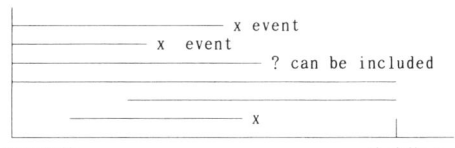

図 2.1 開いたコホート　　追跡開始　　　　　　　　　　　　　追跡終了

c. 発症者数と発症割合（incidence proportion, incidence risk）　一定期間内に発症した発症者数の全追跡対象者数に対する割合 p（proportion）が

$$p = \frac{\text{追跡期間中（一定）に新規に発症した患者（incident case）数}}{\text{全追跡対象者数}} \tag{2.2}$$

で定義でき，発症割合（incidence proportion），あるいは，発症リスク（incidence risk）と呼ばれる．この定義からわかるように，この指標を計算するためには，対象集団が調査開始（baseline）時点から調査終了時点まで追跡されている閉じたコホート（closed cohort）である必要がある（図 2.2 上）．もし，追跡不能例（withdrawn, loss-to follow-up）があれば計算から除外しなければならない（図 2.2 下）．この意味で後述する開いたコホート研究では定義できない．当然のことながら，発症者割合の値域は [0, 1] であり，パーセントで表現する．

たとえば，図 2.3 に示す，5 人の closed cohort study でそれぞれの指標を計算してみよう．結果は以下に示すとおりである．

（a）　時点 T_1 での　prevalence = 3/5 = 0.6

（c）　調査期間での　incidence rate = $\dfrac{3}{1 + 0.20 + 0.25 + 0.25 + 1} = 1.11\cdots$

（b）　調査期間での　incidence proportion = 3/5 = 0.6

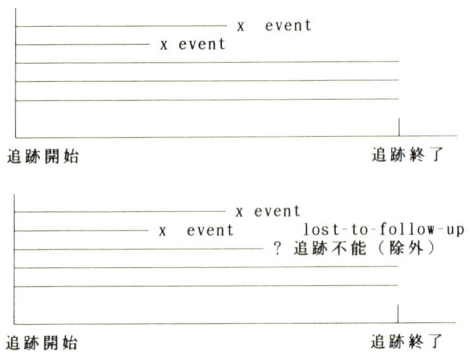

図 2.2 閉じたコホート：途中追跡不能者がいない（上）
不完全な閉じたコホート：途中追跡不能者（？で表示）は解析に含められない（下）

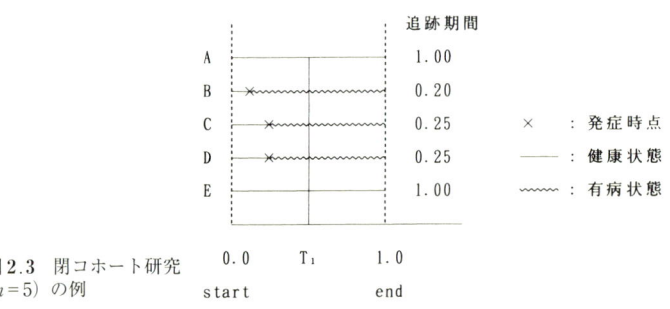

図 2.3 閉コホート研究
($n=5$) の例

このように，短期間に疾病の発症が集中する疾患では incidence rate は 1 を越えることが起こりうるが，慢性疾患のような場合は incidence proportion より incidence rate のほうがはるかに小さい．なお，発症割合（リスク）p は二項分布を仮定した発症確率の推定値であり，発症率 r は Poisson 分布を仮定した推定値である（2.5 節参照）．

2.1.2 人年・人月・人日の意味

疫学調査では，前項で述べた人年（person-years），人月（person-months）など，いわゆる「延べ時間」に相当する一般的にはあまりなじみのない指標がよく利用される．ここではなぜそのような指標が必要となるのか，具体例で簡単に解説する．

表 2.1 を見ていただきたい．この表は，Hoffman, et al.（1995）がコロラド州，デンバーで勤務している警官 1333 人を対象に 1989 年 12 月から 1991 年 3 月までの間に，勤務中に HIV（+）の血液に何らかの形で曝露した曝露率（incidence rate of expo-

表2.1 勤務中における HIV(+)の血液への新規曝露率の任務形態別比較 (Hoffman, et al., 1994)
TABLE 2. Rate of exposure (per 10,000 person-days) to blood and to HIV* antibody-positive blood, by job assignment and risk category, among police officers, Denver, Colorado, December 1989–March 1991

Assignment	Total no. of person-days	Exposures to blood		Exposures to HIV-positive blood	
		No.	Rate	No.	Rate
METRO/SWAT*	20,039	2	1.00	0	
Urban street crime	6,579	1	1.52	0	
Vice/narcotics	18,771	2	1.06	0	
Investigations	113,581	1	0.09†	0	
Airport	25,358	1	0.39	0	
Patrol	284,443	29	1.02	3	0.11
Traffic	43,631	3	0.69	2	0.46
Staff services	43,338	0			
Community services	40,628	0			
Administration	22,833	0			
Off-duty, second job	N/A*	3		1	
High risk‡	311,061	32	1.03	3	0.09
Medium risk§	201,341	7	0.35‖	2	0.10

* HIV, human immunodeficiency virus; METRO/SWAT, Multiple Enforcement Tactical Response Operations/Special Weapons and Tactics; N/A, not available.
† Patrol had a greater rate than investigations ($p < 0.01$).
‡ Urban street crime, METRO/SWAT, and patrol.
§ Traffic, vice/narcotics, airport, and investigations.
‖ High risk was greater than medium risk ($p < 0.01$).

sure to blood and HIV antibody-positive blood) を任務形態 (job assignment) 別に比較したものである. 人日 (person-days) を計算して incidence rate で比較している. 調査対象者は調査開始時点から終了まで同一の1339人の警官であるから, なぜ, 人数を分母にした曝露者割合 (incidence proportion) で比較しないのであろうか? もちろん, その計算の意図が1人当りのリスクではなく, 「勤務中の単位日数当りのリスクを推定したい」のであれば, 延べ勤務日数に相当する人日を分母にするのは当然である.

しかし, 任務形態間のリスクの比較にまで人日をなぜ用いるのであろうか? 答えは, 「任務形態により勤務日数が異なり, また, 1人1人の勤務日数も異なる (風邪で休んだり)」からである. 勤務日数の長い任務のほうが短い任務に比して明らかにリスクは高い. 分母を人数にして比較してしまうと, 勤務日数の違いが考慮されないので不適切となる. もし, 勤務日数が任務形態にかかわらず一定で, しかも, どの警官も同じ日数勤務しているきわめて稀な場合には, 人日は人数に比例するので人数を分母にして比較することができる. この意味でもリスクに関する推測においては, 「割合 (proportion)」より「率 (rate)」が実際的な指標となることが多い.

2.1.3 比較の尺度

疾病の発症リスクを比較するための尺度として一般に用いられているのは発症率 (r) を利用する場合の

1) 発症率差 RD (rate difference)：$r_1 - r_0$
2) 発症率比 RR (rate ratio)：r_1/r_0

発症割合 (p) を利用する場合の,

1) リスク差 RD (risk difference)：$p_1 - p_0$
2) リスク比 RR (risk ratio)：p_1/p_0
3) オッズ比 OR (odds ratio)：$\{p_1/(1-p_1)\}/\{p_0/(1-p_0)\}$

などが代表的な尺度である．特に，2種類の RR (rate ratio, risk ratio) は総称で相対危険度 (relative risk) と呼ばれるので，率を用いているのか，割合を用いているのかは注意が必要である．もちろん，率の比については，リスク比と区別する意味で相対率 (relative rate) と呼ぶ場合もある．たとえば，表 2.2 に示す喫煙と関連性のある特定死因による死亡率をみてみよう．この表は疾病発症の指標として，死亡率 (mortality rate) を用いた率の差と率の比を計算したものである．率の差は寄与危険度 (attributable risk) とも呼ばれ，保健計画策定に有用な情報をもたらす．つまり，喫煙を防止することができればどの程度死亡が減少すると期待されるかを教えてくれる．肺がんでは人口10万人対，220人減少が見込まれるのに対して，虚血性心疾患では261人程度減少が見込まれる．正確には母集団における喫煙者の割合 f を掛けた

$$f(r_1 - r_0) \tag{2.3}$$

が実際に減少が見込まれる期待数となる．減少数の相対的な割合として

$$(r_1 - r_0)/r_1 = \left(1 - \frac{1}{RR}\right)\% \tag{2.4}$$

と％で表現できる．これが寄与危険度パーセント (attributable risk percent) と呼ばれているものである．これに対して相対危険度は因果の強さ (causal effect) を表す指標として用いられる．この例では，喫煙という行動は肺がんでは32.4倍のリスクをもつのに対し，虚血性心疾患では1.4倍と因果性は弱いと推測される．

一方，臨床試験 (clinical trial) でよく問題となる有効率の差は割合を指標としたリ

表 2.2 喫煙と関連性のある特定死因の死亡率（10万人対，年齢調整済み）

死因	非喫煙者 r_0	1日25本以上喫煙者 r_1	率の差 $r_1 - r_0$	率の比 r_1/r_0
肺がん	7	227	220	32.4
虚血性心疾患	732	993	261	1.4

スク差に相当する．しかし，ここではリスクではなく，有効性が問題である．有効率は通常2桁の割合，たとえば，65%とか90%，であることが多いので，その差を議論するほうが自然である．

ところで，疫学研究の後ろ向き研究（retrospective study）の中で比較的簡単に実施できる典型的なケースコントロール研究で推定できる疾病発生の比較指標はリスク差でもリスク比でもなく，オッズ比である．ただ，稀な疾患（rare disease）の場合には $p \ll 1$ であるから，オッズ比はリスク比にほぼ一致し，リスク比として解釈してよい．一般には表2.3に示すように対照群の指標 p_0 の大きさによってリスク比とオッズ比とは差が生じることに注意して解釈したい．

表2.3 リスク比 RR の関数としてのオッズ比 OR の値

リスク比 RR	対照群のリスク p_0				
	0.001	0.01	0.1	0.2	0.5
0.1	0.100	0.099	0.091	0.081	0.053
0.2	0.200	0.198	0.184	0.167	0.111
0.5	0.500	0.497	0.474	0.444	0.333
1.0	1.000	1.000	1.000	1.000	1.000
1.5	1.501	1.508	1.588	1.714	3.000
2.0	2.002	2.020	2.25	2.667	—
3.0	3.006	3.061	3.857	6.000	—
5.0	5.020	5.210	9.000	—	—
10.0	10.090	11.000	—	—	—

なお，コホート研究を実施している中で予算と時間の節約のためにコントロールを無作為抽出して行われるケースコントロール研究では研究対象としている疾患が「稀な疾患」でなくても，推定されるオッズ比はリスク比あるいは発症率比に一致する（2.6節参照）．

2.2 モデルの概要

2.2.1 モデルの構造

記号の約束として，r 個の説明変数をベクトル表現して

$$x = (x_1, x_2, \cdots, x_r)^t \quad (t \text{ は転置ベクトルの意味，以下同様}) \tag{2.5}$$

としよう．説明変数 x の観測値が与えられているという条件のもとで疾病が発症する（$=1$），しない（$=0$），を表す2値変数を y とし，発症確率 $p(x)$ を

と定義する．発症しない確率は $\Pr\{y=0|\boldsymbol{x}\}=1-p(\boldsymbol{x})$ である．ここに，$g(\boldsymbol{x})$ は $p(\boldsymbol{x})$ のロジット（logit），対数オッズ（log odd）などと呼ばれる．ここでは，

$$p(\boldsymbol{x}) = \Pr\{y=1|x_1, x_2, \cdots, x_r\} = \frac{\exp(g(\boldsymbol{x}))}{1+\exp(g(\boldsymbol{x}))} \tag{2.6}$$

$$g(\boldsymbol{x}) = \log\left(\frac{p(\boldsymbol{x})}{1-p(\boldsymbol{x})}\right) = \text{logit } p(\boldsymbol{x}) \tag{2.7}$$

と表現することにしよう．ここで，対数 log は e を底とする自然対数である．これが先にも述べたようにロジット分析と呼ばれる所以である．

さて，ロジスティック回帰モデルとは，説明変数 $\boldsymbol{x}$ が連続変数であれば，

$$\text{logit } p(\boldsymbol{x}) = \beta_0 + \beta_1 x_1 + \beta_2 x_2 + \cdots + \beta_r x_r \tag{2.8}$$

と表現するモデルである．説明変数が3つ以上のカテゴリーをもつカテゴリー変数である場合には，属するカテゴリーに1を，他には0を与える2値変数 x_{jk}

$x_{jk}=1$, j 番目の説明変数の第 k カテゴリーに属する
　　　　0, j 番目の説明変数の第 k カテゴリーに属しない

を定義し j 番目の説明変数の第 k カテゴリーの効果を表すパラメータを β_{jk}（$k=1, \cdots, K_j$）とすると，

$$\text{logit } p(\boldsymbol{x}) = \beta_0 + \sum_{k=1}^{K_1} \beta_{1k} x_{1k} + \cdots + \sum_{k=1}^{K_r} \beta_{rk} x_{rk} \tag{2.9}$$

と表現できる．このような2値変数 $\{x_{jk}\}$ はダミー変数（dummy variable）とも呼ばれる．別の表現として，たとえば3変数の場合，

$$\text{logit } p_{ijk} = \beta_0 + \beta_{1i} + \beta_{2j} + \beta_{3k}, \qquad \beta_{11} = \beta_{22} = \beta_{33} = 0 \tag{2.10}$$

または

$$\text{logit } p_{ijk} = \mu + \alpha_i + \beta_j + \gamma_k, \qquad \alpha_1 = \beta_1 = \gamma_1 = 0 \tag{2.11}$$

と表現することも多い．後者の表現で説明すると，μ は式 (2.9) の β_0 に対応し，α_i は1番目の変数の第 i カテゴリーのパラメータ，β_j は2番目の変数の第 j カテゴリーのパラメータ，γ_k は3番目の変数の第 k カテゴリーのパラメータで，p_{ijk} は3つの変数によって分割される (i,j,k) 層における発症確率 $p(\boldsymbol{x})$ である．またこの場合，各カテゴリーの推定値は絶対値としての意味はなく相対的な差が意味をもつことに注意したい．このため，パラメータ間に制約条件を課す必要があるが，一般的には

（1）　第1カテゴリーのパラメータを0とおく，または，

（2）　パラメータの総和を0とおく，

として推定することが多い．したがって，（1）の場合にはパラメータの推定値の解釈は，第1カテゴリーに対する差として解釈することになる．（2）の場合には興味ある

表 2.4 説明変数の型と自由度

説明変数の型	自由度
連続変数	1
カテゴリー K 個の変数	$K-1$

2つのカテゴリー間の差をとり解釈する.

さて，連続変数とカテゴリー変数が混在している場合は以下のように取り扱う．連続変数 x_j, カテゴリー変数 x_{jk} のパラメータ β_j, β_{jk} の自由度（独立に推定すべきパラメータの数）は表 2.4 のとおりである．したがって，連続変数が s 個，とカテゴリー変数が t 個混在している場合は，連続変数に関する独立なパラメータ数は s 個であり，カテゴリー変数のそれは $(K_1-1)+(K_2-1)+\cdots+(K_t-1)$ 個であり，両者の合計がこのモデルの推定すべきパラメータ数（定数項は除く）ということになる．

いずれにしても，説明変数の中にカテゴリー変数（カテゴリー数 $=K$）がある場合は，ダミー変数（3.1.3 項）を利用して $(K-1)$ 個の 2 値変数に変換しておくことによりロジスティック回帰モデルの一般的なベクトル表現として，一般性を失うことなく，

$$\operatorname{logit} p(\boldsymbol{x}) = (1, \boldsymbol{x}^t)\boldsymbol{\beta} \tag{2.12}$$

と表現できる．ここに，β は次に示す長さ $(r+1)$ のベクトルである．

$$\boldsymbol{\beta} = (\beta_0, \beta_1, \cdots, \beta_r)^t \tag{2.13}$$

ただし，マッチド・ケースコントロール研究のように層別解析が要求される場合のモデルは式 (2.12) とは異なる (2.3.2 項参照).

2.2.2 調査の種類と発症確率の解釈

ロジスティック回帰モデルでの発症確率 $p(\boldsymbol{x})$ の意味は利用するデータ，つまり調査の種類によって異なる．表 2.5 にまとめたので参考にしていただきたい．特に開い

表 2.5 調査の種類と $p(\boldsymbol{x})$ の意味

調査研究の種類	$p(\boldsymbol{x})$ の意味	他の方法
開いたコホート	incidence rate	Poisson 回帰モデル Cox 比例ハザードモデル
閉じたコホート	incidence proportion	
ケースコントロール	解釈できない	
クロスセクショナル	prevalence	
その他	割合 (proportion)	

たコホート調査の場合の解析は時間変数を層別した Poisson 回帰モデルの近似としてのロジスティック回帰モデルを利用するか，Cox 比例ハザードモデルを適用するのが適切である．

2.2.3 標本とプロファイル

さて，ロジスティック回帰モデルに使用する標本の構造は，次のようなものである．標本の大きさを n として，第 i 番目の標本（$i=1, \cdots, n$）に関して

　　　結果変数：y_i，　$y_i=1$；ある事象が発生
　　　　　　　　　　$y_i=0$；ある事象が発生せず
　　　説明変数：r 個の変数 $(x_{i1}, x_{i2}, \cdots, x_{ir})$

が得られているものとする．事象の発生数は全体で

$$f = \sum_{i=1}^{n} y_i$$

である．たとえば，低体重児のリスクファクターに関する研究のために収集されたデータが 3.2 節に掲載されているが，そこでは，標本数 $n=189$，発症数（ケース数）$f=59$，説明変数の数 $r=8$ である．

次に，標本として選択した n 個体の説明変数ベクトル x の観測値の中から，相異なるパターンを抽出し，それらに番号をつけたもの x_j（$j=1, \cdots, J$）を**プロファイル**（profile）と呼ぶ．プロファイル x_j の標本数を n_j，事象の発生数を d_j とすると，

$$\sum_{j=1}^{J} n_j = n, \qquad \sum_{j=1}^{J} d_j = f \tag{2.14}$$

である．表 2.6 の例でいうと，1 番目と 4 番目のプロファイル（性，年齢，コレステロール）が同じ（1, 54, 213）であるため，プロファイルの数は 4 となる．

表 2.6　標本（$n=5$）とプロファイルとの関係

(a) 標本の行列

標本ID i	発症の有無	性	年齢	コレステロール	プロファイル No j
1	0	1	54	213	1
2	0	1	36	241	2
3	1	2	64	168	3
4	1	1	54	213	1
5	0	2	40	193	4

(b) プロファイル行列

j	n_j	d_j	x_j
1	2	1	(1, 54, 213)
2	1	0	(1, 36, 241)
3	1	1	(2, 64, 168)
4	1	0	(2, 40, 193)

2.2.4 変数と用語

ロジスティック回帰モデルはこれまでみてきたように形式的には重回帰モデル（multiple regression model）

$$y 変数 = \{x 変数群\} \qquad (2.15)$$

の形式である．つまり x 変数から y 変数を説明，予測するためのモデルの一種で，y 変数，x 変数は統計用語としていろいろな呼び名で呼ばれる．その一例を次にあげる．

y 変数：被説明変数，従属変数（dependent variable），結果変数（outcome variable），基準変数

x 変数：説明変数（explanatory variable），独立変数（independent variable），共変量（covariate）

また，x 変数は，その意味，適用分野の用語に応じて呼び方が変り，要因（factor），リスクファクター（risk factor），曝露変数（exposure），交絡因子（confounding factor），効果修飾因子（effect modifier），予後因子（prognostic factor）などと呼ばれる．

本書では統一的に

y 変数を**結果変数：2値変数**（dichotomous variable），

x 変数を**説明変数：連続変数**（continuous variable），

カテゴリー変数（categorical variable）

と呼ぶことにする．なお，x 変数が2値変数の場合は連続変数としてもカテゴリー変数としてもどちらの扱いも可能である．カテゴリーが順序尺度の場合と名義尺度の場合があるが特に断わらないかぎり一般的な名称では区別しない．ところで，変数の尺度として，一般的に

名義尺度（nominal scale）：職業，性，etc.

順序尺度（ordinal scale）：広い意味での曝露レベル，連続量をコード化した変数．

間隔尺度（interval scale）：原点がなく，間隔だけが意味をもつ．厳密には温度がその例．

比尺度（ratio scale）：原点が存在し，比が意味をもつ変数，ほとんどすべての数量の変数と考えてよい．

の4種類がある．ロジスティック回帰モデルでは，間隔尺度を除いて利用できる．

2.3 推定と検定の方法

まず，モデルに含めた説明変数の有意性の解釈について解説しよう．重要な点は絶

対的評価はできず，相対的評価でしかないことである．たとえば変数 x_1 の有意性を議論する場合，
1) 変数 x_1 だけしかない場合，
2) 変数 x_1, x_2
3) 変数 $x_1, x_2, \cdots, x_r$

の場合でいずれも答えが異なるのである．ケース 1) の場合であれば，
- 帰無仮説 H_0：定数項だけのモデルが正しい
- 対立仮説 H_1：変数 x_1 を含めたモデルが正しい．

だけを検定することになる．ところが，ケース 2) の場合であれば，変数 x_1 の有意性は変数 x_2 を含める場合とそうでない場合で変化してしまう．この場合は，
- {定数項} と {定数項, x_1} を比較する
- {定数項, x_1, x_2} と {定数項, x_2} を比較する

の 2 通りが考えられる．ケース 3) の場合に至っては，変数 x_1 を含むと考えられるすべてのモデルの良さを比較し，変数 x_1 の有意性を検討することになるが，これは大変な作業である．したがって，通常の手順は探索的研究（exploratory study）と検証的研究（confirmatory study）の 2 つの場合に分けて説明すると次のようになる．

1) 探索的研究：目的が説明変数の最適な組合せを選ぶことにあるので，
   a) 事前に慎重に用意した，または前処理で候補として選んだ変数群 $\{x_1, \cdots, x_r\}$ を含めたモデルを適用する．
   b) そのモデルを前提として，興味ある変数（群）の有意性を p 値の基準を 20 ％前後として検討して，ある基準のもとに最適モデルを選択する．あるいは，コンピュータにより自動的に変数選択する方法を選ぶ．
2) 検証的研究：この場合の目的は曝露変数，または，介入の群を表す変数である x_1 の有意性を検証することにあるので，年齢，性，など代表的な交絡の可能性のある変数をまず調整し，必要あれば，その後に交絡の可能性のある残りの変数をモデルに含めた調整解析を行う．

ただ，いずれの場合も，解析の前に，次の 2 つの概念，交絡（confounding）と効果修飾（effect modification），は区別して理解しておく必要がある．

1) **交絡**：1.4 節でも解説したが，ここでも繰り返して説明しよう．説明変数が結果変数と強い関連性があり，介入（曝露）の効果を結果変数で推定しようとしても，比較される群間でこの説明変数の分布の不均衡（imbalance）のために見かけのバイアスを有した推定値しか得られない状況で，この説明変数を交絡因子と呼ぶ．たとえば，コーヒーをたくさん飲む集団にはそうでない集団に比較

して喫煙している割合が大きいことが知られている．この場合に，コーヒーを飲む量と肺がんとの関連性はコーヒーと喫煙との関連性に交絡しているという．この場合，コーヒーと肺がんの関連性を検討するには喫煙を調整する必要がある．

2) **効果修飾**：ある因子の存在により，介入（曝露）の効果の大きさが変化する状況で，その因子を効果修飾因子と呼ぶ．たとえば，介入（曝露）の効果が，効果修飾因子であるカテゴリー変数の層ごとに有意に異なる状況を指し，効果の大きさが層間で不均一性（heterogeneity）がある場合を指す．統計学的には，比較される群間とこの効果修飾因子との間に交互作用（interaction）があるという．この場合には説明変数群に比較される群を表す変数と効果修飾変数との交互作用項を導入して，層ごとに効果の大きさを推定する必要がある．たとえば，体重と糖尿病を発症するリスクとの関連性は男女で大きく異なることが知られている．この場合，性は糖尿病発症リスクに及ぼす体重の効果を修飾している，あるいは，性は体重と相互（交互）に作用して糖尿病発症リスクを変えている，という．

2.3.1 最　尤　法

ロジスティック回帰モデルが解析対象とする基本的なデータ構造においては $p(\boldsymbol{x})$ は確率，割合である．閉じたコホートでは，確率 $p(\boldsymbol{x}_j)$ はプロファイル $\boldsymbol{x}_j$ のもとでの発症確率を意味するから，その観測値は

$$d_j/n_j$$

で計算できる．したがって，ロジスティック回帰モデルの係数 β の推定は，n 例が相互に独立な標本という仮定のもとに，プロファイル $\boldsymbol{x}_j$ が観測された標本群では d_j は 2 項分布 $B(n_j, p(\boldsymbol{x}_j))$ に従う確率変数 D_j の観測値と考えることができる．つまり，

$$\Pr\{D_1=d_1,\cdots,D_J=d_J\} = \prod_{j=1}^{J} \binom{n_j}{d_j} p(\boldsymbol{x}_j)^{d_j}(1-p(\boldsymbol{x}_j))^{n_j-d_j} \quad (2.16)$$

と表現できる．この関数は，データ $(\boldsymbol{x}_j, n_j, d_j)$ が与えられたという条件のもとで，β の関数と考えたものを尤度関数（likelihood function）といい like(β) で表現する．推定には無関係な定数項を省略して

$$\text{like}(\beta) = \prod_{j=1}^{J} p(\boldsymbol{x}_j)^{d_j}(1-p(\boldsymbol{x}_j))^{n_j-d_j} = \prod_{j=1}^{J} \frac{\exp[d_j(1,\boldsymbol{x}_j^t)\beta]}{(1+\exp[(1,\boldsymbol{x}_j^t)\beta])^{n_j}} \quad (2.17)$$

となる（詳細は 5.2 節参照）．これを最大にする β，すなわち最尤推定値（maximum

likelihood estimate）を求める．これが最尤法（maximum likelihood method）である．モデルに含まれるパラメータ数rに比較して標本数nが十分に大きい場合にはこの尤度を最大にする最尤推定値が漸近的に真のパラメータβに一致する漸近的一致性（asymptotic consistency）の性質がある．ここで「nがrに比べて十分に大きい場合」とは，状況によっても変化するが，少なくともnがrの4～5倍以上あるときと考えるべきであろう．したがって，それ以下の小標本の場合には推定値に無視できないバイアスが存在することを認識する必要があろう．

2.3.2 条件付きロジスティック回帰モデル——条件付き最尤法

条件付き最尤法（conditional maximum likelihood method）の必要性が生じるのは，マッチド・ケースコントロール研究（matched case-control study）に代表される層別解析（statified analysis）の場合である．ケースコントロール研究に対するロジスティック回帰モデルと解釈の妥当性は2.6節で述べる．ケースひとりひとりに対してマッチングを行ったケースコントロール研究でのモデルは，式(2.12)とは若干異なり，第k層j番目のプロファイルx_{kj}に対して

$$\text{logit } p(x_{kj}) = \gamma_k + x_{kj}^t \beta \qquad (2.18)$$

ここで，

γ_k：k番目の層化（マッチング）パラメータ，$k = 1, \cdots, K$

$\beta = (\beta_1, \cdots, \beta_r)^t$

となる．このモデルにはマッチングによる層化パラメータ$\gamma^t = (\gamma_1, \cdots, \gamma_K)$が含まれていることに注意したい．マッチングをするということは，事前に交絡因子となる因子でマッチさせた層で層別することを意味しており，各層に共通のβを推定することを目的とした層別解析をすることにほかならない．この場合のロジスティック回帰モデルでは，標本数が増大するにつれてモデルに含まれるパラメータの数も同じ速度で増大してしまい，漸近性の条件が満足されず，したがって一致性の保証が得られず，かなり偏った推定値となってしまう．1：1マッチングで，かつ，説明変数（2値変数）が1個の場合には，通常のロジスティック回帰モデルによるオッズ比の推定値は真値の2乗に収束することが示される．表2.7には，さまざまなマッチング状況に関するバイアスの大きさを示した（Breslow and Day, 1980, Table 7.1，より引用）．

このような場合には，条件付きロジスティック回帰モデル（conditional logistic regression model）を適用する．その詳細は5.3節に譲るが，その概略は次のとおりである．推定にもともと興味のない層化パラメータγ（局外パラメータ，nuisance parameterという）の十分統計量s（各層のケースの数）が観測されたという条件の

表 2.7 さまざまなマッチング状況に関するバイアスの大きさ (Breslow and Day, 1980)

Table 7.1 Asymptotic mean values of unconditional maximum likelihood estimates of the odds ratio from matched sets consisting of n_1 cases and n_0 controls

True odds ratio ψ	No. of controls per set (n_0)	Proportion of controls positive $p_0 = 0.1$				$p_0 = 0.3$				$p_0 = 0.7$			
		No. of cases per set (n_1)				No. of cases per set (n_1)				No. of cases per set (n_1)			
		1	2	4	10	1	2	4	10	1	2	4	10
1.5	1	2.25	1.81	1.64	1.55	2.25	1.83	1.65	1.56	2.25	1.86	1.67	1.57
	2	1.87	1.72	1.62	1.55	1.85	1.72	1.62	1.55	1.82	1.72	1.63	1.56
	4	1.68	1.63	1.59	1.54	1.67	1.63	1.59	1.55	1.65	1.62	1.59	1.55
	10	1.57	1.56	1.55	1.53	1.57	1.56	1.55	1.53	1.56	1.55	1.55	1.53
2	1	4.00	2.72	2.32	2.12	4.00	2.82	2.37	2.14	4.00	2.94	2.45	2.18
	2	2.97	2.51	2.27	2.11	2.90	2.53	2.29	2.13	2.76	2.52	2.32	2.15
	4	2.47	2.32	2.21	2.10	2.42	2.31	2.21	2.11	2.34	2.28	2.21	2.12
	10	2.19	2.16	2.12	2.07	2.16	2.14	2.12	2.08	2.12	2.12	2.10	2.07
5	1	25.00	10.45	6.98	5.64	25.00	12.68	8.12	6.05	25.00	14.42	9.44	6.67
	2	14.26	8.69	6.66	5.61	12.81	9.11	7.19	5.91	10.08	8.57	7.39	6.24
	4	9.30	7.40	6.31	5.55	8.20	7.22	6.46	5.74	6.83	6.58	6.27	5.84
	10	6.59	6.21	5.84	5.44	6.08	5.93	5.75	5.49	5.60	5.57	5.53	5.43
10	1	100.00	35.66	17.90	12.20	100.00	47.28	24.77	14.60	100.00	53.34	30.55	17.64
	2	50.95	24.85	16.08	12.05	42.71	26.49	18.59	13.61	27.15	21.74	18.07	14.60
	4	28.03	18.80	14.53	11.83	21.54	17.67	15.03	12.67	14.95	14.35	13.67	12.66
	10	16.16	14.28	12.81	11.44	13.34	12.87	12.34	11.60	11.46	11.42	11.34	11.18

p_0：コントロール群の発症率（割合）

もとでの条件付尤度（conditional likelihood）

$$\text{Clike}(\beta|s) = \frac{c(t,s)\exp(t^t\beta)}{\sum_{u \in \Omega} c(u,s)\exp(u^t\beta)}$$

を構成することにより，尤度関数からγが消去され，しかも条件付き尤度を最大にする推定値$\hat{\beta}$（maximum conditional likelihood estimate）は漸近的に一致性をもつ．

2.3.3 正確な方法——完全な条件付き尤度構成法

前項までのロジスティック回帰モデル（条件なし，条件付き）での推論は暗黙のうちに，「推定値$\hat{\beta}$が漸近的に平均β，分散行列Σの多変量正規分布に従う」という漸近的性質が成立する場合を想定している．これは，推定するパラメータに比べて標本数が大きくなるにつれて成立する．しかし，稀な疾患を相手に研究する場合には，**標本数が小さく，プロファイルごとの標本数が極端に異なるという状況，つまりモデルのデザインが高度にアンバランス**（unbalanced design）となってしまう場合が少なくない．この場合は，漸近的性質は破綻してしまうばかりでなく，最尤推定値さえ存在しなくなってしまうケースが起る．たとえば，表 2.8 に示すデータに

$$\text{logit } p_{ij} = \mu + \alpha_i + \beta_j \tag{2.19}$$

α_i：CD4 第 i カテゴリーの効果，β_j：CD8 第 j カテゴリーの効果

$\alpha_2 = \beta_2 = 0$（LogXact ではこのような制約条件を取り入れているため）

なるロジスティック回帰モデルを適用すると，最尤推定値は存在しない．100%または0%の観測割合をもつプロファイルが存在すると最尤推定は存在しなくなる可能性が大きくなるのである（3.10 節，5.2.3 項参照）．このような場合には，推測に興味のあるパラメータ β_j ごとに，それ以外のパラメータはすべて消去する完全な条件付き尤度（full conditional likelihood，詳細は 5.4 節参照）

$$\text{FClike}(\beta_j|s) = \frac{C(t,s)\exp(t\beta_j)}{\sum_{u=t_{\min}}^{t_{\max}} C(u,s)\exp(u\beta_j)}$$

を構成することにより，この尤度を最大にする推定値 $\hat{\beta}_{j,\text{MAX}}$（maximum exact conditional likelihood estimate）を計算することができる．この正確な方法を実施するための専用のソフトとして，LogXact（Mehta, et al., 1993）が有名である．

表 2.8 のデータを LogXact で計算した結果を表 2.9 に示す．CD4 のカテゴリー 2 に比してカテゴリー 0, 1 のリスクが有意に高い．CD8 に関しては，逆にカテゴリー 2 が 0, 1 に比して有意に高いことがわかる．なお，CD4 のカテゴリー 0, 1 がほぼ同程度のリスクの大きさであり，CD8 に関しても同様であるからこれら 2 つのカテゴリー

2.4 オッズ比の計算と解釈

表 2.8 HIV positive 予測のための生後 6 カ月時点の小児 45 例の CD4, CD8 のデータと HIV(+)の割合（LogXact-Turbo マニュアル，p.2-3 より）

プロファイル No.	プロファイル x_j CD4*	CD8*	HIV(+) d_j	標本数 n_j	HIV(+)の割合 d_j/n_j
1	0	2	1	1	100 %
2	1	2	2	2	100 %
3	0	0	4	7	57 %
4	1	1	4	12	33 %
5	2	2	1	3	33 %
6	1	0	2	7	29 %
7	2	0	0	2	0 %
8	2	1	0	13	0 %

＊ 3 カテゴリーにコード化されている．

表 2.9 表 2.8 の exact 推定・検定

(a) 生データ

項目・カテゴリー		係数	p 値
CD4	0	2.935	0.0145
	1	2.446	0.0127
	2	0	
CD8	0	-2.247	0.058
	1	-2.319	0.048
	2	0	

(b) コードの場合

項目・カテゴリー		係数	p 値
CD4	0+1	2.78	0.0019
	2	0	
CD8	0+1	-2.47	0.0261
	2	0	

を併合して再解析するほうが望ましい．併合した結果は，表 2.9(b) に示すようにより明瞭になる．詳細な計算例は 3.10 節参照のこと．ただし，膨大な計算時間を要するので解が得られないことも少なくない．

2.4 オッズ比の計算と解釈

さて，ロジスティック回帰モデルでの基本的な指標であるオッズ比 ϕ の推定を考えてみよう．稀な疾病（rare disease）の場合には近似的に相対危険度（relative risk）としても評価できる点はすでに述べたとおりである．まず，j 番目の説明変数がカテゴリー変数で，その第 s カテゴリーの第 t カテゴリーに対するオッズ比

$$\phi_{st} = \frac{P_s}{1-P_s} \bigg/ \frac{P_t}{1-P_t} \tag{2.20}$$

を考える．その対数は，

$$\log \phi_{st} = \log \frac{P_s}{1-P_s} \bigg/ \frac{P_t}{1-P_t} = \log \frac{P_s}{1-P_s} - \log \frac{P_t}{1-P_t}$$

となる．もし，他の説明変数が同じ値をもてば，式 (2.9) より上式は

$$\log \phi_{st} = \beta_{js} - \beta_{jt}$$

となる．つまり，

$$\hat{\phi}_{st} = \exp(\hat{\beta}_{js} - \hat{\beta}_{jt}) \tag{2.21}$$

で推定される．これがロジスティックモデルによる調整オッズ比（adjusted odds ratio）である．**あてはめたモデルの中で**統計的に有意であるかどうかの検定

  帰無仮説 $H_0 : \phi_{st} = 1$

  対立仮説 $H_1 : \phi_{st} \neq 1$

は次の Wald 検定により簡単に行うことができる．

$$\chi^2 = \left(\frac{\hat{\beta}_{js} - \hat{\beta}_{jt}}{\mathrm{SE}(\hat{\beta}_{js} - \hat{\beta}_{jt})}\right)^2 \underset{H_0 \text{のもとで}}{} \text{自由度 1 の } \chi^2 \text{ 分布} \tag{2.22}$$

標準誤差 SE(.) の計算にはパラメータ間の分散共分散行列を計算する必要がある．次にオッズ比 ϕ_{st} の 95%信頼区間を求めてみよう．Wald 検定による差 $(\beta_{js} - \beta_{jt})$ の 95%信頼区間は

$$(\hat{\beta}_{js} - \hat{\beta}_{jt}) \pm 1.96\, \mathrm{SE}(\hat{\beta}_{js} - \hat{\beta}_{jt}) \tag{2.23}$$

で計算されるが，式 (2.22) より，すでに計算してある χ 値を利用すると

$$\mathrm{SE}(\hat{\beta}_{js} - \hat{\beta}_{jt}) = (\hat{\beta}_{js} - \hat{\beta}_{jt}) / \chi$$

と変形できる．したがって，オッズ比 ϕ_{st} の 95%信頼区間は

$$\hat{\phi}_{st}^{(1-1.96/\chi)} \leq \phi \leq \hat{\phi}_{st}^{(1+1.96/\chi)} \tag{2.24}$$

で計算できる．ここでは省略したが，Wald 検定以外に，より性質の良い尤度比検定，スコア検定がある．

次に説明変数が連続変数の場合を考えよう．j 番目の説明変数の係数 β_j は変数 x_j の比例定数であり，「1 単位当りの増加」に対する対数オッズの増加分を意味している．つまり，単位当りのオッズ比 ϕ_j は，

$$\hat{\phi}_j = \exp(\hat{\beta}_j) \tag{2.25}$$

で推定される．あてはめたモデルの中でその有意性の仮説検定

  帰無仮説 $H_0 : \phi_j = 1$

  対立仮説 $H_1 : \phi_j \neq 1$

に対する Wald 検定は次式で与えられる．

$$\chi^2 = \left(\frac{\hat{\beta}_j}{\mathrm{SE}(\hat{\beta}_j)}\right)^2 \underset{H_0 \text{のもとで}}{} \text{自由度 1 の } \chi^2 \text{ 分布} \tag{2.26}$$

次に Δ 単位増加した場合のオッズ比は

$$\hat{\phi}_j(\Delta) = \exp(\Delta\hat{\beta}_j) = (\exp(\hat{\beta}_j))^\Delta = \hat{\phi}_j^\Delta \tag{2.27}$$

と推定できる（図2.4）．もちろん，このような推定ができるのは説明変数 x_j の効果が線形（linear）と想定される x_j の範囲に限ることに注意したい．

線形性のチェックの1つの方法は，変数を四分位点（quartile），五分位点（quintile）などで分割して新しくカテゴリー変数に変換し，係数 β_{jk}（$k=1, \cdots, K_j$）の線形性を検討することである．図2.5にその概略を示す（具体例を3.2.2項に示す）．

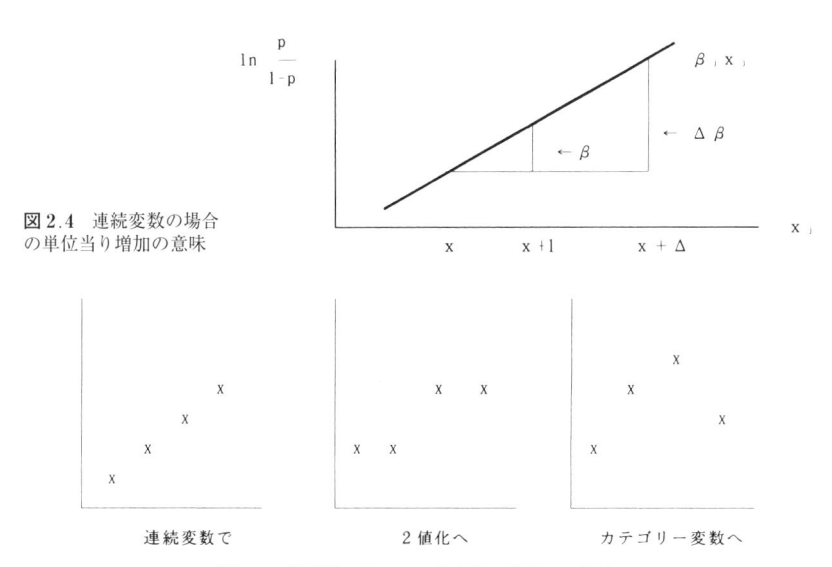

図2.4 連続変数の場合の単位当り増加の意味

図2.5 線形性のチェックと変数の取扱いの概略

2.5　Poisson 回帰モデルとの近似的同値性――開いたコホート

長期にわたる追跡調査では種々の理由により追跡不能者が多く発生するので閉じたコホートで利用できる発症割合（incidence proportion）は現実的な指標でない場合が少なくない．たとえば，労働環境の健康影響を検討する調査研究では，追跡期間中に途中で会社を辞める者，逆に新規に入社して労働を始める者，などが混在し，開いたコホート（open cohort）が必然的に研究対象となる．また疾病の指標としてもある単位時間当りの発症の強度を表現する発症率（incidence rate）・死亡率（mortality rate）を推定するほうが日常的感覚にも合っていて自然であろう．

さて，このような場合の解析方法は，後で述べる Cox 比例ハザードモデルが代表的

方法の1つであるが，大規模な追跡調査で発症率が稀な疾患（rare disease）の場合には，時間変数（time-related variable），曝露変数を含めた説明変数をすべてカテゴリー変数に変換し，カテゴリー変数群で定義されるプロファイル x_j で層化したデータに Poisson 回帰モデル（Poisson regression model）を適用するのが常套手段である（Frome and Checkoway, 1985）．それは，層ごとに

$$d_j = 発症数$$
$$n_j = 人年 \quad \left(\sum n_j = 総人年\right)$$
$$p(x_j) = 発症率 \text{（incidence rate）}$$

と置き換えて，発症数が期待値 $\lambda_j = p(x_j) n_j$ をもつ Poisson 分布（Poisson distribution）Pois(λ_j）に従う確率変数 D_j

$$\Pr\{D_j = d_j\} = \frac{\lambda_j}{d_j!} \exp(\lambda_j) \tag{2.28}$$

と仮定した対数線形モデル（log-linear model）

$$\log \lambda_j = \log(n_j) + (1, x_j^t) \beta \tag{2.29}$$

である．実は，大規模な追跡調査で，発症率が稀な疾患の場合は，Poisson 分布は2項分布 $B(n, p)$ で，$p \to 0$, $n \to \infty$ の漸近的分布として得られることと，

$$p \ll 1 \quad \text{ならば} \quad \log p \approx \log p/(1-p) = \text{logit } p$$

であるから，式 (2.29) に $\lambda_j = p(x_j) n_j$ を代入すると，

$$\text{logit } p(x_j) = (1, x_j^t) \beta$$

と，ロジスティック回帰モデルと近似的に同値となる．したがって，閉じたコホートの場合と同様に形式上は2項分布を仮定した尤度に基づく最尤推定法で近似的に推定できる．この場合は，オッズ比は相対危険度（発症率比, rate ratio）と解釈できる．

たとえば，あるエネルギー研究所での低濃度放射線を被爆した作業者 7778 名の白血病の死亡状況の 1943～1977 年までの追跡調査を考えてみよう（Pearce and Checkoway, 1987）．説明変数の候補として，

1) 累積被爆線量（dose）：4 カテゴリー
2) 年齢（age at risk）：9 カテゴリー
3) 暦年（year at risk）：4 カテゴリー
4) 就業期間（duration）：4 カテゴリー
5) 追跡期間（length）：4 カテゴリー

の5つを考えてみると，標本は全体でたかだか $4 \times 9 \times 4 \times 4 \times 4 = 2304$ 個の層（プロファイル x_j）に類別される．この場合は開いたコホートが対象となるので，層ごとに死亡数，人年を集計して，次のモデル

$$\text{Model I}: \text{logit}\, p(\boldsymbol{x}_j) = \beta_0 + \beta_{\text{dose},\,i} + \beta_{\text{age},\,k} + \cdots + \beta_{\text{length},\,m}$$

を適用することが考えられる．または，各層のバックグラウンド発症率（background incidence rate）を λ_{0j} として，

$$\text{Model II}: \text{logit}\, p(\boldsymbol{x}_j) = \lambda_{0j}(1 + \beta_{\text{dose},\,i})$$

という相対超過リスクモデル（relative excess risk model）も考えられる．ここで λ_{j0} は局外母数として推定しない条件付き推論を採用する．しかし，モデル自体は非線形であり通常のパッケージでは利用できない．このための統計ソフトとしてEPICURE (1993) がよく利用されている．

いずれにしても，問題は他の要因を調整した累積被爆線量の影響を検討することであるから，第1カテゴリーに対するオッズ比（リスク比と解釈）

$$\psi_{21} = \exp(\beta_{\text{dose},\,2} - \beta_{\text{dose},\,1})$$
$$\psi_{31} = \exp(\beta_{\text{dose},\,3} - \beta_{\text{dose},\,1})$$
$$\psi_{41} = \exp(\beta_{\text{dose},\,4} - \beta_{\text{dose},\,1})$$

を推定するとともに，図2.6に示すような，ψ_{21}, ψ_{31}, ψ_{41} の単調増加性の傾向性の検定（test for trend）が必要となるであろう．この場合には，

$$\text{Model III}: \text{logit}\, p(\boldsymbol{x}_j) = \lambda_{0j}\{1 + \beta_{\text{dose}}\text{DOSE}\}$$

と設定したモデルで次の検定を行えばよい．

$H_0: \beta_{\text{dose}} = 0$
$H_1: \beta_{\text{dose}} > 0$

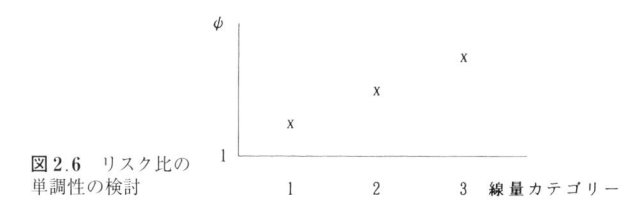

図2.6 リスク比の単調性の検討

表2.10 Pearce and Checkoway (1987) による Model I の解析結果の一部
Poisson ANOVA table, and accompanying rate ratios for radition exposure, for all-cause mortality: illustrated with a study of 7,778 workers exposed to low doses of radiation at an energy research laboratory, 1943–1977

Model no. and description	No of parameters	Deviance	df	Rate ratio for each dose category (rems)			
				0*	0.1–0.9	1.0–4.9	5+
1. Minimal	1	1,720	389				
2. (1) + dose	4	1,699	386	1.00	1.04	1.47	1.05
3. (2) + age at risk	12	414	378	1.00	0.91	1.00	0.73
4. (3) + year at risk	15	406	375	1.00	0.91	1.00	0.75
5. (4) + follow-up	18	377	372	1.00	0.90	0.93	0.69
6. (5) + employment	21	369	369	1.00	0.92	1.05	0.83

* Reference category.

表2.10には，Pearce and Checkoway (1987) による Model I の解析結果の一部を示した．線量だけをモデルに入れた場合には線量が増大するにつれてリスク増大の傾向を示したが，他の交絡因子を入れると特に顕著な正の傾向はみられない．

2.6 ケースコントロール研究でのオッズ比の解釈

これまでは，ケースコントロール研究といえば，特定されたケース，コントロールとも過去に遡って必要な情報を入手する努力をする retrospective study としての伝統的なケースコントロール研究を指していた．ところが，最近では，コホート研究の良さ（必要な情報の信憑性が高い，特に，測定されたデータがケース発症の前か後かが明確である）とケースコントロール研究の良さ（多大な費用と時間をかけないで必要な情報が入手しやすい）の両方をもち合せるように工夫して，いわばハイブリッド型のデザインが考案されてきた（Kupper et al., 1975；Liddell et al., 1977；Miettinen, 1982）．つまり，コホート研究を実施している途中で，コントロールの一部を抽出してケースコントロール研究 (case-control study within cohort) を実施するもので，その口火を切ったのは Mantel (1973) であった．そのデザインにはいろいろな方法があり，かつまた，命名の仕方にもいろいろある．ここでは，伝統的なケースコントロール研究，Mantel のアプローチ，ケースコホート研究 (case-cohort study) とネステッド・ケースコントロール研究 (nested case-control study) に注目して，それぞれの研究デザインで（ロジスティック回帰モデルを適用した場合に）推定されるオッズ比の解釈の相違について解説する．

2.6.1 伝統的なケースコントロール研究

例として，表2.11に示す仮想的コホート研究の結果を 2×2 分割表 (contingency table) でまとめたデータを考えてみよう．

表2.11 仮想的コホート研究での結果

		追跡期間での対象疾患の発症の有無		
		発症例 case	非発症例 control	合計
リスク要因への曝露	+	100(5.0%)	1900	2000
	−	200(1.0%)	19800	20000

この表から，リスク要因に曝露した群の曝露していない群に対する次の指標が推定

できる．まず，リスク比は

$$RR = (100/2000)/(200/20000) = 5$$

となる．次にオッズ比の計算は，

曝露群の発症オッズは　　100/1900

非曝露群の発症オッズが　200/19800

となるから，オッズ比は

$$OR = (100/1900)/(200/19800) = 5.21$$

となる．発症率が小さいことから，オッズ比がリスク比に近いことが理解できるだろう（表2.3参照）．

さて，伝統的なケースコントロール研究では，表2.11に示すような集団を母集団（現実には母集団は特定できない）として，ケース（発症例），コントロール（非発症例）からそれぞれ無作為に抽出して要因の頻度を比べる方法である．いま，ケースから無作為に40%，コントロールから無作為に1%抽出したと想定すると，表2.12が期待される（実際には抽出率と無作為性は不明である）まず，この標本で理解していただきたいのは，

$$曝露群の発症割合 = \frac{40}{40+19} = 67.8\%$$

という計算はできない．つまり，曝露の有無別に発症割合の比較はできない点である．ところが，random sampling さえ行えば，ケース，コントロールそれぞれで「曝露＋」の割合の計算が可能となるそこで，ケースコントロール研究では，後者の割合を利用して，曝露オッズ（exposure odds）を計算することができる．

1) ケース中のリスク要因への曝露が「＋」である曝露オッズは40/80
2) コントロール中のリスク要因への曝露が「＋」である曝露オッズは19/198

となるから，ケースのコントロールに対する曝露オッズの比が計算できて，

$$(40/80)/(19/198) = 5.21$$

となる．実は，この曝露に関するオッズ比の値は，コホート研究で得られる発症に関するオッズ比の値と一致することが期待される．つまり，オッズ比はその計算の性格

表2.12　表の集団を母集団とした仮想的ケースコントロール研究の結果

		発症例 case	非発症例 control
リスク要因への曝露	＋	40	19
	−	80	198
合計		120	217

から「要因→結果」,「結果→要因」の時間軸に関して反対方向に向かう2種類の調査でも標本の無作為抽出を行うことによって同じ推定値が得られるので，簡単なケースコントロール研究が多用されているのである．まとめると，

$$OR = \frac{曝露群の発症オッズ}{非曝露群の発症オッズ} = \frac{ケース群の曝露オッズ}{コントロール群の曝露オッズ} \qquad (2.30)$$

が成立するのである．稀な疾患であれば

$$OR \Longleftrightarrow RR = \frac{曝露群の発症割合}{非曝露群の発症割合} = \frac{ケース群の曝露オッズ}{コントロール群の曝露オッズ} \qquad (2.31)$$

となる．理論的には次の等式が条件付き確率の性質によりケースコントロール研究で推定するオッズ比の妥当性が保証されている．

$$\overset{\text{コホート研究}}{OR = \frac{\Pr\{Y=1\,|\,X=1\}/\Pr\{Y=0\,|\,X=1\}}{\Pr\{Y=1\,|\,X=0\}/\Pr\{Y=0\,|\,X=0\}}} = \overset{\text{ケースコントロール研究}}{\frac{\Pr\{X=1\,|\,Y=1\}/\Pr\{X=0\,|\,Y=1\}}{\Pr\{X=1\,|\,Y=0\}/\Pr\{X=0\,|\,Y=0\}}}$$
$$(2.32)$$

ここで，

発症に関する確率変数　$Y:=1$（case），　　0（control）

曝露に関する確率変数　$X:=1$（exposed），0（unexposed）

である．

さて，ロジスティック回帰モデルを適用する基本的調査デザインは，ベースライン (baseline) 時点で観測した説明変数プロファイル x をもつ個体を追跡して対象疾患の発症確率を $p(x)$ とするもので，そのロジットに式 (2.12) のモデルを導入したものである．

ところが，ケースコントロール研究では図 2.7 にその概略を示すように，x をもつものを追跡するのではなく対象疾患の患者となった集団とそれ以外の患者集団からそれぞれ抽出割合 q_1, q_2（一般に $q_1 \neq q_2$）で抽出して被検者の過去の履歴から疾患のリスクファクター（risk factor）を検索するものである．したがって，ケース集団からは $q_1 p(x)$ の割合で，コントロール集団からは $q_2(1-p(x))$ の割合で抽出されているから，選ばれた被検者集団の中でケースの割合を調べてみると

$$ケースの割合 \quad p'(x) = \frac{q_1 p(x)}{q_1 p(x) + q_2(1-p(x))}$$

と期待され未知の抽出割合 q_1, q_2 に依存する．しかし，オッズは

$$オッズ：\frac{p'(x)}{1-p'(x)} = \frac{q_1}{q_2} \cdot \frac{p(x)}{1-p(x)}$$

2.6 ケースコントロール研究でのオッズ比の解釈

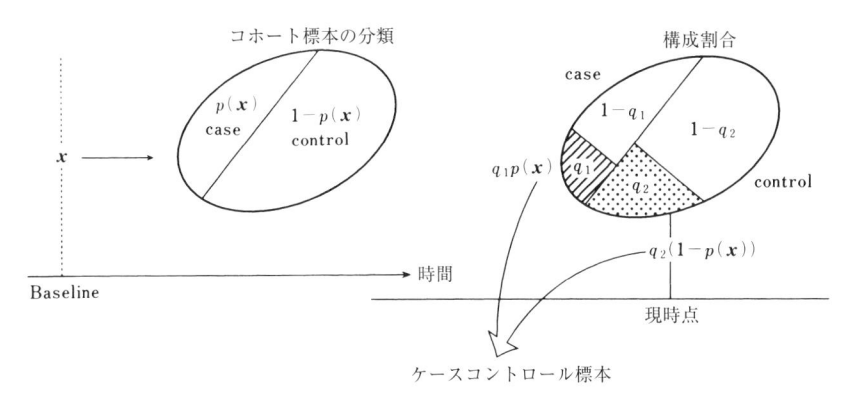

図2.7 コホート研究とケースコントロール研究での基本的データ調査デザインの相違

となりその対数をとることにより未知の項が分離できる．したがって，ケースコントロール研究で得られたデータに対してコホート研究で得られたデータと同じようにロジスティック回帰モデルを適用しても

$$\log \frac{p'(\boldsymbol{x})}{1-p'(\boldsymbol{x})} = \log \frac{q_1}{q_2} + \log \frac{p(\boldsymbol{x})}{1-p(\boldsymbol{x})}$$

$$= \log \frac{q_1}{q_2} + \beta_0 + \beta_1 x_1 + \beta_2 x_2 + \cdots + \beta_r x_r$$

となり定数項だけが変化し，それ以外の係数は全く同じ解釈ができることがわかる．コホート研究の場合には先に述べたように β_0 はリスクの平均値の対数であったが，ケースコントロール研究の場合の定数項は抽出割合の比の対数が加わったものであり，解釈は通常無理である．

2.6.2 Mantelのアプローチ

Mantelのアプローチとは，彼がある cohort study の解析を担当していたときに遭遇したコンピュータでのデータ処理上の問題点を克服するために生み出した研究デザインである．その cohort study の規模は約4000人からなり，疾病を発症した患者数（ケース）はわずか165人であった．その当時（1970年頃）のコンピュータでは，わずか1つ，あるいは，2つの説明変数からなる回帰分析で最尤推定値を計算するといった，予備解析を処理するだけでも，多大な時間がかかり，多くの説明変数を含めた本格的な解析は事実上困難という問題に遭遇していた．

問題は統計計算に要する時間ではなく，4000人のデータを入力するのに要する時間の問題であった．最尤推定値の計算には反復計算が必要になるが，反復のつど，デー

タを入力する必要があり，その当時のコンピュータでは記憶装置とCPUとの間のデータのI/O（入出力）に多大な時間がかかっていたのである．そこで，Mantelは追跡しているcohort全体を母集団と考えて，4000人よりはるかに少ない標本（コントロール群）を無作為に抽出することで，コンピュータの処理時間を低減し，しかも，バイアスのない推定値を得るための方法を考案したのである．

Mantelは，ケースを「ケース群から抽出割合q_1で無作為抽出」し，コントロールを「**まだ発症していないコントロール群から抽出割合q_2で無作為抽出**」することを考えた．実際は$q_1 = 1.0$，つまり，発症したケースはすべて解析対象とすることが多いが，こうすると，手続き上は，前項で解説した伝統的なケースコントロール研究と同様にオッズ比が推定できる．実際は，伝統的なケースコントロール研究より質の高い，バイアスの少ない，推定値を得ることが期待されることになる．

2.6.3 ケース・コホート研究

この研究の特徴は，Mantelのアプローチと異なり，コントロールを「**ケースも含めたコホート全体から抽出割合q_2で無作為抽出**」した部分コホート（subcohort）として定義することにある．ケースは全例，ケースとして解析対象となる．したがって，ケースの一部がケースとコントロールの両方に選ばれる可能性もある．つまり，選ばれた解析対象となる標本の中でのケースの割合は

$$p'(\boldsymbol{x}) = \frac{p(\boldsymbol{x})}{p(\boldsymbol{x}) + q_2 p(\boldsymbol{x}) + q_2(1 - p(\boldsymbol{x}))} = \frac{p(\boldsymbol{x})}{p(\boldsymbol{x}) + q_2}$$

となる．この場合のオッズは

$$\text{オッズ}: \frac{p'(\boldsymbol{x})}{1 - p'(\boldsymbol{x})} = \frac{1}{q_2} p(\boldsymbol{x})$$

となる．このデータにロジスティック回帰モデルを適用してみると

$$\log \frac{p'(\boldsymbol{x})}{1 - p'(\boldsymbol{x})} = \beta_0 + \beta_1 x_1 + \cdots + \beta_k x_k \left(= \log \frac{1}{q_2} + \log p(\boldsymbol{x}) \right)$$

となる．例えば，$x_1 = 1$（曝露）；0（非曝露）とすると（調整）曝露オッズ比は

$$\exp(\beta_1) = \frac{p(x_1 = 1)}{p(x_1 = 0)} = \frac{\text{曝露群の発症者割合}}{\text{非曝露群の発症者割合}}$$

となり，オッズ比は，対象疾患が稀であろうとなかろうと，曝露群の非曝露群に対するリスク比（risk ratio）に一致する．一方で，Coxの比例ハザードモデルなどを適用すれば発症率比（rate ratio）に相当するハザード比（hazard ratio）が推定できる（Prentice, 1986）．

2.6.4 ネステッド・ケースコントロール研究

この研究デザインでは，ケースはすべて研究対象とするが，コントロールは，「それぞれのケースが発症した（診断された）時点ごとに，まだ発症せず，追跡可能なコホートメンバー（リスク集合，risk set と呼ばれる）の中からいくつかの因子をマッチングさせて m 人を無作為抽出（$1:m$ マッチング）」するデザイン，と定義されることが多い．したがって，データはマッチド・ケースコントロール研究で利用される条件付きロジスティック回帰モデル（Thomas, 1977），あるいは，抽出確率の逆数で重み付けした比例ハザードモデル（Samuelsen, 1997）で解析できる．

ただ，このサンプリング法では，1人の対象者が2回以上コントロールとして選ばれる可能性があり，また，あるケースは前に発症したケースに対するコントロールとして選ばれる可能性があるが，これを除外してしまうと推定値にバイアスが生じる（Lubin and Gail, 1984）．

このサンプリング法は，リスク集合からのサンプリング（risk-set sampling）のデザイン，あるいは時点マッチング（time matching）とも呼ばれるが，「**単位人年当たり一定の抽出率 r（sampling rate）で無作為抽出**」することになり，密度サンプリング（density sampling）とも呼ばれる．したがって，マッチングをせずに「コホート全体の中から実際の追跡期間（time at risk）に比例した確率でコントロールとなるメンバーを抽出し，選ばれたメンバーの追跡期間の長さを，そのメンバーの実際の期間から無作為に選ぶ」方法も考えられる．この場合は生存時間解析，たとえば，Cox の比例ハザードモデルで解析できる．

さて，この研究で推定されるオッズ比は，発症率の比（incidence rate ratio）となることを示そう．全コホートメンバーの数を N，プロファイル x を有するケース群の人年を $M_1(x)$，非ケース群の人年を $M_2(x)$，コホート全体での人年を $M(x) = M_1(x) + M_2(x)$ とすると

1) ケース群の人数：$Np(x)$
2) ケース群の人年：$M_1(x)$
3) コントロール群の人数：$r(M_1(x) + M_2(x)) = rM(x)$

と期待され，選ばれた解析対象となる標本の中でのケースの割合は

$$p'(x) = \frac{Np(x)}{Np(x) + rM(x)}$$

となる．この場合のオッズは

$$\text{オッズ}: \frac{p'(x)}{1 - p'(x)} = \frac{1}{r} \frac{Np(x)}{M(x)}$$

つまり，オッズがコホート全体の発症率（incidence rate）に比例していることがわかる．このデータにロジスティック回帰モデルを適用してみると

$$\log \frac{p'(\boldsymbol{x})}{1-p'(\boldsymbol{x})} = \beta_0 + \beta_1 x_1 + \cdots + \beta_k x_k \left(= \log \frac{1}{r} + \log \frac{Np(\boldsymbol{x})}{M(\boldsymbol{x})} \right)$$

となる．例えば，$x_1 = 1$（曝露）；0（非曝露）とすると（調整）曝露オッズ比は

$$\exp(\beta_1) = \left\{ \frac{Np(x_1=1)}{M(x_1=1)} \right\} \bigg/ \left\{ \frac{Np(x_1=0)}{M(x_1=0)} \right\} = \frac{曝露群の発症率}{非曝露群の発症率}$$

となり，オッズ比は曝露群の非曝露群に対する発症率比（rate ratio）に一致する．

2.7 階層構造，クラスター構造をもつデータの解析

これまでは，解析に使用する y 変数，すなわち，結果変数のデータはすべて互いに独立であることを仮定していた．しかし，データ間の独立性の仮定が成立しない応用分野も少なくない．たとえば，階層構造を有して，それぞれの階層においていくつかのクラスター（グループ）に分類されているデータである．**階層的データ** (hierarchical data)，**マルチレベルデータ** (multi-level data)，**クラスター化されたデータ** (clustered data) と呼ばれる．この場合には，同じクラスターに属すデータは異なるクラスターに属すデータと比べて類似する傾向があり，同じクラスター内のデータ間には正の**クラスター内相関**（intracluster correlation）が生じる傾向がある．このようなことから，**相関のあるデータ**（correlated data）と呼ばれることも多い．次の例は典型的な例である．

1) 階層構造を有した研究デザイン

    たとえば，青少年の喫煙予防，あるいは，食生活改善プログラムなどのプログラムを学校単位に無作為に割り付け，学級単位でプログラムを実践して生徒の反応を観測する研究では，学校—学級—生徒という3つの階層（hierarchy）あるいはレベル（level）があり，学校，学級がクラスターであり，それぞれの生徒からの反応を他の生徒とは独立に記録したとしても，データ全体からはクラスター内相関，つまり，学校内相関，学級内相関が無視できない場合が少なくない．このような研究デザインをクラスター無作為化比較試験（cluster randomized controlled trial）と呼ぶ（Donner and Klar, 2000）．

2) 経時的繰り返し測定データを伴う研究デザイン

    たとえば，治療効果を評価する目的で，治療開始前，治療開始後複数回にわたって観測を繰り返す場合，個人がクラスターであり，同一個人のデータ間に

は，測定自体は独立に実施しても，データ全体からは正の系列相関（serial correlation）と呼ばれるクラスター内相関が生じる．
3) 同一患者から複数の部位のデータを観測する研究デザインにおいても，同一患者の複数の部位のデータは他の患者のデータに比べて類似している．

このように相関が生じているデータに対して独立性を仮定したこれまでの解析を適用すると**推定値の標準誤差が過小評価され検定結果は過大評価され（時には極端に）有意になりやすい**ことに注意したい．この相関のあるデータに対応できる方法としては

1) クラスター間の変動に変量効果（random-effects）を導入することにより，クラスター内相関を表現した一般化線形混合効果モデル（generalized linear mixed-effects model）[†]．
2) クラスター内の任意のペアの相関係数 ρ をデータの確率分布とは無関係に直接導入した一般化推定方程式 GEE（generalized estimating equations）のモデル．このモデルでは，推定誤差分散にロバストサンドイッチ推定量（robust sandwich estimator of variance）を使用する．

などがある（Diggle et al., 2001; Fizmaurice et al., 2011; Hardin and Hilbe, 2013）．

たとえば，2つの階層からなる階層構造のデータで，クラスター番号を意味する添え字を i ($=1,\cdots,n$)，クラスター内の被験者番号を j ($=1,\cdots,m_i$) とし，2値の結果変数を y_{ij} ($=1,0$) とし，

$$\Pr(y_{ij}=1 \mid \boldsymbol{x}_{ij}) = p(\boldsymbol{x}_{ij})$$

とすると，一般化線形混合効果モデルは，i 番目のクラスターの変量効果を b_i としたとき，b_i の条件付きモデルを考え，

$$\operatorname{logit} p(\boldsymbol{x}_{ij} \mid b_i) = b_i + (1, \boldsymbol{x}_{ij}^t)\boldsymbol{\beta}^{\mathrm{SS}}$$

$$b_i \sim N(0, \sigma_B^2)$$

と表現される．これに対して，変量効果を導入せず，クラスター内の任意のペアの相関を導入した一般化推定方程式 GEE のモデルは

$$\operatorname{logit} p(\boldsymbol{x}_{ij}) = (1, \boldsymbol{x}_{ij}^t)\boldsymbol{\beta}^{\mathrm{PA}}$$

$$\operatorname{Cor}(y_{ij}, y_{ik}) = \rho_{jk}$$

と表現される．一般化線形混合効果モデルではクラスター間（個体間）差を変量効果で表現することでクラスター内（個体内）相関を表現したものでクラスター特異的，あるいは，個体特異的モデル（subject-specific model）と呼ばれている．これに対し

[†] 一般化線形モデルのパラメータに母数効果と変量効果の両方が含まれるという意味で混合効果モデルと呼ばれる．

て，GEE は一般化線形混合効果モデルを個体差 b_i で平均をとった形のモデルとなっているので周辺モデル (marginal model)，あるいは，母集団平均モデル (population average model) と呼ばれる．したがって，それぞれのモデルの回帰パラメータ β^{SS} と β^{PA} の意味も，文字どおり，個体特異的と母集団平均的な意味をもち，両者の解釈は異なることに注意したい．

たとえば，母親の喫煙習慣と小児の呼吸器疾患との関連性を調べる1年間にわたる研究で，研究対象者は3カ月に一度，ベースライン時点を含めて計5回インタビューを受けるとしよう．それぞれのインタビューの時点で，母親は過去3カ月の喫煙状況と小児の呼吸器疾患の有無を質問されるとしよう．母親 i（$=1, \cdots, n$）の小児の調査時点 j（$=0, \cdots, 4$）における呼吸器疾患の有無を $y_{ij}=0$（無），1（有）で，母親の喫煙習慣の有無を $x_{ij}=0$（無），1（有）で表すものとしよう．この場合，上記の2つのロジスティック回帰モデルは次のようになる：

$$SS : \text{logit} \Pr\{y_{ij}=1 \mid x_{ij}, b_i\} = b_i + \beta_0^{SS} + \beta_1^{SS} x_{ij}$$
$$b_i \sim N(0, \sigma_B^2)$$
$$PA : \text{logit} \Pr\{y_{ij}=1 \mid x_{ij}\} = \beta_0^{PA} + \beta_1^{PA} x_{ij}$$

個体特異的モデルの個人差を表現する変量効果 b_i は，母親の喫煙習慣の有無とは関係なく，小児 i が生まれながらにして特性としてもっている「呼吸器疾患の発症のしやすさ (propensity)」を表現しており，それは個人個人それぞれ異なる．その個人差の分布に平均0の正規分布を仮定したモデルである．分散 σ_B^2 は propensity の個体差の大きさ，つまり，異質性 (heterogeneity) の大きさを示す．このモデルで重要な仮定は，個体差 b_i が与えられた（条件付きの）もとでは，繰り返し測定データ y_{ij} は独立であるということである．

したがって，個体特異的モデルから推定できるオッズ比は

$$OR^{PA} = \frac{\Pr\{y_{ij}=1 \mid x_{ij}=1, b_i\} / \Pr\{y_{ij}=0 \mid x_{ij}=1, b_i\}}{\Pr\{y_{ij}=1 \mid x_{ij}=0, b_i\} / \Pr\{y_{ij}=0 \mid x_{ij}=0, b_i\}}$$
$$= \exp(\beta_1^{SS})$$

つまり，「喫煙習慣のある母親の児童」の「同一の児童で母親が喫煙習慣がないとした場合」に対する呼吸器疾患有病オッズ比を推定していることになる．一方，母集団平均モデルから推定できるオッズ比は

$$OR^{PA} = \frac{\Pr\{y_{ij}=1 \mid x_{ij}=1\} / \Pr\{y_{ij}=0 \mid x_{ij}=1\}}{\Pr\{y_{ij}=1 \mid x_{ij}=0\} / \Pr\{y_{ij}=0 \mid x_{ij}=0\}}$$
$$= \exp(\beta_1^{PA})$$

となり，個体特異的モデルとは異なり，「喫煙習慣のある母親をもつ平均的な児童」の「喫煙習慣のない母親をもつ平均的な児童」に対する呼吸器疾患有病オッズ比を推定している．言い換えれば，母親の喫煙習慣のように，個体レベルで変動する説明変数（共変量）の影響について推測する場合には，個体差をモデル化した個体特異的モデルのほうがより妥当であることを示している．

ただ，個体特異的モデルを適用する場合の問題点は使用する統計ソフトウェアによって推定値が異なる場合が少なくないことである．この理由は，モデルの尤度関数に，変量効果による積分が含まれていることに起因する．たとえば，上述の簡単な例では，対数尤度関数は

$$\text{log-like}(\beta^{SS}) = \sum_{i=1}^{n} \ln \int_{-\infty}^{\infty} \left\{ \prod_{j=1}^{m_i} \frac{\exp\left[b_i + (1, \boldsymbol{x}_{ij}^t)\beta^{SS}\right]}{1 + \exp\left[b_i + (1, \boldsymbol{x}_{ij}^t)\beta^{SS}\right]} \right\} \phi(b_i | \sigma_B^2) db_i$$

と表現される．ここで，$\phi(x|\sigma_B^2)$ は平均 0，分散 σ_B^2 の正規分布の密度関数である．この積分を評価するための近似（数値積分）の方法が，オプションの指定方法も含めて，統計ソフトウェアによって異なるからである．SAS では PROC GRIMMIX，R では lmer 関数，Stata では xtmelogit コマンドが利用できるが，単純なデフォルトで使用することなく，用意されているオプションの慎重な設定が必要である（PROC GRIMMIX の使用方法，統計ソフトウェア間の比較については 3.4 節参照）．

一方，GEE のモデルについては尤度に基づく方法ではないので，通常のロジスティック回帰モデルで使用している尤度比検定統計量は使用できないことに注意されたい．SAS では PROC GENMOD，R では gee 関数，geepack 関数，Stata では xtgee コマンドが利用できる．

2.8 欠測データを含む不完全データの解析

多くの調査，縦断的研究などでは，調査項目への不回答（nonresponse），計画された観察時点に来院しない（突発的理由，あるいは，症状が悪く来院できない），副作用あるいは死亡による脱落（dropout），追跡不能（loss to follow-up），など，計画していた調査項目（変数）が観測できない場合が生じる．これらの観測されていないデータを総称して欠測データ（missing data）と呼ぶ．欠測データの影響を研究の種類で分けてみると，一般的には，

1) 観察研究で，結果変数，曝露変数に欠測データがあると検出力が落ち，バイアスが生じる可能性が大きい．また，交絡変数に欠測データがあると**効率が悪い**（inefficient，推定誤差が大きくなる）

2) 無作為化比較試験で，結果変数に欠測データが生じると，検出力が落ち，バイアスが生じる可能性が大きい．また，ベースラインの共変量に欠測データが生じると，効率が悪い

などといわれている．このような場合，欠測データを含むケースを除いて，完全にデータがそろっているケースだけを用いた**完全ケース解析**（complete-case analysis）は往々にして偏りのあるパラメータ推定となるといわれている．したがって，欠測データが存在する不完全データの解析では

1) 欠測データに正しい仮定を置き
2) その仮定のもとで，不偏な推定値と不偏な推定誤差を得るように
3) 利用可能なデータはすべて利用して，効率の良い解析をする

ように努めなければならない．その方法として，**無視できる最尤法**（ignorable maximum likelihood），**多重補完法**（multiple imputation）などが知られている．しかし，欠測データに対する正しい仮定など観測されたデータからは判断できないことが多いので，仮定を変えて結果がどのように変化するかを評価する**感度分析**（sensitivity analysis）が必要不可欠となる．

2.8.1 欠測データメカニズム

ここでは，Rubin（1976）によって提案された**欠測データメカニズム**（missing data mechanism）の確率モデルを解説しよう．n 人の調査対象者から $r+q$ 個の変数（経時的に繰り返し測定される変数は，時点ごとに異なった変数とカウントする）を観察する計画を立て，第 i 番目の個人から調査しようとした r 個の結果変数を $y_i^t = (y_{1i}, y_{2i}, \cdots, y_{ri})$，$q$ 個の説明変数のベクトルを $x_i^t = (x_{1i}, \cdots, x_{qi})$ とし，それを合せたすべての変数ベクトルを $w_i^t = (y_i^t, x_i^t) = (w_{1i}, w_{2i}, \cdots, w_{(r+q)i})$ と置く．第 j 番目の変数に対する欠測の有無を表す指示変数を r_{ji} とし，$r_{ji}=1$（観測），$r_{ji}=0$（欠測）とし，$r_i = (r_{1i}, r_{2i}, \cdots, r_{(r+q)i})$ と置く．さらに，観測しようとした変数 w_i を観測された変数群 $w_{i, obs}$ と欠測の変数群 $w_{i, mis}$ の2つに分ける．言うまでもなく，この2つの変数群は個人によって異なるかもしれない．

さて，統計的推測の一般的なデータのモデルとして

$$p(w_i, r_i | \theta, \xi)\{=p(y_i|x_i, \theta)p(r_i|w_i, \xi)p(x_i)\} \tag{2.33}$$

という同時分布を考える（回帰分析では，右辺の第3項は無視できることに注意）．ここで θ, ξ はそれぞれ，データの測定プロセス，欠測プロセスを表す，異なったパラメータである．この同時分布は

$$p(w_i, r_i | \theta, \xi) = p(w_i | \theta)p(r_i | w_i, \xi) \tag{2.34}$$

と独立な2つのプロセスへ分解できることに注意されたい．第2項が欠測データメカニズムの条件付き確率であり，それは変数が測定されたか，欠測したかを選択するモデルに相当する，という意味で**選択モデル**（selection model）と呼ばれる．この欠測データメカニズムの確率を観測データと欠測データに分けて再表現した確率

$$p(r_i|w_i,\xi) = p(r_i|w_{i,obs}, w_{i,mis}, \xi) \tag{2.35}$$

に基づいて，Rubinは欠測データを次の3種類に分類した：

① **MCAR**（missing completely at random）：ある変数が欠測となる確率は，観測されたデータ，あるいは欠測データ，のいかんにかかわらず，他の変数のデータには依存しない，つまり

$$p(r_{ji}|w_{i,obs}, w_{i,mis}, \xi) = p(r_{ji}|\xi) \tag{2.36}$$

という仮定が成立すれば，第j番目の変数はMCARであるという．たとえば，患者が来院予定日を忘れて来院しなかったために測定できなかった変数である．このような場合には，完全ケース解析が可能である（次節参照）．しかし，それはすべての利用可能なデータを利用していないという意味で効率が悪い．一方で，このような変数に多重補完法を適用してしまうと誤差をいたずらに増加させ，事態を悪くするだけである．

② **MAR**（missing at random）：ある変数が欠測となる確率は観測されたデータだけに依存し，欠測している変数の本来の値には依存しない，つまり，

$$p(r_{ji}|w_{i,obs}, w_{i,mis}, \xi) = p(r_{ji}|w_{i,obs}, \xi) \tag{2.37}$$

という仮定が成立すれば第j番目の変数はMARであるという．たとえば，高齢者ほど血圧を測る傾向が大きいことが知られている場合，年齢が観測されていれば，**血圧の欠測データは年齢に依存したMAR**と仮定できる（かもしれない）．言い換えれば，**年齢が測定されているという条件のもとでは**（**年齢階級が決まれば**）**血圧はMCAR**と仮定できる，ことと同値である．ところで，欠測データのあるすべての変数がMARであれば，観測されたデータに基づく同時分布は

$$\begin{aligned} p(w_{i,obs}, r_i|\theta,\xi) &= \int p(w_{i,obs}, w_{i,mis}, r_i|\theta,\xi) dw_{i,mis} \\ &= \int p(w_{i,obs}, w_{i,mis}|\theta) p(r_i|w_{i,obs}, w_{i,mis}, \xi) dw_{i,mis} \\ &= \int p(w_{i,obs}, w_{i,mis}|\theta) p(r_i|w_{i,obs}, \xi) dw_{i,mis} \\ &= p(w_{i,obs}|\theta) p(r_i|w_{i,obs}, \xi) \end{aligned} \tag{2.38}$$

となり，第2項はθを含んでいないので，欠測データメカニズムを考慮する必

要がない，ことがわかる．つまり，この場合は欠測データは無視できる（ignorable）ことになり，利用可能なすべてのデータを利用した**無視できる最尤法**，あるいは，**多重補完法**などが可能となる．なお，「無視できる最尤法」は，同一個人に対して繰り返し測定のないデータ構造の場合には完全ケース解析と同じとなるが，経時的繰り返し測定がある場合には，各個人について欠測がある測定時点のデータだけを除く（無視する）だけでよい．

③ **MNAR**（missing not at random）：ある変数が欠測となる確率は観測されていないデータに依存するという仮定．MNAR の典型例は，「収入」に関する調査であろう．高収入，あるいは，低収入の人びとは他の人に比較すると無回答（欠測）となる傾向が大きいからである．臨床試験の例でいえば，いくつかの禁煙プログラムを比較する無作為化比較試験で，結果変数である「喫煙の有無」に関するデータが欠測している場合，その被験者がまだ喫煙中である可能性が高い，というケースである．このような場合には欠測データメカニズムに妥当なモデルが必要であるが，簡単ではない．

2.8.2　回帰モデルでの欠測データメカニズムの意味

完全ケース解析は往々にして偏りのあるパラメータ推定となるので好ましい解析ではない，と一般にいわれている．そこで，ここでは，結果変数が1つ（$y_i = y_{1i}$），説明変数が1つ（$x_i = x_{1i}$）の正規線形回帰モデル

$$y_i = \beta_0 + \beta_1 x_i + \epsilon_i, \quad \epsilon_i \sim N(0, \sigma^2), \quad i = 1, \cdots, n \tag{2.39}$$

の例をあげて，結果変数 y_i，説明変数 x_i がともに欠測データをもつとき，それぞれの欠測メカニズムの完全ケース解析への影響を考察するとともに，その状況における「無視できる最尤法」，多重補完法での解析の妥当性について考察してみよう．

それぞれの変数に対する欠測の有無を表す指示変数を r_{yi}, r_{xi} とすると，上記の回帰モデルにおいて完全ケース解析が妥当（不偏推定）となる条件は

$$\Pr\{y_i | x_i, r_{yi} = 1, r_{xi} = 1\} = \Pr\{y_i | x_i\} \tag{2.40}$$

である．つまり，説明変数が与えられたという条件のもとでの結果変数の分布は，完全に測定されているデータ群でも母集団でも同じになることである．さて，

$$\begin{aligned}
\Pr\{y_i | x_i, r_{yi} = 1, r_{xi} = 1\} &= \frac{\Pr\{y_i, x_i, r_{yi} = 1, r_{xi} = 1\}}{\Pr\{x_i, r_{yi} = 1, r_{xi} = 1\}} \\
&= \left\{ \frac{\Pr\{r_{yi} = 1, r_{xi} = 1 | y_i, x_i\}}{\Pr\{r_{yi} = 1, r_{xi} = 1 | x_i\}} \right\} \Pr\{y_i | x_i\} \\
&= \text{Bias}(r_{yi}, r_{xi}, y_i, x_i) \Pr\{y_i | x_i\}
\end{aligned} \tag{2.41}$$

となることから，Bias(.) = 1 または，Bias(.) ≠ 1 となる欠測データメカニズムを考えることになる．

1) Case 1. もし，結果変数 y_i，説明変数 x_i，両方ともに，MCAR であれば
$$\Pr\{r_{yi}=1, r_{xi}=1 \mid y_i, x_i\} = \Pr\{r_{yi}=1, r_{xi}=1\}$$
$$\Pr\{r_{yi}=1, r_{xi}=1 \mid x_i\} = \Pr\{r_{yi}=1, r_{xi}=1\}$$
となり，式 (9) で Bias(r_{yi}, r_{xi}, y_i, x_i) = 1 となり完全ケースでの解析が妥当となる．このような場合，多重補完法による解析は効率が悪くなるとともにバイアスの可能性も否定できない．

2) Case 2. 結果変数 y_i が MCAR，または，説明変数 x_i に依存した MAR であり，**説明変数 x_i が x_i 自身の値だけに依存した MNAR の場合**，
$$\Pr\{r_{yi}=1, r_{xi}=1 \mid y_i, x_i\} = \Pr\{r_{yi}=1, r_{xi}=1 \mid x_i\}$$
であるので，Bias(r_{yi}, r_{xi}, y_i, x_i) = 1 となり完全ケースでの解析が妥当となる．しかし，説明変数が MAR でないため「無視できる最尤法」，多重補完法による解析は妥当ではない．

3) Case 3. 結果変数 y_i が説明変数 x_i に依存した MAR であり，説明変数 x_i が MCAR の場合は
$$\Pr\{r_{yi}=1, r_{xi}=1 \mid y_i, x_i\} = \Pr\{r_{yi}=1, r_{xi}=1 \mid x_i\}$$
であるので，Bias(r_{yi}, r_{xi}, y_i, x_i) = 1 となり完全ケースでの解析が妥当となる．

4) Case 4. **説明変数 x_i が結果変数 y_i の値に依存した MAR である場合**，結果変数 y_i が説明変数 x_i に依存した MAR であっても，Bias(r_{yi}, r_{xi}, y_i, x_i) ≠ 1（y_i が消えない）となり，完全ケースでの解析は妥当ではなくなる．この場合は，「無視できる最尤法」が妥当であり，多重補完法による解析が可能となる．

5) Case 5. 結果変数 y_i が自身の値だけに依存する MNAR の場合には説明変数の欠測メカニズムによらず Bias(r_{yi}, r_{xi}, y_i, x_i) ≠ 1 となり，完全ケースでの解析は妥当ではなくなる．この場合は，「無視できる最尤法」，多重補完法も適用できない．

ところが，結果変数が 2 値変数で，$y_i = 1$（肺がん発症），$y_i = 0$（肺がん発症せず）であり，説明変数が喫煙習慣の有無を表す 2 値の曝露変数で，$x_i = 1$（喫煙歴あり），$x_i = 0$（喫煙歴なし）とした，次のロジスティック回帰モデル

$$\text{logit}\Pr\{y_i=1\} = \beta_0 + \beta_1 x_i, \quad i=1, \cdots, n \tag{2.42}$$

の場合には，上記の正規線形回帰モデルの場合とは少々事情が異なることに注意したい（Carpenter and Kenward, 2013）．上記のモデルでは，β_1 の推定値が曝露群の非曝露群に対する発症オッズ比となるが，式 (2.30) により発症オッズ比は発症群の非発症

群に対する曝露オッズ比に一致する．つまり，

$$\text{logit Pr}\{x_i=1\} = \beta_0^* + \beta_1 y_i, \quad i=1,\cdots,n \qquad (2.43)$$

のロジスティック回帰モデルの β_1 の推定値に一致する．したがって，モデル (2.42) において，結果変数 y_i だけが結果変数 y_i の値に依存した MNAR の場合には，モデル (2.43) では結果変数が説明変数となり，説明変数が説明変数だけの値に依存した MNAR である「Case 2」に対応するので，完全ケースでの解析は妥当となる．同様のことは，モデル (2.42) において「Case 4」の説明変数 x_i が結果変数 y_i の値に依存した MAR である場合も，モデル (2.43) では結果変数が説明変数に依存した MAR である「Case 2」に対応し，完全ケースでの解析は妥当となる．このように実際のデータ解析では，適用する回帰モデルにおける欠測データメカニズムを慎重に考慮する必要があり，すべての変数に MAR を仮定して安易に多重補完法に走ることは避けたい．

2.8.3 多重補完法の考え方

欠測データを補完する（impute）方法としてよく使用されてきた代表的な方法をあげると

1) 平均値による補完（mean imputation）：標準誤差が小さくなりすぎる
2) 回帰による補完（regression imputation）：標準誤差が小さくなるとともに，相関が誇張される
3) LOCF（last observation carried forward）：経時的に繰り返し測定されているデータにおいて，ある測定時点で欠測している場合，その時点より前で，直近の観測データで置き換える方法．臨床試験において，ITT（intention to treat）がらみで保守的という理由で多用されているが，一般的な正当化が困難な方法．

これに対し，多重補完法（multiple imputation）は，補完される変数すべてに MAR が仮定でき，かつ，補完モデル（imputation model），一般には線形回帰モデルが適切であれば，妥当な推測が得られることが知られている．しかし，問題は，適切な補完モデルの設定であるが，これは一般には困難であるので，補完モデルを変える，欠測データメカニズムを変える，など感度解析を行い，結果のバラツキについて考察する必要がある．この意味で，検証的な臨床試験においては，多重補完法は主要な解析方法とはなりにくく，副次的な解析，感度分析として利用される．

多重補完法は Bayesian approach の枠組みで正当化される．MAR の仮定のもとでは，式 (2.38) から，観測データの事後分布 $p(\boldsymbol{\theta}|\boldsymbol{w}_{obs})$ によって推測が行われる．それは，

$$p(\boldsymbol{\theta}|\boldsymbol{w}_{obs}) = \int p(\boldsymbol{\theta}|\boldsymbol{w}_{obs}, \boldsymbol{w}_{mis}) p(\boldsymbol{w}_{mis}|\boldsymbol{w}_{obs}) d\boldsymbol{w}_{mis} \quad (2.44)$$

と表現され，$\boldsymbol{w}_{mis}$ の予測分布で平均して得られるものである．つまり，

1) 予測分布 $p(\boldsymbol{w}_{mis}|\boldsymbol{w}_{obs})$ から欠測データをランダムに impute する
2) impute された欠測データと測定データからなるデータセット $p(\boldsymbol{\theta}|\boldsymbol{w}_{obs}, \boldsymbol{w}_{mis})$ から θ を推定する
3) 1) と 2) を繰り返し，M 個の擬似的完全データに基づいて，推定結果を統合する．その方法は後述の Rubin のルールである

というプロセスとなる．さて，欠測データの予測分布から補完するプロセスは

$$p(\boldsymbol{w}_{mis}|\boldsymbol{w}_{obs}) = \int p(\boldsymbol{w}_{mis}|\boldsymbol{w}_{obs}, \boldsymbol{\xi}) p(\boldsymbol{\xi}|\boldsymbol{w}_{obs}) d\boldsymbol{\xi} \quad (2.45)$$

となる．すなわち，

1) 観測データが所与のもとでの事後分布 $p(\boldsymbol{\xi}|\boldsymbol{w}_{obs})$ からパラメータの値 $\boldsymbol{\xi}$ をランダムに抽出する
2) パラメータの値 $\boldsymbol{\xi}$ が所与のもとでの補完モデル $p(\boldsymbol{w}_{mis}|\boldsymbol{w}_{obs}, \boldsymbol{\xi})$ から欠測データを補完する

と表現される．

2.8.4 線形回帰モデルを利用した多重補完法の手続き

まず，線形回帰モデルによる多重補完法の基本手続きである，1 個の変数だけに欠測データが存在する場合の補完手続きを解説する．n 個のケースで，変数 w_1 にだけ，MAR が仮定できる欠測データが $(n - n_{obs})$ 個ある状況を考える．ここに，n_{obs} は観測データの個数である．なお，以下では，$k-1$ 個の説明変数 $(w_2, w_3, \cdots, w_k)$ で構成される線形回帰モデルで補完モデルを構成する．なお，White, et al. (2011) は補完モデルには，欠測データがすべて MAR を仮定できれば本来の回帰モデルに含まれているすべての変数（結果変数，説明変数にかかわらず）を入れるのが鉄則である，と述べている．

A. 正規線形回帰モデルを利用する場合

1) 残りの変数 $w_2, \cdots, w_k$ はすべて完全データである．
2) 補完モデルは変数 w_1 の残りの変数群 $w_2, \cdots, w_k$ に対する正規線形回帰モデル
$$w_{1i} \sim N(\beta_0 + \beta_2 w_{2i} + \cdots + \beta_k w_{ki}, \sigma^2)$$
を仮定し，データが全部そろっている完全ケースに対して適用し，回帰係数の推定値 $\hat{\beta}, \hat{\sigma}^2$ を求める．
3) 回帰係数の推定値 $\hat{\beta}$，その分散共分散行列の推定値 V，誤差分散の推定値 $\hat{\sigma}^2$ が

所与のもとで，β, σ^2 の事後分布から乱数 β^*, σ^{*2} をランダムに抽出する．ここで，$1/\sigma^2$ の事後分布は

$$\frac{1}{\sigma^2} \Big| w_{obs} \sim \frac{\chi^2_{n_{obs}-k}}{(n_{obs}-k)\hat{\sigma}^2}$$

であり，β の事後分布は

$$\beta | w_{obs}, \sigma^2 \sim N(\hat{\beta}, V)$$

となる．したがって，自由度 $(n_{obs}-k)$ の χ^2 分布に従う乱数 X^2 を1個抽出すると，

$$\sigma^{*2} = \frac{\hat{\sigma}^2(n_{obs}-k)}{X^2}$$

と計算できる．また，標準正規分布 $N(0,1)$ に従う k 個の独立な乱数列 $u = (u_1, \cdots, u_k)^t$ を抽出して

$$\beta^* = \hat{\beta} + \frac{\sigma^*}{\hat{\sigma}} u V^{1/2}$$

と計算できる．ここに，$V^{1/2}$ は V の Cholesky 分解である．

4) さて，欠測データ x_1 はその予測分布

$$w_{1i}^* \sim N(\beta_0^* + \beta_2^* w_{2i} + \cdots + \beta_k^* w_{ki}, \sigma^{*2})$$

から抽出することになるので，標準正規分布 $N(0,1)$ に従う乱数 v を1個抽出して

$$w_{1i}^* = \beta_0^* + \beta_2^* w_{2i} + \cdots + \beta_k^* w_{ki} + v\sigma^*$$

と計算できる．

（注意）非対称な分布を示すデータの場合は正規性への変換をしてから行うのが1つの方法．

B. ロジスティック回帰モデルを利用する場合

1) 補完モデルはロジスティック回帰モデルである

$$\text{logit } p(w_{1i}=1) = \beta_0 + \beta_2 w_{2i} + \cdots + \beta_k w_{ki} = \beta w$$

2) 正規線形モデルと同様に，データが全部そろっている完全ケースに対して適用し，回帰係数の推定値 $\hat{\beta}$ とその分散共分散行列の推定値 V を求める．

3) β の事後分布は漸近的に $N(\hat{\beta}, V)$ となる．そこで，正規線形回帰モデルと同様に，標準正規分布 $N(0,1)$ に従う k 個の独立な乱数列 $u = (u_1, \cdots, u_k)^t$ を抽出することにより

$$\beta^* = \hat{\beta} + u V^{1/2}$$

と計算できる．ここに，$V^{1/2}$ は V の Cholesky 分解である．

4) 結局, $p_1 = [1+\exp(-\boldsymbol{\beta}^*\boldsymbol{w})]^{-1}$ を計算し, 区間 $[0, 1]$ の一様分布の乱数 u を1個抽出し, 次式で補完することになる.

$$w_{1i}^* = \begin{cases} 1, & \text{if } u < \hat{p}_1 \\ 0, & \text{その他} \end{cases}$$

次に, 複数の変数に欠測データがある場合の補完法には

1) 欠測データに変数間の**単調性欠測パターン**（monotone missingness pattern）がある場合に適用できる逐次的方法（Rubin, 2004）.「単調性パターンがある」とは, 変数と個人の順序を適当に変えて, 徐々に欠測データの個数が増加するように変数を並べ換えられる状況を指す. その典型例は, 経時的繰り返し測定データにおいて, 脱落（dropout）だけが生じている場合の欠測データのパターンである.

2) 単調性欠測パターンが存在しない場合に適用できる方法として
   - FCS 法（fully conditional specification）(Schafer, 1997) あるいは, MICE 法（multiple imputation by chained equation）と呼ばれる反復収束法（Schafer, 1997 ; van Buuren and Oudshoorn, 2000 ; White, *et al.*, 2011）.
   - 変数間に多変量正規分布を仮定し, MCMC（Markov chain Monte Carlo）を利用する方法（Schafer, 1997）

などが知られている. ここでは, 単調性欠測パターンが存在しない場合でも比較的容易に利用できる反復収束法を紹介しよう.

1) すべての欠測データに対し, 適当な値（観測データからの random sampling, 平均値など）を代入しておく. ここで適当に代入された値は, 以下の手続きで, 順次, 置き換えられることに注意.
2) まず, 変数 w_1 の欠測データに対して, 他のすべての変数群 $(w_2, \cdots, w_k)$ を利用して上述した回帰モデルに基づく補完モデルを適用し, 補完された値で置き換える.
3) 次に, 変数 w_2 の欠測データに対して, 他の変数群 $(w_1, w_3, \cdots, w_k)$ で補完する.
4) 同様に変数 $w_3, w_4, \cdots, w_k$ と繰り返す. これで1回目のサイクルが終了
5) 結果の安定性を得るために, 上記のサイクルを10〜20程度繰り返す.
6) その後, サイクルを M 回繰り返して補完されたデータを含むデータセットを M 個作成する

SAS で適用できる方法については3.5節参照のこと.

2.8.5 Rubin のルール

Step 1: まず，適当な補完法によって M 種類の擬似的完全データセットを作成する．
Step 2: それぞれの擬似的完全データセットを利用してパラメータ θ の推定値と推定誤差分散 $(\hat{\theta}_m, V_m)$, $m = 1, \cdots, M$ を求める．
Step 3: M 個の推定量を次の Rubin のルールに従ってまとめる．
パラメータの推定値として

$$\hat{\theta}_{IM} = \frac{1}{M}\sum_{m=1}^{M}\hat{\theta}_m$$

を用い，誤差分散の推定量としては

$$\widehat{\mathrm{Var}}(\hat{\theta}_{IM}) = W_{IM} + (1 + M^{-1})B_{IM}$$

ここに，

$$補完内分散：W_{IM} = \frac{1}{M}\sum_{m=1}^{M}V_m$$

$$補完間分散：B_{IM} = \frac{1}{M-1}\sum_{m=1}^{M}(\hat{\theta}_m - \hat{\theta}_{IM})(\hat{\theta}_m - \hat{\theta}_{IM})^T$$

として計算する．また，検定，信頼区間などの推測には近似的には

$$\nu = (M-1)\left\{1 + \frac{W_{IM}}{B_{IM}}\left(1 + \frac{1}{M}\right)^{-1}\right\}^2$$

を自由度とする t 分布，あるいは，標準正規分布を利用すればよい．すなわち

$$\frac{\hat{\theta}_{IM} - \theta}{\sqrt{\widehat{\mathrm{Var}}(\hat{\theta}_{IM})}} \sim t_\nu \ (\mathrm{or}\ N(0,1))$$

$$\hat{\theta}_{IM} \pm t_\nu(\alpha/2)\sqrt{\widehat{\mathrm{Var}}(\hat{\theta}_{IM})}$$

を利用する．

2.9 測定誤差の調整

2.9.1 基本的な考え方

これまでの解説では，説明変数は正確な値，つまり，測定誤差（measurement error）・誤分類（misclassification）が無視できることを前提としてモデルに関する検定，推定を議論してきた．しかし，医学データでは，臨床検査値などの1回の測定値，食事の頻度調査などのように，真の状態に誤差を含めた形で測定されるのが通例である．その誤差が大きい場合にはモデルの適用とその結果の解釈は慎重でなければならず，時には誤差の調整が必要となる．この種のモデルを errors-in-variable model と呼

び,近年その方法論の開発が盛んである.一般に測定誤差があると,回帰係数は低めに推定されてしまう (underestimated, attenuated). Peto は,「血清コレステロールが心疾患 CHD のリスクファクターか？」という長年の論争に関して,測定誤差がその犯人として,いかに測定誤差がリスクを低めに推定してしまうかを上手に解説している (図 2.8, Palca, 1990).

Why Statistics May Understate the Risk of Heart Disease

Why does Richard Peto believe he has a fresh insight into a debate over cholesterol that has raged for years? Part of the answer is that the Oxford statistician has looked at the way researchers have analyzed their epidemiologic data—the data that argue both for and against a strong correlation between serum cholesterol and heart disease, depending on your point of view—and says he has found a crucial flaw in this methodology.

Even in the best of circumstances, there will be some random error when making serum cholesterol measurements. Most epidemiologists will assume that such random errors will wash out in the final analysis, especially in a study involving thousands of subjects. But Peto says it doesn't work that way. The staunchest proponents of cholesterol reduction say a 1% drop in the population's cholesterol will result in a 2% drop in heart disease, Peto goes even further, saying the drop will be closer to 3%, and he offers the following scenario to explain why this is the case.

"Imagine a country where everything is dead easy. There are only two types of people: high cholesterol and low cholesterol, 240 mg/dl and 200 mg/dl. And epidemiologists really have it easy because the high person is always high and never varies at all. And, what's more, no laboratory in that country ever makes a mistake. So if you draw blood from somebody, you can be sure that the result is going to be 240 mg/dl or 200 mg/dl.

"Now let's say you do a study of 100,000 people. There will be 50,000 with the higher figure, and 50,000 with the lower figure. Watch them for 5 years, and you'll finish up with the real relationship between cholesterol and heart disease."

Now, Peto turns to a graph he's devised (see illustration). "The true relationship between cholesterol and coronary heart disease (CHD)," he says, "is shown by the solid line on the graph. But suppose we introduce some random error. In each blood testing laboratory we're going to have a gremlin. The true serum cholesterol is either 200 mg/dl or 240 mg/dl, but the gremlin takes a coin, flips it, and adds or subtracts 20 depending on the toss. So it's purely random error—no bias. If the true value is 200 mg/dl, then the reported value will either be 180 mg/dl or 220 mg/dl. If the true value is 240 mg/dl, the reported value will either be 220 mg/dl or 260 mg/dl. So now we have three groups when we do our epidemiological study: 25,000 low cholesterol, 50,000 middle, and 25,000 high." Although the true slope goes up at one rate—say 1 to 3—the slope that results from the random error goes up less rapidly—perhaps 1 in 2 or less. "That demonstrates how purely random error generates systematic weakening of the slope," he says. "It's not a random error in the slope, it's a systematic dilution of the strength of the relationship. This has been happening in cholesterol and blood pressure studies for 40 years, and nobody has bloody well noticed it."

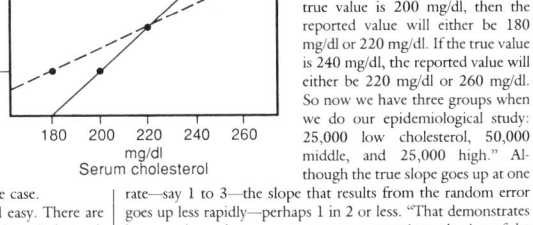

Peto says the same measurement bias can be found in other studies, and in an upcoming paper in *The Lancet*, he and his colleagues propose some statistical fixes. ■ J.P.

図 2.8 Peto は,「血清コレステロールが心疾患 CHD のリスクファクターか？」という長年の論争に関して,測定誤差がその犯人であること,リスクを低めに推定させてしまうことなどを上手に解説している (Palca, 1990).

そこで,ここでは,表 2.13 に示すフラミンガム調査の繰り返し測定データを利用して調整法の基本的な考え方と実際例を解説してみよう (MacMahon, et al., 1990).

通常は,ベースライン時点での血圧測定値と CHD の発症率との関連性を検討するが,測定値に測定誤差が無視できない場合は,1 回限りの測定値による個体差は真の個体差を大きめに評価してしまう点が問題である.数学的には,個体間の変動を σ_B^2,個体内変動を含めた測定誤差を σ_E^2 とすると,1 回の測定値 x のバラツキの大きさ σ_x^2 と個人間変動の差は

表2.13 フラミンガム研究の繰り返し測定データ
(MacMahon, et al., 1990)

TABLE III—MEAN DBP AT "BASELINE" (SURVEY 3, 1953–56) AND AT SURVEYS 2 YEARS AND 4 YEARS LATER FOR 5 CATEGORIES OF BASELINE DBP IN 3776 MEN AND WOMEN IN THE FRAMINGHAM STUDY

Baseline DBP category: mm Hg	No of participants with repeat measurements	Mean DBP in each category (and difference between adjacent categories)		
		(i) At baseline	(ii) 2 yr post-baseline	(iii) 4 yr post-baseline†
1: ≤79*	1719	70.8 (12.9)	75.7 (7.3)	76.2 (7.7)
2: 80–89	1213	83.6 (9.9)	83.0 (8.2)	83.9 (7.4)
3: 90–99	566	93.5 (9.9)	91.2 (8.0)	91.3 (7.2)
4: 100–109	186	103.4 (13.0)	99.2 (8.1)	98.5 (6.2)
5: ≥110	92	116.4	107.3	104.7
Range of mean DBP‡		47.7	31.6	28.5

*Subdivision of category 1 into 1(a): ≤69 mm Hg and 1(b): 70–79 mm Hg yields mean DBPs of (i) 63.6 and 73.8 at baseline, (ii) 72.7 and 77.0 at 2 yr and (iii) 73.1 and 77.6 at 4 yr, respectively. In the Puerto Rico study,[4] among the 8112 men attending surveys 1, 2 and 3 (baseline, 2 yr on and 4 yr on), subdivision of category 1 yielded similar results: (i) 63.2 and 71.2, (ii) 70.0 and 74.2, and (iii) 72.8 and 76.8.
†In the Framingham study the means of systolic blood pressure (SBP) 4 yr post-baseline in baseline DBP categories 1–5 were 123.2, 136.0, 148.1, 161.7, and 175.1. The corresponding SBP averages in the Puerto Rico study[4] were 123.5, 133.0, 144.8, 156.3, and 166.3.
‡In the larger Puerto Rico study[4] with 264 men in the top group there was a similar contraction of the range (from 46.1 at baseline to 28.8 4 yr later), while in the Finnish study[20], with 363 people in the top group, the contraction was even greater (from 45.9 to 22.8 5 yr later).

$$\sigma_x^2 - \sigma_B^2 = \sigma_E^2 \tag{2.46}$$

となる.ところが,繰り返し測定してその平均値$\bar{x}$で個人の血圧とすれば,

$$\sigma_{\bar{x}}^2 - \sigma_B^2 = \frac{1}{m}\sigma_E^2 \quad (m:繰り返し測定数) \tag{2.47}$$

となり,測定誤差σ_E^2の影響が小さくなり,平均値$\bar{X}$のバラツキの大きさ$\sigma_{\bar{x}}^2$が真の個体間バラツキの大きさσ_B^2に近づくのである.

さて,いまの議論を表2.13の例に適用して考えると,次のようにまとめられる.

1) ベースライン時点の血圧によって区分したリスクカテゴリーでの平均値{70.8, 83.6, 93.5, 103.4, 116.4}はそれぞれのカテゴリーに入った個体の平均血圧の不偏推定値とはならない.
2) 追跡期間中に大きな血圧の変動がないという仮定のもとでは,繰り返し測定に基づく平均血圧がそれぞれのカテゴリーの平均血圧の不偏推定値に近づく.

4年間の平均血圧をみると,それぞれ,{76.2, 83.9, 91.3, 98.5, 104.7}となり,ベースライン値とは大きく変化している.範囲の変動を観察してみると,

ア) ベースラインの平均値では45.6 (70.8〜116.4)

イ） 2 年間の平均値では，31.6（75.7〜107.3）

ウ） 4 年間の平均値では，28.5（76.2〜104.7）

となり，ベースラインの平均値は 4 年間のそれに比して 60%（45.6/28.5＝1.60）広くなっている．つまり，各カテゴリーの発症率をベースラインの平均値に対してプロットするのではなく，4 年間の平均値に対してプロットするほうがより正確な傾向の推定値となるのである．図 2.9 では y 軸にリスク比の対数，x 軸に血圧をとってプロットするとほぼ線形な用量-反応関係が観察されている．そこで，その調整法を図 2.10 で次のように説明できる：図 2.10 の (b) で β と s の関係は

$$\beta = s/1.6$$

であるから，真の傾き β_M は

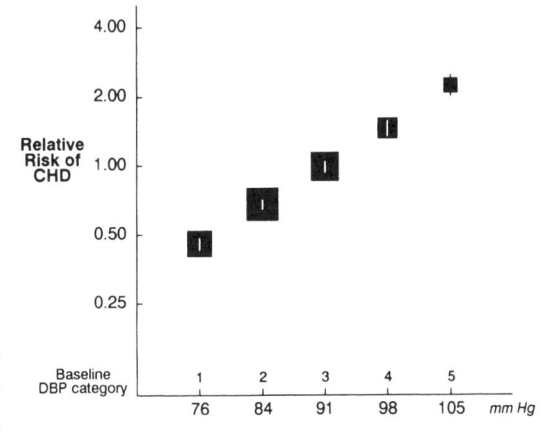

$$\beta_M = s = 1.6\beta$$

図 2.9 リスク比の対数と血圧のプロット．y 軸にリスク比の対数，x 軸に血圧をとってプロットするとほぼ線形な用量-反応関係が観察される例（MacMahon, et al., 1990）

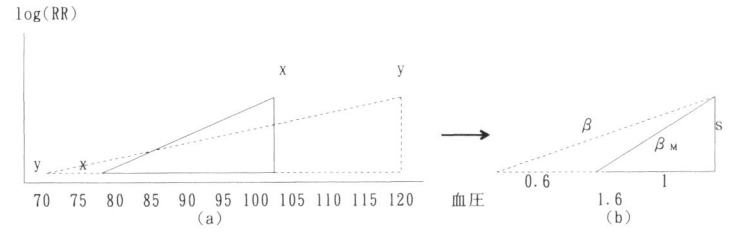

図 2.10 繰り返し測定を利用した測定誤差の調整法の一例

つまり，その傾きがほぼ1.6倍に調整する必要があることを教えている．したがって，ベースライン平均値に基づくロジスティック回帰モデルで推定されたリスク比 $\phi = \exp(\beta)$ は式 (2.25)，(2.27) より

$$\exp(1.6\beta) = \phi^{1.6}$$

に調整することにほかならない．

2.9.2 Rosner らのモデル

さて，理論的に体系化された測定誤差の調整方法はいくつか提案されているが，ここでは Rosner らのモデル（Rosner, et al., 1989；1990）を紹介しよう．話を簡単にするために，食事調査の例をとって，2つの連続変数からなるモデルを考えよう．この方法では，次の3点が要求される．

（1） 本調査（main study）では，簡易な頻度調査を行う．この場合の観測値 $\{z_1, z_2\}$ は，測定誤差を伴って観測される．この変数を代替変数（surrogate variable）と呼ぶことがある．

（2） 妥当性調査（validation study）と称して，同一対象に対して，頻度調査とより真に近い観測値 $\{x_1, x_2\}$ が得られる重量調査の両方を実施する．

（3） 発症確率 $p(\boldsymbol{x})$ が小さい，ほぼ，5%以下が望ましい．

われわれが知りたいのは，真の変数によるモデル

$$\operatorname{logit} p(\boldsymbol{x}) = \beta_0^* + \beta_1^* x_1 + \beta_2^* x_2 \tag{2.48}$$

により推定されるパラメータ $\{\beta_1^*, \beta_2^*\}$ であるが，現実には，実際の調査から得られるデータ $\{z_1, z_2\}$ を利用したモデル

$$\operatorname{logit} p(\boldsymbol{x}) = \beta_0 + \beta_1 z_1 + \beta_2 z_2 \tag{2.49}$$

により推定されるパラメータ $\{\beta_1, \beta_2\}$ である．そこで，validation study の結果を利用して，両者の関係を多変量重回帰分析で推定する：

$$\begin{aligned} x_1 &= \mu_1 + \lambda_{11} z_1 + \lambda_{12} z_2 + \varepsilon_1 \\ x_2 &= \mu_2 + \lambda_{21} z_1 + \lambda_{22} z_2 + \varepsilon_2 \end{aligned} \tag{2.50}$$

ここで，

$$\begin{pmatrix} \varepsilon_1 \\ \varepsilon_2 \end{pmatrix} \sim 2 \text{変量正規分布}$$

である．発症確率 $p(\boldsymbol{x})$ が小さい場合（<0.05）には，真のパラメータは

$$(\beta_1^*, \beta_2^*) = (\beta_1, \beta_2) \begin{pmatrix} \lambda_{11} & \lambda_{12} \\ \lambda_{21} & \lambda_{22} \end{pmatrix}^{-1} \tag{2.51}$$

と近似的に推定することができる．パラメータの推定分散共分散行列は，多変量デルタ法（multivariate δ-method）で推定するか，または，コンピュータを利用して発生させる乱数に基づくブートストラップ法（bootstrap）でも可能である．

表2.14にはRosner（1990, Table 4）より，食物摂取の乳がんへの影響を調べた研究結果の一部を示す．この表には無訂正の結果と訂正後の結果を併記してある．この場合には訂正の影響はあまり大きくない．

表2.14 Rosner（1990）の食物摂取の乳がんへの影響を調べた研究結果の一部．表には無訂正の結果と訂正後の結果を併記してある．この場合には訂正の影響はあまり大きくない．

Logistic regression models relating 4-year breast cancer incidence to saturated fat intake, total caloric intake, and alcohol intake based on Nurses' Health Study data using the food frequency questionnaire (n = 89,538)

Variable	Crude			Corrected		
	Regression coefficient	p value	OR (95% CI)	Regression coefficient	p value	OR (95% CI)
Constant	−5.577			−5.586		
Saturated fat* (g/day)	−0.0063 (0.0063)†	0.32	0.94 (0.83–1.06)	−0.0169 (0.0176)†	0.35	0.84 (0.59–1.20)
Total calories‡ (Kcal/day)	0.000023 (0.000150)	0.88	1.02 (0.81–1.28)	0.000025 (0.000553)	0.96	1.02 (0.46–2.24)
Alcohol§ (g/day)	0.0115 (0.0031)	<0.001	1.33 (1.14–1.55)	0.0192 (0.0055)	<0.001	1.62 (1.23–2.12)
Age (years)						
40–44‖	0.350 (0.157)	0.026	1.42 (1.04–1.93)	0.358 (0.160)	0.025	1.43 (1.05–1.96)
45–49‖	0.827 (0.143)	<0.001	2.29 (1.73–3.03)	0.772 (0.155)	<0.001	2.16 (1.60–2.91)
50–54‖	0.813 (0.144)	<0.001	2.26 (1.70–2.99)	0.770 (0.152)	<0.001	2.16 (1.60–2.91)
55+‖	0.978 (0.145)	<0.001	2.66 (2.00–3.53)	0.923 (0.157)	<0.001	2.52 (1.85–3.42)

* The odds ratios (ORs) and 95% confidence intervals (CIs) are calculated for an increment of 10 g of saturated fat.
† Standard error.
‡ The odds ratios and 95% CIs are calculated for an increment of 800 cal.
§ The odds ratios and 95% CIs are calculated for an increment of 25 g of alcohol intake.
‖ Coded as 1 if yes and 0 if no; the reference group is age 35–39.

2.10 標本の大きさ

検証的な研究においては調査に必要な標本の大きさ（sample size）を事前に設定することは必須条件である．ここで必要な標本の大きさとは，オッズ比 ψ が

$$\psi \geqq \psi_0 \quad (\text{または} \leqq \psi_0)$$

であることを検証するために必要な標本の大きさを意味する．

2.10.1 説明変数が連続変数の場合

まず，連続変数 x が1つだけで，平均0，分散1に基準化された変数を利用したロジスティック回帰モデルを考えよう．つまり，モデル

$$\text{logit } p(\boldsymbol{x}) = \eta + \theta \frac{x - \bar{x}}{\text{SD}_x} \tag{2.52}$$

での係数 θ に関する片側検定（one-tailed test）

$$H_0: \theta = 0, \quad H_1: \theta > 0 \tag{2.53}$$

は対応するオッズ比 $\phi = \exp(\theta)$ で

$$H_0: \phi = 1, \quad H_1: \phi > 1 \tag{2.54}$$

と表現できる．さて，連続変数のオッズ比 ϕ はその線形性の条件のもとで，「変数の1単位増加」に対するオッズ比を意味することはすでに述べた（図2.4参照）．基準化変数を利用した場合の1単位の変動は「1標準偏差の増加」に対応する．ここではこの意味での「オッズ比 ϕ」を検出することを考えよう．有意水準 α，検出力 $1-\beta$ で検出するための最小標本の大きさは近似的に

$$N = \frac{(z(\alpha) + \exp(-\theta^2/4) z(\beta))^2 (1 + 2P\delta)}{P\theta^2} \tag{2.55}$$

ここで，

$$\delta = \frac{1 + (1+\theta^2)\exp(5\theta^2/4)}{1 + \exp(-\theta^2/4)} \tag{2.56}$$

$$\theta = \log \phi \tag{2.57}$$

で与えられる．ここで，P は説明変数 x_1 の平均値での発症率の推定値，つまり，

$$P = 1/(1 + \exp(-\hat{\eta})) \tag{2.58}$$

であり，$z(q)$ は正規分布の上側 $100q$ パーセント点である．たとえば，

$$Z(0.05) = 1.645, \quad Z(0.10) = 1.281, \quad Z(0.20) = 0.842$$

計算はきわめて容易であるが，Hsieh (1989) により，代表的な有意水準 α，検出力 $1-\beta$，平均的な発症確率 P，検出したいオッズ比 ϕ（1 SD 増加に対する）の組合せに対する標本の大きさの便利な表が作成されているので，引用して表2.15に掲載した．

たとえば，$\alpha = 0.05$，$1-\beta = 0.80$，$\phi = 2.0$ とすると，P の値が0.01から0.50と変化するに従って，必要な標本の大きさが1237から70と大きく変化することが読み取れる．稀な疾患ほど多くの標本が必要である．

さて，実際には，説明変数が2つ以上であることが多いが，この場合は，変数 x_1 と

他の変数 $(x_2, \cdots, x_r)$ との重相関係数を ρ とすれば，必要な標本の大きさは

$$N_r = \frac{N}{1-\rho^2} \tag{2.59}$$

と設定すればよい．これは，説明変数間に多変量正規分布を仮定した計算であるが，

表2.15 連続変数 x が1つだけのロジスティック回帰モデルでの標本の大きさ (Hsieh, 1989)．有意水準 α，検出力 $1-\beta$，平均的な発症確率 P，検出したいオッズ比 ϕ (1 SD 増加に対する) の組合せに対する平均 0，分散 1 に基準化された変数を利用したロジスティック回帰モデルでの標本の大きさの表である．

Table II. Sample size required for univariate logistic regression having an overall event proportion P and an odds ratio r at one standard deviation above the mean of the covariate when $\alpha = 5$ per cent (one-tailed) and $1 - \beta = 80$ per cent

P	\multicolumn{15}{c}{Odds ratio r}
	0·6	0·7	0·8	0·9	1·1	1·2	1·3	1·4	1·5	1·6	1·7	1·8	1·9	2·0	2·5	3·0
0·01	2334	4872	12580	56741	69359	18889	9076	5485	3751	2771	2158	1746	1453	1237	690	480
0·02	1199	2492	6421	28935	35367	9637	4635	2804	1921	1422	1110	900	751	642	367	267
0·03	821	1699	4368	19666	24037	6554	3155	1911	1311	972	760	618	517	444	260	196
0·04	632	1302	3342	15031	18371	5012	2414	1464	1006	747	585	477	401	344	206	160
0·05	518	1064	2726	12251	14972	4086	1970	1196	823	612	481	392	330	285	174	139
0·06	443	905	2315	10397	12706	3470	1674	1018	701	522	411	336	284	245	152	125
0·07	389	792	2022	9073	11087	3029	1463	890	614	458	361	296	250	217	137	115
0·08	348	707	1802	8080	9873	2699	1304	794	548	410	323	266	225	196	125	107
0·09	317	641	1631	7307	8929	2442	1181	720	497	372	294	242	206	179	116	101
0·10	291	588	1494	6689	8174	2236	1082	660	457	342	271	223	190	166	109	96
0·12	254	509	1289	5762	7041	1928	934	571	396	297	236	195	167	146	98	89
0·14	227	452	1142	5100	6231	1708	828	507	352	265	211	175	150	132	91	84
0·16	206	410	1032	4604	5624	1542	749	459	320	241	192	160	137	121	85	80
0·18	191	377	947	4218	5152	1414	687	422	294	222	178	148	128	113	80	77
0·20	178	350	878	3909	4774	1311	638	392	274	207	166	139	120	106	77	75
0·25	155	303	755	3352	4095	1126	549	339	237	180	145	122	106	94	70	71
0·30	140	271	673	2982	3641	1003	490	303	213	162	131	111	96	86	66	68
0·35	129	248	614	2717	3318	915	448	277	195	149	121	103	90	81	63	66
0·40	121	231	570	2518	3075	848	416	258	182	140	114	96	85	76	61	64
0·45	115	218	536	2364	2886	797	391	243	172	132	108	92	81	73	59	63
0·50	110	207	509	2240	2735	756	372	231	164	126	103	88	78	70	57	62

Note: To obtain sample sizes for multiple logistic regression, divide the number from the table by a factor of $1 - \rho^2$, where ρ is the multiple correlation coefficient relating the specific covariate to the remaining covariates.

Table III. Sample size required for univariate logistic regression having an overall event proportion P and an odds ratio r at one standard deviation above the mean of the covariate when $\alpha = 5$ per cent (one-tailed) and $1 - \beta = 90$ per cent

P	\multicolumn{16}{c}{Odds ratio r}
	0·6	0·7	0·8	0·9	1·1	1·2	1·3	1·4	1·5	1·6	1·7	1·8	1·9	2·0	2·5	3·0
0·01	3192	6706	17383	78551	96029	26120	12529	7554	5154	3797	2948	2377	1972	1674	917	627
0·02	1640	3430	8873	40056	48966	13327	6398	3863	2639	1948	1516	1225	1020	869	488	349
0·03	1123	2338	6036	27225	33279	9063	4355	2632	1801	1332	1038	842	702	600	345	256
0·04	864	1792	4618	20814	25435	6930	3333	2017	1382	1024	800	650	544	466	274	210
0·05	709	1465	3767	16959	20729	5651	2720	1648	1131	839	657	534	448	385	231	182
0·06	605	1246	3199	14393	17591	4798	2311	1402	963	715	561	458	385	332	202	163
0·07	532	1090	2794	12560	15350	4189	2019	1226	843	627	493	403	340	293	182	150
0·08	476	973	2490	11185	13670	3732	1800	1094	753	561	442	362	306	265	167	140
0·09	433	882	2254	10116	12362	3377	1630	991	683	510	402	330	279	242	155	132
0·10	398	810	2065	9260	11317	3092	1494	909	628	469	370	304	258	224	145	126
0·12	347	700	1781	7977	9748	2666	1289	786	544	407	322	266	226	197	131	117
0·14	310	622	1578	7061	8627	2361	1143	698	484	363	288	238	203	178	121	110
0·16	282	564	1426	6373	7787	2133	1034	632	439	330	263	218	186	164	113	105
0·18	261	518	1308	5839	7133	1955	949	581	404	305	243	202	173	153	107	101
0·20	243	482	1214	5411	6610	1813	881	540	376	284	227	189	163	144	102	98
0·25	212	417	1043	4641	5669	1557	758	466	326	247	198	166	144	128	94	93
0·30	192	373	930	4128	5042	1387	676	417	292	222	179	151	131	117	88	89
0·35	177	342	849	3761	4593	1265	618	382	268	205	166	140	122	109	84	86
0·40	166	318	788	3486	4257	1173	574	355	250	192	155	131	115	103	81	84
0·45	157	300	741	3272	3996	1102	540	335	236	181	147	125	110	99	78	83
0·50	150	286	703	3101	3787	1045	513	319	225	173	141	120	105	95	76	81

Note: To obtain sample sizes for multiple logistic regression, divide the number from the table by a factor of $1 - \rho^2$, where ρ is the multiple correlation coefficient relating the specific covariate to the remaining covariates.

実際にはその仮定をあまり気にする必要はないように思われる．標本サイズの統計数理に関しては Whittemore（1981），Flack and Eudey（1993）なども参考になる．

2.10.2　説明変数が2値変数の場合

説明変数が2値変数の1つだけの場合には，通常の2標本の比率の差の検定に必要な標本の大きさの計算式が利用できる．つまり，この場合のモデルは，

$$\mathrm{logit}\, p(\boldsymbol{x}) = \eta + \theta x, \qquad x = 0, 1 \tag{2.60}$$

となる場合で，$\phi = \exp(\theta)$ は曝露群 $x=1$ の非曝露群 $x=0$ に対するオッズ比（リスク比）となるから，有意水準 α，検出力 $1-\beta$，検出したいオッズ比 ϕ の組合せに対する標本の大きさは，マッチド・ケースコントロール研究の場合を除いて，次のように容易に計算できる．

a.　コホート研究の場合　ϕ をリスク化，p_0 を $x=0$ の群の疾病発症割合，p_1 を $x=1$ の群の疾病発症割合として，次式で計算する：

$$N = \frac{\{z(\alpha)\sqrt{2p(1-p)} + z(\beta)\sqrt{p_1(1-p_1) + p_0(1-p_0)}\}^2}{(p_1 - p_0)^2} \tag{2.61}$$

ここで，

$$p = (p_1 + p_0)/2, \qquad p_1 = \phi p_0$$

b.　ケースコントロール研究の場合

（ⅰ）　マッチングのない場合　ϕ をオッズ比，p_0^* をコントロール群での曝露群の割合，p_1^* をケース群での曝露群の割合として，次式で計算する：

$$N = \frac{\{z(\alpha)\sqrt{2p^*(1-p^*)} + z(\beta)\sqrt{p_1^*(1-p_1^*) + p_0^*(1-p_0^*)}\}^2}{(p_1^* - p_0^*)^2} \tag{2.62}$$

ここで，

$$p^* = \begin{cases} (p_1^* + p_0^*)/2, & p_0 \text{ がよくわからない場合} \\ p_0^*, & p_0 \text{ がよくわかっている場合} \end{cases}$$

$$p_1^* = \frac{\phi p_0^*}{\phi p_0^* + 1 - p_0^*}$$

である．さて，多項目で調整する場合の計算方法は複雑であるが，だいたい 10～20% の増加を見込んでおけば十分な場合が多い．

（ⅱ）　マッチングのある場合　1:M のマッチド・ケースコントロールを考えよう．この場合は，条件付きロジスティック回帰モデルを適用して解析することになるが，詳細な計算は文献（Breslow and Day, 1987）を参照していただくとして，ここで

表 2.16 1 対 M のマッチド・ケースコントロールの場合の標本の大きさ (Breslow and Day, 1987). 必要なパラメータは検出したいオッズ比 ϕ, コントロール群での曝露群の割合 $p_0{}^*$, 有意水準 α, 検出力 $1-\beta$ である.

Table 7.9 Matched case-control studies. Number of case-control sets in a matched case-control study required to achieve given power at the given level of significance, for different values of the relative risk and different matching ratios

M^a	Relative risk								
	1.5	2.0	2.5	3.0	3.5	4.0	4.5	5.0	10.0
Proportion exposed = 0.1; significance = 5%; power = 80%									
1	757	241	131	87	65	52	43	37	17
2	559	176	95	63	46	37	30	26	11
4	460	144	77	51	37	29	24	21	9
10	400	124	66	43	32	25	21	17	7
20	380	118	63	41	30	24	19	16	7
Proportion exposed = 0.1; significance = 5%; power = 95%									
1	1283	398	211	138	101	79	65	55	23
2	963	299	158	103	76	59	48	41	17
4	804	250	133	87	63	49	40	34	14
10	708	221	118	77	56	44	36	31	12
20	677	211	113	74	54	42	35	29	12
Proportion exposed = 0.3; significance = 5%; power = 80%									
1	355	122	71	50	39	32	28	25	14
2	264	90	52	37	29	24	20	18	10
4	219	74	43	30	23	19	17	15	8
10	191	65	37	26	20	17	14	13	7
20	182	62	35	24	19	16	13	12	6
Proportion exposed = 0.3; significance = 5%; power = 95%									
1	602	201	114	79	60	49	42	37	19
2	452	152	86	59	46	37	32	28	14
4	377	126	72	49	38	31	26	23	12
10	331	111	63	43	33	27	23	20	10
20	316	106	60	41	32	26	22	19	10
Proportion exposed = 0.5; significance = 5%; power = 80%									
1	324	118	72	52	42	36	31	28	18
2	243	89	54	39	32	27	24	21	13
4	203	74	45	33	26	22	20	18	11
10	178	65	39	29	23	20	17	16	10
20	170	62	37	27	22	19	16	15	9
Proportion exposed = 0.5; significance = 5%; power = 95%									
1	550	195	115	83	65	55	48	42	24
2	413	147	87	63	50	42	36	32	18
4	344	123	73	52	41	35	30	27	15
10	302	108	64	46	36	30	26	23	13
20	289	102	61	43	34	29	25	22	13

[a] M = number of controls per case

は代表的な場合の標本の大きさを表2.16に掲載した．必要なパラメータは検出したいオッズ比 ψ，コントロール群での曝露群の割合 $p_0{}^*$，有意水準 α，検出力 $1-\beta$ である．

2.11 ロジスティック回帰分析の文献例

ロジスティック回帰モデルが実際の研究の場面でどのような形で，どのような推論を導き出すために用いられているかを文献例を通して体験してみよう．ここで取り上げた欧文の文献例は New England Journal, American Journal of Epidemiology に掲載された論文であり，ロジスティックモデルの使用方法ができるだけ明解に記載されているものを選択した．和文のものは著者らが直接的，間接的に関わった研究例である．読者が実際に研究をまとめ論文を書く際に，表現方法など参考になる面があることを期待する．

2.11.1 腎結石とカルシウムに関するコホート研究

まずCurhan, et al. (1993) のコホート研究を取り上げてみよう．カルシウムの摂取については，食事性カルシウムの過剰摂取が腎結石のリスクを高めるという説と，それがシュウ酸の尿からの排泄を抑制しリスクを低めるという説があり一定していない．この問題に対してCurhanらは，両者の関連についての検証を行った．この研究は前向きコホート研究（prospective cohort study, or follow-up study）で，開始時に属性や食事性栄養摂取量，その他の関連する要因に関するアンケート調査を行い，調査期間内で腎結石の発生との関連性を検討する目的で行われた．腎結石の病歴のない45619人の男性コホート（40～75歳）を対象に4年間の追跡調査を行いカルシウム摂取量と腎結石の発症との関連を調査したところ，4年間で505人の発症がみられた．主要な結果は表2.17の形でまとめられている．まず，年齢調整の結果ではカルシウム摂取の最も少ないグループ（下位20％）に対する，最も多いグループ（上位20％）での発症の相対危険度（RR）は 0.56（95％信頼区間，0.43～0.73）であり，傾向性検定の結果も $p<0.001$ と有意であった．年齢，body mass index (BMI)，アルコール摂取量，動物性タンパク摂取量などの他の要因で調整した後でも，わずかに高くなるのみであり，カルシウム摂取は腎結石のリスクを低めるという結論を導き出した．

この研究では特にカルシウムの摂取量に着目し，腎結石の発症との間での用量-反応（dose-response）関係を検討するために，解析ではカルシウム摂取量を五分位数（quintile）を用いて，第1カテゴリーから第5カテゴリーまでの5グループにほぼサンプル数が等しくなるように区分し，各グループごとの incidence rate（発症率）を

2.11 ロジスティック回帰分析の文献例

表 2.17 年齢調整カルシウム摂取での腎結石の発症率と相対危険度（RR）（Curhan, 1993）
Table 4. Age-Standardized Incidence and Relative Risk of Symptomatic Kidney Stones, According to Dietary Calcium Intake.

VARIABLE*	DIETARY CALCIUM†					CHI (P FOR TREND)‡
	GROUP 1 (N = 8861)	GROUP 2 (N = 9029)	GROUP 3 (N = 9106)	GROUP 4 (N = 9184)	GROUP 5 (N = 9330)	
Dietary calcium intake (mg/day)	<605	605–722	723–848	849–1049	≥1050	—
Incidence/100,000 person-yr	435	310	279	266	243	—
No. of cases	139	102	93	89	82	
Age-adjusted RR	1.0	0.71	0.64	0.61	0.56	−4.37 (<0.001)
95% CI		0.55–0.92	0.50–0.83	0.47–0.80	0.43–0.73	
Multivariate RR	1.0	0.74	0.68	0.68	0.66	−2.38 (0.018)
95% CI		0.57–0.97	0.52–0.90	0.51–0.90	0.49–0.90	

*RR denotes the relative risk as compared with the group with the lowest calcium intake, and CI confidence interval. The multivariate model included age (in five-year age categories), profession, use of thiazide diuretics (yes or no), alcohol (eight categories), and dietary intake of animal protein, potassium, and fluid (quintile groups).
†Group 1 had dietary calcium values below the first quintile for the group (lowest intake), group 2 values between the first and second quintiles, group 3 values between the second and third quintiles, group 4 values between the third and fourth quintiles, and group 5 values above the fourth quintile (highest intake).
‡A chi value of more than 1.96 denotes a P value of less than 0.05. The sign of the chi value indicates the direction of the trend.

incidence（発症数）/人年（person-year）で求め，一番低いグループ（第1カテゴリー）に対する相対危険度（RR）を求めている．さらに用量-反応関係を検証するために相対危険度の**傾向性検定**を行っている．相対危険度は，（1）Mantel-Haenszel法による年齢調整，（2）検討した要因をすべて含めたロジスティック回帰モデルによる調整，の2つを計算している．傾向性検定も同様に2種類の調整，（1）Poisson傾向性検定（式(4.6)で人年，Poisson分布に対応する式），（2）ロジスティック回帰モデルによる多変量調整，を計算している．なお，傾向性検定の計算に必要なカルシウム摂取量の各グループのスコア（5.2節参照）として，カルシウム摂取量の各グループでの中央値を用いている．この論文では，カルシウム摂取量に加えて，さらに動物性タンパク摂取量，カリウム摂取量，fluid摂取量についても同様な解析を行っている．カリウムが同様に腎結石のリスクを低める方向に関与していることが示唆されている．解析のフローチャートを図2.11に示し，論文での統計解析（statistical analysis）に

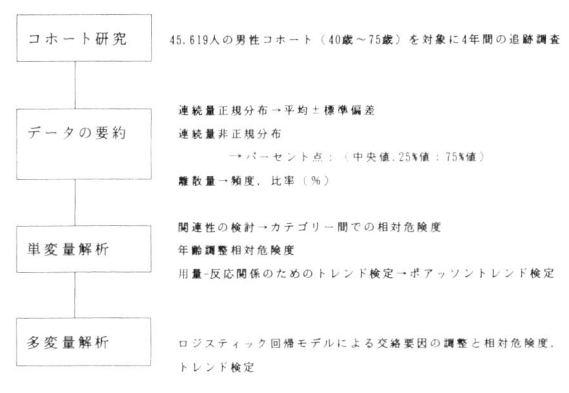

コホート研究	45,619人の男性コホート（40歳～75歳）を対象に4年間の追跡調査
データの要約	連続量正規分布→平均±標準偏差 連続量非正規分布 　　→パーセント点：（中央値，25％値，75％値） 離散量→頻度，比率（％）
単変量解析	関連性の検討→カテゴリー間での相対危険度 年齢調整相対危険度 用量-反応関係のためのトレンド検定→ポアッソントレンド検定
多変量解析	ロジスティック回帰モデルによる交絡要因の調整と相対危険度，トレンド検定

図 2.11 Curhanらの解析のフローチャート

Statistical Analysis

For each participant, person-months of follow-up were counted from the date of return of the 1986 questionnaire to the date of a kidney stone or death or to January 31, 1990, whichever came first. We allocated person-months of follow-up according to exposure status in 1986 (as indicated by the quintile of calcium intake and other variables) and calculated incidence as the number of events divided by the number of person-years of follow-up. Incidence rates were adjusted for age by direct standardization to the whole cohort according to five-year age groups.

The relative risk — the incidence among the men in a particular category of exposure divided by the corresponding rate in the comparison category — was used as the measure of association.[25] Age-adjusted relative risks were calculated after stratification according to five-year age categories.[25] The Mantel extension test was used to evaluate linear trends across categories of calcium intake. In addition, relative risks were adjusted simultaneously for potentially confounding variables by multiple logistic-regression analysis.[26] The variables considered in these models were age (in five-year categories), body-mass index (the weight in kilograms divided by the square of the height in meters; considered in quintile groups), physical-activity level (quartile groups), geographic region (seven categories), specific health profession, use of thiazide diuretics (yes or no), alcohol intake (eight categories), intake of sugared cola (four categories), coffee intake (four categories), and dietary intake of calcium, animal protein, sucrose, magnesium, sodium, phosphorus, potassium, vitamin D, and total fluid (quintile groups). For all relative risks, we calculated 95 percent confidence intervals. All P values are two-tailed.

図 2.12 Curhan, *et al.* (1993) のコホート研究論文での統計解析に関する記述

関する記述を図 2.12 に示した.

2.11.2 男性乳がんと職業との関連に関するケースコントロール研究

次の例としてケースコントロール研究の文献を取り上げてみよう. Rosenbaum, *et al.* (1994) は, ある種の職業性曝露がホルモンの調節の異常をもたらし, 男性の乳がんのリスクファクターと考えられていることから, 高熱作業と電磁気分野の作業従事と乳がんが関連するかについてケースコントロール研究により検討した. 1979 年～1988 年の間に報告された 71 名のケースと, がん検診のため医療機関を訪れた健康な男性の中から「人種, 診断年, 年齢 (5 歳間隔)」の三つの変数を頻度マッチング (frequency matching) でケースとマッチさせた 256 名をコントロールにして, 職業に関する情報を収集した. 頻度マッチングでは, 個人ごとにマッチングさせる方法と異なり, マッチング変数群で規定される層別の頻度分布 (%) が同じようになるようにマッチングさせる方法である. したがって, それぞれのケースが特定のコントロールとマッチドペアとなることはないので, 解析では, マッチング変数を調整変数として取り扱う通常の (unconditional) ロジスティック回帰モデルによる分析を行っている.

2.11 ロジスティック回帰分析の文献例

表2.18にみられるようにロジスティック回帰モデルによる解析の結果,高熱作業者ではリスクが増加し,多変量で調整したオッズ比は2.5 (95%信頼区間:1.02～6.0)であった.高熱作業の睾丸機能への影響が可能性として指摘された.しかし,電磁気分野の作業では関連がみられなかったと報告している.解析のフローチャートは図2.13に示すような形であり,論文での統計解析に関する記述を図2.14に示した.

表2.18 高熱作業と電磁気分野の作業の粗・調整オッズ比 (Rosenbaum, 1994)

TABLE 2. Occupational data, including crude and adjusted odds ratios with 95% confidence intervals: Western New York Male Breast Cancer Study, 1979–1988

Occupational variable	Cases (n = 63)*		Controls (n = 253)*		Odds ratio (95% confidence interval)			
	No.	%	No.	%	Crude	Age-adjusted	Age- and county-adjusted	Multivariate model†
Heat								
No	54	86	233	92	1.0	1.0	1.0	1.0
Yes	9	14	20	8	1.9	2.1	2.3	2.5
					(0.8–4.5)	(0.9–4.9)	(0.95–5.3)	(1.02–6.0)
Electromagnetic fields								
No	57	91	220	87	1.0	1.0	1.0	1.0
Yes	6	9	33	13	0.7	0.7	0.7	0.6
					(0.3–1.8)	(0.3–1.8)	(0.3–1.9)	(0.2–1.6)

* Eight cases and three controls had missing occupational date and were not included in this table.
† Based on a model that includes age, county, and both occupational variables.

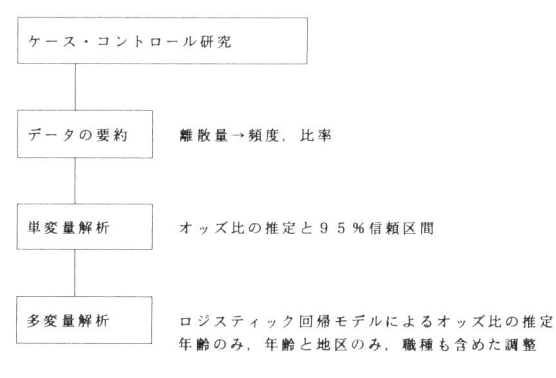

図2.13 Rosenbaumらの解析のフローチャート(ケースコントロール研究)

ケース・コントロール研究 → データの要約(離散量→頻度,比率) → 単変量解析(オッズ比の推定と95%信頼区間) → 多変量解析(ロジスティック回帰モデルによるオッズ比の推定 年齢のみ,年齢と地区のみ,職種も含めた調整)

図2.14 Rosenbaum, et al. (1994) のケースコントロール研究での統計解析に関する記述.例外的に記述が少ない例.

Statistical analyses

The initial descriptive analyses were performed using SPSS PC+ version 2 (38). Unconditional logistic regression modeling was then performed with LOGRESS (39) to obtain crude and adjusted odds ratios and their associated 95 percent confidence intervals. Age and county were treated as potential confounders. Race was evaluated as a confounder but was eliminated from the final models due to lack of effect.

2.11.3 乳がんのリスクに関するコホート内ケースコントロール研究

ここではマッチド・ケースコントロール研究の文献を取り上げてみた．Curtis, et al.（1992）の研究は，乳がんの補充化学療法の長期的影響を評価する研究が少なく，白血病のリスクと放射線や抗がん剤の投与量との関係や，化学療法と放射線療法の相互作用が詳しく報じられていないという背景の中で計画された．対象は米国5地域で1973～1985年の間に乳がんと診断された82700人の女性のコホート群を追跡し，その中で白血病を発症したケースについて，マッチド・ケースコントロールをサンプリングしたコホート内ケースコントロール研究である．治療法の詳細な情報が得られた90人の白血病患者と264人のマッチド・コントロールから，骨髄への放射線用量を個人の放射線治療記録から推定し，急性非リンパ白血病発症のリスクの増加が，部分放射線照射単独で $RR=2.4$，化学療法のアルキル剤単独で $RR=10.0$，両者の併用で $RR=17.4$ と報告している（表は省略）．アルキル剤のうち melphalan は cyclophosphamide の10倍リスクがあり RR は31.4対3.1であった（表2.19）．cyclophosphamide は総量20000 mg 未満ではリスクの増加がほとんどみられなかった（表2.20）．以上の結果より，乳がん患者では白血病の発症頻度そのものは少ないものの，放射線の部分照射とアルキル剤の両方を行うと有意なリスクの上昇がみられ，melphalan は cyclophosphamide よりも白血病発生源となりやすいが，cyclophosphamide の現行の投与レベルでは用量-反応に伴うリスク増加はほとんどな

表2.19 治療法のタイプ別急性非リンパ白血病発症のリスク
(Curtis, et al. 1992)

Table 4. Risk of Acute Nonlymphocytic Leukemia and Myelodysplastic Syndrome, According to the Type of Alkylating Agent Administered.*

THERAPY	CASE PATIENTS	CONTROLS	MATCHED RELATIVE RISK†	95% CI
Cyclophosphamide alone‡	14	32	3.1	1.3–7.7
Melphalan alone‡	23	8	31.4	9.0–110
Other alkylating agents alone§	2	1	17.0	0.9–311
More than one alkylating agent¶	7	2	30.5	4.9–191

*Exposure was defined as treatment with alkylating agents for more than one month. CI denotes confidence interval.

†Matched relative risk was adjusted for radiotherapy (yes or no). The reference group was patients who were not exposed to alkylating agents.

‡Therapy with a single alkylating agent.

§Includes one case patient and one control treated with thiotepa and one case patient treated with chlorambucil.

¶Includes four case patients and one control treated with melphalan and cyclophosphamide; one case patient treated with melphalan and thiotepa; one case patient treated with melphalan, cyclophosphamide, and thiotepa; one case patient treated with cyclophosphamide and chlorambucil; and one control treated with cyclophosphamide and thiotepa.

表 2.20 治療法の期間と用量別急性非リンパ白血病発症のリスク (Curtis, 1992)
Table 5. Risk of Acute Nonlymphocytic Leukemia and Myelodysplastic Syndrome, According to the Estimated Dose of Alkylating Agents and the Duration of Treatment.*

TREATMENT	CASE PATIENTS	CONTROLS	MEDIAN DOSE	RELATIVE RISK†	95% CI
Cyclophosphamide					
Dose (mg)					
<10,000	3	9	7,350	1.5	0.3–8.8
10,000–19,999	3	12	16,600	2.5	0.5–12.8
20,000–29,999	5	9	24,510	4.7	1.0–20.7
≥30,000	3	2	37,850	9.4‡	0.9–103
Duration of treatment (mo)§					
<12	4	14	9	1.2	0.2–6.2
12–17	5	11	12	4.4	0.9–21.1
≥18	5	6	22	7.1¶	1.3–37.9
Melphalan					
Dose (mg)					
<350	3	4	230	5.0	0.8–30.9
350–649	13	4	470	73.2	8.6–622
≥650	7	0	850	∞‖	12.3–∞
Duration of treatment (mo)					
<15	5	7	12	4.0	1.2–13.5
≥15	18	1	22	105.0**	13.5–817

*Exposure was defined as treatment with a single alkylating agent for more than one month. CI denotes confidence interval.
†Relative risk was adjusted for radiation dose. Matched relative risk was computed for all analyses except that involving the duration of melphalan therapy. The reference group consisted of patients who were not exposed to alkylating agents.
‡Test for trend, $P = 0.006$.
§Excludes one control for whom the duration of cyclophosphamide treatment was unknown.
¶Test for trend, $P = 0.004$.
‖Test for trend with the melphalan-dose groups: <350, ≥350; $P<0.001$.
**Test for trend, $P<0.001$.

い. 骨髄への高度な放射線照射と全身的な化学療法をともに行うと白血病のリスクを増長するという結果を導き出した.

この研究ではケースに対し, 3人のコントロールを年齢, 乳がんの最初の診断時点 (年), 人種, 追跡期間 (最低でも, ケースの白血病の発病時点までの追跡期間の長さがあるコントロール) をマッチさせて無作為に抽出している. この意味で, closed-subcohort を構成して通常のロジスティック回帰分析を可能にしている. したがって, 時点マッチングをする nested case-control 研究とは異なる. Dose のレベルごとの相対危険度を求め, さらに傾向性の検定を dose の各レベルでの中央値をスコアとして用い検定している. 解析のフローチャートを図 2.15 に, 論文での統計解析に関する記述を図 2.16 に示した.

2.11.4 学童の愁訴に関するクロスセクショナル研究

ロジスティック回帰モデルはクロスセクショナル研究での要因分析にも用いられることが多いので, その例を取り上げてみよう.

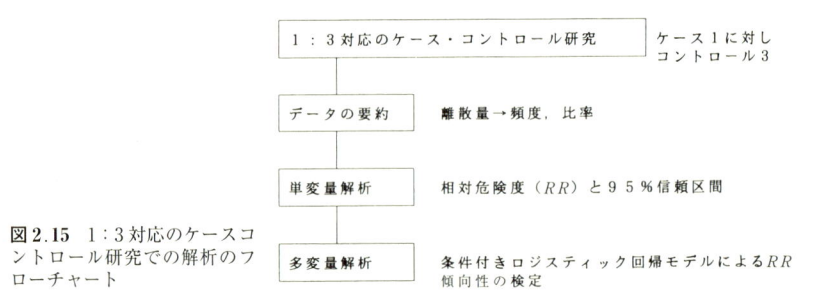

```
1：3対応のケース・コントロール研究    ケース1に対し
                                    コントロール3

データの要約    離散量→頻度，比率

単変量解析    相対危険度（$RR$）と95%信頼区間

多変量解析    条件付きロジスティック回帰モデルによる$RR$
              傾向性の検定
```

図2.15 1：3対応のケースコントロール研究での解析のフローチャート

Statistical Analysis

Estimates of the relative risk of leukemia associated with specific treatments were calculated by comparing the case patients' history of exposure with that of their individually matched controls with conditional logistic-regression methods.[7,8] Comparisons between treatment groups were based on likelihood-ratio tests. Two-sided P values and 95 percent confidence intervals were computed. Estimates of the risk associated with specific alkylating agents were restricted to patients who received the therapy for more than one month and were adjusted for radiotherapy with the use of a categorical variable (yes or no). The relation between the risk of leukemia and the dose of an individual alkylating agent was evaluated by grouping the cumulative dose into evenly spaced categories and computing relative risks between each category and the reference group of patients who had not been exposed to the treatment. These analyses were adjusted for the dose of radiation with a continuous variable. Continuous variables were used to adjust the radiation dose-response analyses for the cumulative dose of melphalan and cyclophosphamide and for the months of treatment with other alkylating agents. Tests of trend were made by assigning the midpoint of the dose group as the representative score. When the number of subjects was so small that the conditions required for convergence of the conditional logistic model were not met, the relative risks were computed with an unmatched logistic model.

The excess risk (the excess number of cases of leukemia per 10,000 patients) within the first 10 years after the diagnosis of breast cancer was estimated by multiplying the relative risk minus 1 by the expected number of leukemias per year, as calculated in our previous study[1] of patients with breast cancer treated with chemotherapy (0.56 case of acute nonlymphocytic leukemia expected per 10,000 women-years at risk), and then by 8.5, which is the number of years at risk (assuming a latent period of 1.5 years before the onset of leukemia). For example, a twofold relative risk of leukemia associated with cyclophosphamide therapy would correspond to an excess of 4.76 leukemias per 10,000 patients over a 10-year period: $(2 - 1) \times 0.56 \times 8.5$.

図2.16 Curtis, et al. (1992) マッチド・ケースコントロール研究での統計解析に関する記述．この論文では用量のレベルごとの相対危険度を求め，さらに傾向性の検定を用量の各レベルでの中央値をスコアとして用い検定している．

　小林ら（1990）は思春期にみられる心身の不調，それを訴える背景にある諸要因との関わり，その対応のあり方を明らかにする目的で，中学生を対象にクロスセクショナル研究により調査・検討した．愁訴（漠然としたからだの不調の訴え）の背景要因として母親の職業などの生活状況，朝食の欠食などの食事状況，嗜好飲料などの食物摂取状況を取り上げ，これらに地域差，性差を加えて肉体的，精神的愁訴出現と関連する要因をロジスティック回帰モデルにより検討した．その結果，愁訴出現と関連要

因の関わりには農村部，都市部の地域差，男女差があることが明らかにした．たとえば肉体的愁訴出現に関連の強い要因として起床時間（7時以降），朝の食欲（ないもの），食事量（多い），食事の食べ方（ゆっくり）などがあげられた．精神的愁訴の場合にはこれらの偏食（あり）が加わっていた．

解析のフローチャートを図2.17に示した．愁訴は自記式調査票により調査し，反応個数を得点化したものである．愁訴は訴える愁訴の個数で「多い」「少ない」の2群に分け，生活要因などとの関連性を検討しているが，検討の際に，地域差，性差が大きいことが予想されたため，これらをモデルに含め，各要因ごとに分析し，要因の中で地域差，性差を越えて関連のみられた要因を分析している（表2.21）．

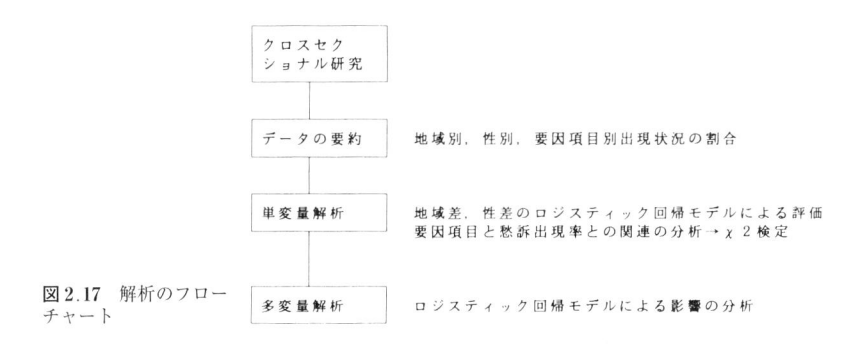

図2.17 解析のフローチャート

クロスセクショナル研究
↓
データの要約 — 地域別，性別，要因項目別出現状況の割合
↓
単変量解析 — 地域差，性差のロジスティック回帰モデルによる評価 要因項目と愁訴出現率との関連の分析→χ2検定
↓
多変量解析 — ロジスティック回帰モデルによる影響の分析

2.11.5 学童の呼吸器症状と大気汚染に関するクロスセクショナル研究

クロスセクショナル研究の例をもう1つあげてみよう．井出らは，1992年，大気汚染が呼吸器に及ぼす影響を明確にすることを目的に，過去10年間の二酸化窒素の年平均値の高低より選定した青梅市（低濃度地区），福生市（中濃度地区），豊島区（長崎地区，巣鴨地区：高濃度地区）の小学校の学童を対象にATS-DLD-78質問票を用いた呼吸器アンケート調査を実施した（井出，1993）．居住歴3年以上で父母が質問票に記入した6351名（女子3100，男子3251）を対象に，呼吸器症状（持続性せき，たん，ぜん息様症状など組合せ症状8項目）の有症率（ここでは割合の意味で使用）について，「過去の大気汚染の曝露量が多いほど呼吸器症状有症率が大きくなる」という仮説を交絡要因を調整したロジスティック回帰分析で検証した．

解析のフローチャートを図2.18に示した．図2.19に要因無調整の呼吸器系症状有症率を示した．男女とも有症率が，汚染濃度が低—中—高となるに従って上昇傾向がみられる．これをロジスティック回帰モデルで分析した結果が表2.22にまとめられている．この結果は地区を表現する説明変数をカテゴリー変数として低濃度地区である

表 2.21 ロジスティック回帰分析による各要因と肉体的愁訴との関連
(小林ら, 1990)

要因		要因効果の推定値	χ^2 値	自由度
地　域	農村部	0.386	13.74	1
	都市部	−0.386		
性　別	男子	−0.467	25.51	1
	女子	0.467		
起床時刻	〜6時	−0.080	13.33	2
	6〜7時	−0.319		
	7時〜	0.399		
朝　食	食べる	−0.374	9.73	1
	食べない（こともある）	0.374		
朝の食欲	ある	−0.786	31.90	2
	ないこともある	0.192		
	ない	0.594		
外　食	よくする	0.837	10.03	2
	たま・時々	−0.205		
	ほとんどない	−0.632		
偏　食	ある	0.196	4.81	1
	ない	−0.196		
食事量	多い	0.563	15.97	2
	ふつう	−0.375		
	少ない	−0.188		
食事の食べ方	早い	0.081	12.67	2
	ふつう	−0.436		
	ゆっくり	0.355		
味付け	濃い	0.251	11.64	2
	ふつう	−0.508		
	うすい	0.257		
定数(μ)		1.829	49.85	1

注) 次の多重ロジスティックモデル（愁訴出現の確率（愁訴が「多い」割合）を p とする）による：

$$\log \frac{p}{1-p} = \mu + (\text{地域}) + \Sigma(\text{要因})$$

青梅市を基準に、残りの3地区のオッズ比を推定した結果である。用量-反応関係を検討するために（青梅市=1, 福生市=2, 豊島区長崎地区=3, 巣鴨地区=3）とコード化して推定した結果も示してある。この傾向性の検定で有意となった組合せ症状は、「せき」「たん」「せきとたん」「ぜん息」「ぜん息現在」の5項目にのぼり大気汚染の健康影響が示唆された。

2.11 ロジスティック回帰分析の文献例

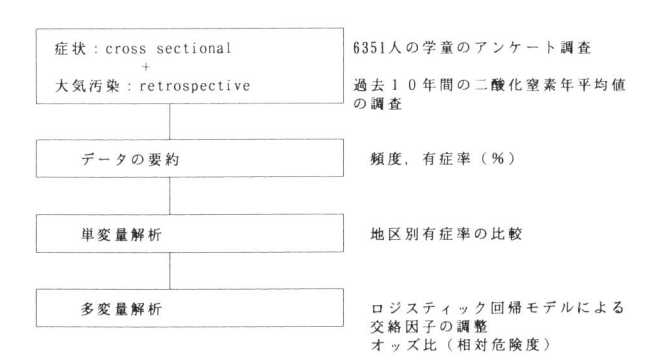

```
症状：cross sectional        6351人の学童のアンケート調査
      +
大気汚染：retrospective       過去10年間の二酸化窒素年平均値
                             の調査

データの要約                 頻度，有症率（％）

単変量解析                   地区別有症率の比較

多変量解析                   ロジスティック回帰モデルによる
                             交絡因子の調整
                             オッズ比（相対危険度）
```

図 2.18 井出の解析のフロー

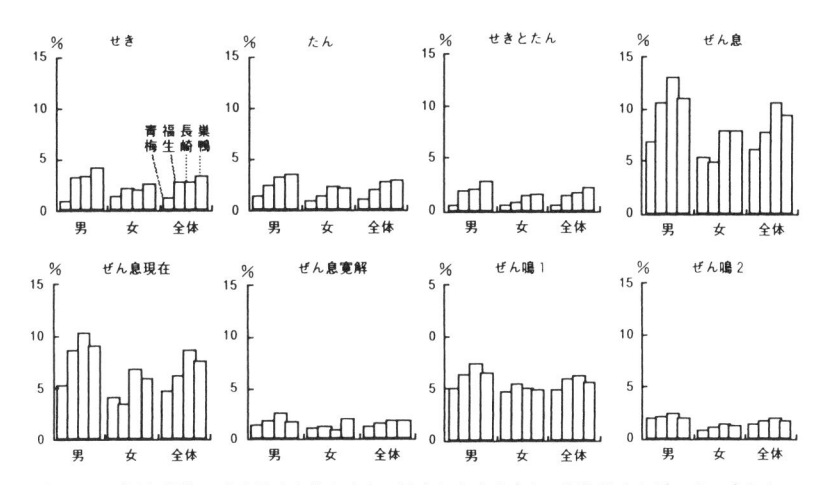

図 2.19 要因無調整の呼吸器系症状有症率．男女とも有症率が，汚染濃度が低―中―高となるに従って上昇傾向がみられる（井出，1993）．

表 2.22 ロジスティック回帰分析結果（オッズ比）

要因 \ 症状	せき	たん	せきとたん	ぜん息	ぜん息現在	ぜん息寛解	ぜん鳴1	ぜん鳴2
地区								
カテゴリー変数								
福生/青梅	2.36]*2	1.52]*1	2.90]*2	1.39]*2	1.33]*2	1.55	1.09	1.07
長崎/青梅	2.05	1.92	3.35	1.76	1.75	1.55	1.12	1.32
巣鴨/青梅	3.15]	2.37]	5.75]	1.75]	1.76]	1.45	0.98	1.24
用量-反応関係¶1	1.46*2	1.45*2	1.91*3	1.32*3	1.33*3	1.17	1.02	1.14
性								
男/女	1.32	1.45†	1.52†	1.32*2	1.34*1	1.17	1.23†	1.61*1
学年¶2	0.85*2	0.92	0.89	1.05	1.00	1.20*2	0.92*1	0.92
居住歴								
6年以上/未満	0.83	0.84	0.74	1.07	1.06	1.07	0.95	0.89
家屋の構造								
木造/鉄筋	1.53*1	1.42*1	1.83*1	1.29*1	1.44*2	0.78	0.77*1	1.37
暖房器具								
室内/室外排気型	0.85	0.99	0.98	0.96	0.93	1.09	1.22†	0.86
アレルギー既往								
有/無	4.01*3	4.77*3	6.19*3	5.92*3	6.09*3	3.65*3	2.16*3	5.48*3
2歳までの呼吸器疾患								
有/無	3.32*3	3.54*3	4.40*3	4.81*3	3.69*3	6.59*3	1.54*2	1.18
乳児期の栄養								
人工/母乳	1.03	0.75	0.88	0.75	0.70]†	0.95	0.71]*1	0.97
混合/母乳	0.67	0.78	0.64	0.92	0.84]	1.31	1.12]	0.74
父の面前喫煙								
有/無	0.73	0.69	0.59	0.98	0.86	1.62	1.09	1.84]*1
不明/無	1.05	0.70	0.56	0.75	0.69	1.20	1.41	2.02]
母の面前喫煙								
有/無	0.84	0.86	0.88	0.81	0.85†	0.73	1.18	1.08
不明/無	0.59	0.92	1.29	1.86	2.25	0.61	0.35	1.19

†：$p<0.10$，*1：$p<0.05$，*2：$p<0.01$，*3：$p<0.001$　　　　　　　　　　（井出，1993）
¶1：数値変数として青梅市1，福生市2，豊島区（長崎・巣鴨）とした．
¶2：数値変数として学年をそのまま入れた．

3. SASを利用した解析例

本章では，実際のデータでSAS (Ver 9.3) を利用して分析していく手順について解説する．
特にプログラム，出力結果とその読み方について連携をはかりながら解説する．

3.1 解析での留意点

3.1.1 SASで利用できるプロシージャ

SASではロジスティックモデルの解析のためのプロシージャとして，Ver. 9.03 ではLOGISTIC, GENMOD, PROBIT, CATMOD, GLIMMIX, PHREGなどのプロシージャが利用できるようになった（SAS Institute Inc., 2012）．

LOGISTICはもともと連続変数の解析のためのモデルで，説明変数が連続変数と2カテゴリーのカテゴリー変数（2値変数；dichotomous variable）のときに利用できる．もちろん3カテゴリー以上のカテゴリー変数が混在していても，それを (0, 1) の2カテゴリーをもつダミー変数（3.1.3項参照）に置き換えて用いれば利用できる．なお，カテゴリー変数の場合にはCLASS文を用いて自動的にダミー変数を生成し利用することもできるが，プロシージャによって取り扱う方法が異なる．LOGISTICやCATMODでのCLASS文のダミー変数の作成はmarginal法という手順に従ったもので，通常の回帰モデル（GENMOD, PROBIT, GLIMMIX, GLM, PHREG）で使われるpartial法とは異なっており，その解釈もしづらい（後述）．

GENMODは一般化線形モデルのためのプロシージャであり，ロジスティック回帰モデル，Poisson回帰モデル，プロビットモデル，complementary log-log モデル，などの一般化線形モデルを取り扱う．なお，Ver. 6.11以降ではこれらのモデルもLOGISTICで可能になったこともあり，モデルの適合度を検討するのに必要な統計量や，変数選択機能などが豊富なことからLOGISTICを利用することを奨めたい．CATMODは対数線形モデルのためのプロシージャであり，すべてがカテゴリー変数の場合には利用しやすいところがある．GLIMMIXは階層構造やクラスター構造をも

ったデータに適用できる一般化線形モデルのためのプロシージャであり，個人差などを考慮した階層構造のロジスティック回帰モデル（hierarchical logistic regression model）に利用できる．

LOGISTIC，CATMOD では事象の発現の有無を示す結果変数 Y の値の取扱いはともにカテゴリーコードの数値の小さいほうが出現する確率を p とする．たとえば (1, 2) のようにコード化した結果変数を考えると式 (3.1) のようになる．ただし，LOGISTIC ではこの基準を指定できる（後述）．

$$\Pr(Y=1|Z) = \frac{1}{1+e^{-z}}, \quad Z = \beta_0 + \beta_1 x_1 + \cdots + \beta_p x_p \quad (3.1)$$

一方，マッチド・ケースコントロール研究の分析には PHREG が利用できる．PHREG は Cox の比例ハザードモデルのためのプロシージャで，条件付き尤度を求めることから，条件付きロジスティック回帰モデルとしても利用できる．PHREG は LOGISTIC と同じように連続変数の回帰分析を対象としており，3 カテゴリー以上のカテゴリー変数の取扱いでは CLASS 文で partial 法によるダミー変数の作成を行っている．また，変数選択も可能である．1 対 1 の場合であればデータの入力方法を工夫して LOGISTIC を利用できる．

3.1.2 解析の手順

解析の手順は大まかにいうと，データの記述的分析によりデータの吟味を行い，続いて仮説に基づき単変量分析で結果変数との関連性の検討を行い，さらに多変量分析によりそれらの関連性を吟味するという流れになる．本章に取り上げた解析例ではそのような流れで分析を進めている．ロジスティック回帰モデルを利用した SAS での解析の手順を図 3.1 に示した．また，示した内容について解説してある主な箇所を図中に示してあるので，参考にしてほしい．

3.1.3 ダミー変数のつくり方

SAS では 3.1.1 項で示したプロシージャを利用して解析を行うとき，カテゴリー変数を取り扱う場合にはダミー変数を作成することが多いが，その定義の仕方により結果の表示が異なる．そこで以下にダミー変数のつくり方について述べておく．ただし，LOGISTIC では CLASS 文を指定すれば CATMOD と同じ marginal 法によるダミー変数が作成される．CATMOD ではその必要がない．

カテゴリー変数を，連続量を取り扱うモデルに含めたいときに，カテゴリーの値をダミー変数（dummy variables, あるいは design variables と呼ばれる）に置き換え

3.1 解析での留意点

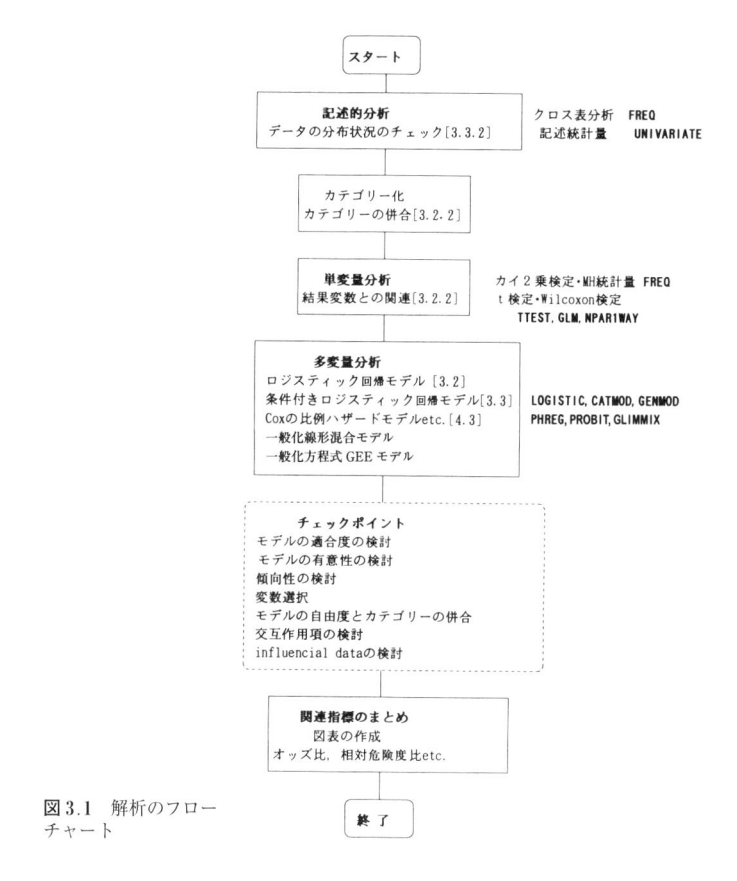

```
スタート
  ↓
記述的分析                    クロス表分析   FREQ
データの分布状況のチェック[3.3.2]   記述統計量    UNIVARIATE
  ↓
カテゴリー化
カテゴリーの併合[3.2.2]
  ↓
単変量分析                    カイ2乗検定・MH統計量 FREQ
結果変数との関連[3.2.2]         t 検定・Wilcoxon検定
                            TTEST, GLM, NPAR1WAY
  ↓
多変量分析
ロジスティック回帰モデル [3.2]
条件付きロジスティック回帰モデル[3.3]   LOGISTIC, CATMOD, GENMOD
Cox の比例ハザードモデルetc.[4.3]    PHREG, PROBIT, GLIMMIX
一般化線形混合モデル
一般化方程式 GEE モデル
  ↓
チェックポイント
モデルの適合度の検討
モデルの有意性の検討
傾向性の検討
変数選択
モデルの自由度とカテゴリーの併合
交互作用項の検討
influential data の検討
  ↓
関連指標のまとめ
図表の作成
オッズ比,相対危険度比 etc.
  ↓
終了
```

図 3.1 解析のフローチャート

て用いる.主効果を表す代表的なダミー変数の作成法には partial 法と marginal 法の 2 種類がある.いま,k カテゴリーのカテゴリー変数があるとしよう.ダミー変数はこの変数の自由度 $(k-1)$ の個数だけ $(D_1, D_2, \cdots, D_{k-1})$ 作成する.表 3.1 には $k=3$ のときのダミー変数の例を示す.

partial 法は特定のカテゴリー(通常は第 1 カテゴリー)を基準群(reference group)

表 3.1 ダミー変数の作成法

カテゴリー変数	partial 法		marginal 法	
	D_1	D_2	D_1	D_2
1	0	0	1	0
2	1	0	0	1
3	0	1	−1	−1

として取り扱う場合に用いる方法で，カテゴリー変数の第 1 カテゴリーに反応したときに D_1 が 0 をとり，第 2 カテゴリーに反応したときにダミー変数 D_1 が 1 をとる．第 3 カテゴリーに反応したときにはダミー変数 D_2 が 1 をとる．他の場合は 0 である．すなわち，制約条件として，

$$\beta_1 = 0$$

とおいて，β_2, β_3 を推定する方法である．たとえばオッズ比を推定する場合を考えてみよう．第 1 カテゴリーの値はつねに D_1, D_2 ともに 0 であるから，オッズ比などを求めるときに，D_1, D_2 の値はつねに第 1 カテゴリーとのコントラストになっていることから，第 i カテゴリー（$i=2,3$）の第 1 カテゴリーに対するオッズ比がパラメータの推定値 $\hat{\beta}_i$ から直ちに $e^{\hat{\beta}_i}$ として計算できるのである．

$$\exp(\hat{\beta}_i - \beta_1) = \exp(\hat{\beta}_i)$$

この partial 法によるダミー変数は線形モデルなどで広く使われている．LOGISTIC では，CLASS 文で PARAM=GLM を指定すると partial 法によるダミー変数が自動的に作成される．GLM や PEREG では，CLASS 文だけの指定で自動的に作成される．一方，marginal 法はカテゴリー全体の平均を 0 とする方法で，CATMOD や LOGISTIC の CLASS 文での指定で利用されている．制約条件として，

$$\beta_1 + \beta_2 + \beta_3 = 0$$

とおいて推定する方法で，最初または最後のカテゴリーを除いて出力される．たとえば最後のカテゴリーを除く場合には β_1, β_2 だけを出力し，最後のカテゴリー β_3 は推定値 $\hat{\beta}_1$, $\hat{\beta}_2$ を利用して

$$\hat{\beta}_3 = -\hat{\beta}_1 - \hat{\beta}_2$$

と計算する必要がある．たとえば第 1 カテゴリーに対するオッズ比は

$$\hat{\phi}_{21} = \exp(\hat{\beta}_2 - \hat{\beta}_1)$$
$$\hat{\phi}_{31} = \exp(\hat{\beta}_3 - \hat{\beta}_1) = \exp(-2\hat{\beta}_1 - \hat{\beta}_2)$$

と計算することになる．

以上に述べたような制約条件の違いはカテゴリー推定値，特に 2 値の説明変数の解釈をする場合に，時には混乱を招く場合がある．つまり推定値の符号が逆になるからである．たとえば結果変数が yes=1, no=2 という (1, 2) のカテゴリーコードで与えられ，説明変数も (1, 2) というコードで与えられているとしよう．まず，CATMOD では $\beta_1 + \beta_2 = 0$ となる制約条件があるから図 3.2 (a) に示すように β_1 が出力される．これに対して通常の（CLASS 指定のない）LOGISTIC では連続変数扱いであるから βx ($x=1, 2$) の傾き β が出力される．この β は図 3.2 (b) に示すように $\beta_1 = 0$ として β_2 の値と同じとなる．したがってこの 2 つの図からは，β_1 が負で，β_2 が正となり，一

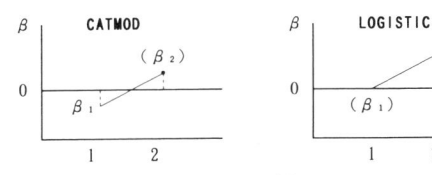

図 3.2 CATMOD と LOGISTIC のパラメータの推定値の違い　(a) パラメータの総和が 0 として最後のパラメータを除いて推定　(b) 最初のパラメータを 0 として最初のパラメータを除いて推定

見出力結果とその解釈が異なってしまうので注意が必要である．

3.2 低体重児のリスクファクターに関するケースコントロール研究

3.2.1 データ構造

一般に母親の低体重の影響として，乳児死亡や出生障害が高率で発現することが知られており，妊娠中の要因が関与している可能性が強いと考えられている．Hosmer and Lemeshow (1989) は Baystate Medical Center で収集された低体重児（出生体重 2500 g 未満）発生の要因をロジスティック回帰分析により検討している．ここでも，そのデータの一部（付表：low. dat, $n=189$）を借用して，低体重児発生に関連する要因を検討する解析のプロセスを SAS で行ってみよう．プロシージャは LOGISTIC を主として取り上げる．データは低体重児とそうでないものについてそれぞれ集められたもので，ケースコントロール研究（unmatched case-control study）の形式である．解析に用いる変数は表 3.2 に示す．

表 3.2 解析で用いる変数

入力データ	入力時	LOGISTIC	
結果変数			
低体重	low : ケース (2500 g 未満) = 1,　コントロール (2500 g 以上) = 0	low	
説明変数（要因）			
年齢	age : 連続変数	(age2, age3)	age_c
最終月経時の体重	lwt : 連続変数	(lwt1, lwt2)	lwt_c
人種	race : 白人 = 1, 黒人 = 2, その他 = 3	(race1, race2)	race
妊娠時の喫煙	smoke : yes = 1, no = 0	smoke	
妊娠 28 週以前の労働回数	ptl : 連続変数	ptd	
高血圧歴	ht : yes = 1, no = 0	ht	
子宮の痛み	ui : yes = 1, no = 0	ui	

注）ptd は「労働回数≧1」を 1 とし，その他は 0 としたものである．

〈データ形式：（ ）内は変数のとる値を示す〉
　結果変数　　low(1,0)
　要因項目　　age(連続変数)，lwt(連続変数)，race(1,2,3)，smoke(1,0)，ptl(連続
　　　　　　　変数)，ht(1,0)，ui(1,0)
〈用いたデータ系列〉low.dat，$n=189$

```
ID   low  age  lwt  race  smoke  ptl  ht  ui
85   0    19   182  2     0      0    0   1
86   0    33   155  3     0      0    0   0
87   0    20   105  1     1      0    0   0
 :                        :
```

3.2.2　主効果だけのモデル
（1）目標とする解析結果

ここでは「最終月経時体重が低い母親ほど低体重児出生のリスクが大きくなるという用量-反応関係がある」という仮説を，他の要因の影響を調整しながら検討する場合を想定する．解析例はケース vs コントロールという形式でデータが収集されているため，関連性の指標としてオッズ比を用いる．解析結果を表 3.3 のようにまとめることを目標としてみよう．最終月経時体重の低体重児出生に及ぼす影響を推定すると，最終月経時体重のグループ 1，2 のグループ 3 に対するオッズ比はすべて 1 より大きいものの，95%信頼区間ではグループ 2 は 1 を含み，グループ 1 は 1 を含まず 5%の危険

表 3.3　最終月経時体重の最低体重グループに対するオッズ比の推定結果($N=189$)

項目	グループ 1	グループ 2	グループ 3	傾向性の検定：χ^2 値(p 値)
最終月経時体重	115 未満	115 以上 132 未満	132 以上	
中央値	105	121	155	
標本サイズ	60	64	65	
低体重児数	26	19	14	
粗オッズ比	2.79	1.54	1.0	
95% CI	1.29-6.21	0.70-3.47		
年齢調整オッズ比	2.77	1.45	1.0	L：5.60(0.018)
95% CI	1.27-6.25	0.65-3.29		C：5.66(0.017)
多変量調整オッズ比	2.73	1.85	1.0	L：4.66(0.031)
95% CI	1.12-6.94	0.75-4.72		C：4.94(0.026)

注）年齢調整（年齢は 3 段階のカテゴリー変数）および多変量調整オッズ比（OR と 95%信頼区間）はロジスティック回帰モデルから推定した．多変量での調整項目は人種，妊娠時の喫煙，高血圧歴，妊娠 28 週以前の労働回数，子宮の痛みである．傾向性の検定の最終月経時体重の各グループのスコアは各グループでの中央値をスコアとして用いた．L：ロジスティック回帰モデルによるもの，C：拡張 Mantel 法（中央値をスコアとする）によるものであることを示す．なお，調整オッズ比は旧版での実行プログラムにエラーがありそれを修正した．詳細は出力結果参照．

率で有意という結果となった．一方，傾向性の検定の結果ではすべて5％で有意となっていた．最終月経時体重と低体重児出生との間に用量-反応関係があるという仮説が検証された．

（2）解析の手順と実際の計算

以降では解析の手順とSASのプログラムを `P ●.●` ，対応する出力結果を `O ●.●` ，それらに関する解説を `C ●.●` として記述する．

P 1.1 最終月経時体重の分位数を用いたカテゴリー化と他のカテゴリー変数の作成
（補足3.1，3.2参照）

データの分布の形や基本統計量などを観察することにより，連続変数をカテゴリー変数として取り扱ったほうが妥当と考えられる場合が多い．ここではその見方と具体的な方法について述べる．

まず，最終月経時体重の分位数（quartile）を用いたカテゴリー化について述べる．低体重児出生は2値変数であり，最終月経時体重は連続変数である．この両者の関連性を視覚的に把握するために，図3.3の左図を作成してもその傾向はあまりよくわからない．

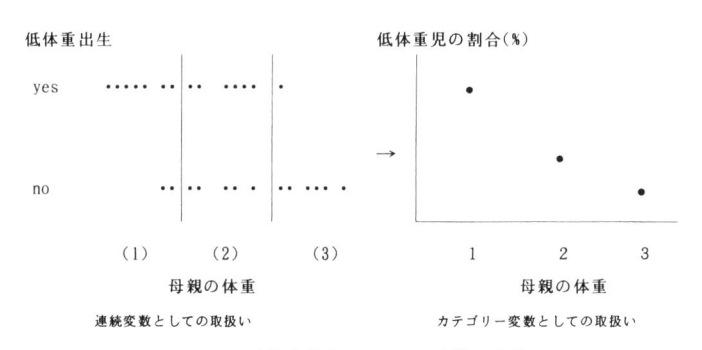

図3.3 連続変数とカテゴリー変数の意味

しかし，連続変数を右側の図のように，いくつかのグループに区分して低体重児の割合をプロットしてみると関連性のパターンが一目でわかる．グループの区分にはケース数を等間隔にする場合と，分布を観察して分布にいくつかの山がみられればその山に基づいて区分する方法とが考えられる．後者の場合は恣意性が入る可能性もある．その点，分位数に基づけば操作的に区分するためそのような問題はない．分位数としては四分位数（quartile），五分位数（quintile）などがよく用いられる．また，年齢のように連続量であっても，年齢階級で一定の傾向を示さないこともあるような変数に関しても，カテゴリー変数として捉えたうえで一定の傾向があるかについて確認し，

それが認められた場合に連続量として取り扱い，一定の傾向が認められない場合にはカテゴリー変数として取り扱うというような工夫をすることが大切である．

ここではケース数があまり多くないので，三分位数を用いて最終月経時体重 lwt を 3 区分したカテゴリー変数（lwt_c）を作成し，その区分ごとに低体重児の出生率を計算する．最終月経時体重 lwt_c のカテゴリー値としては当該カテゴリーに含まれる lwt の中央値（105，121，155）を与える．また，lwt_c から，グループ 3（高い方）を対照群（reference group）とした粗オッズ比を計算する．また，lwt_c から，グループ 3（高い方）を対照群とした粗オッズ比を計算するためにダミー変数 lwt1, lwt2 を作成する．ダミー変数の作成にあたっては次のような partial 法を採用する（3.1.3 項参照）．

lwt_c	lwt1	lwt2
105	1	0
121	0	1
155	0	0

なお，調整変数の age についても先に述べたように年齢階級により影響が直線的でない場合が多いため同様に三分位数を用いてカテゴリー変数（age_c）に変換し，年齢の若いほうのグループを reference group として先と同様にダミー変数 age2, age3 を作成する．人種（race）に関しても白人を race1，黒人を race2 としたダミー変数 race1, race2 を作成する．これらの計算の詳細は補足 3.1，3.2 にまとめた．

```
DATA D1;
 INFILE "a:¥low.dat";  ←ファイルの読み込み
 INPUT id low age lwt race smoke ptl ht ui;  ←データの入力
       mv=1;  ←マッチマージ用変数の作成
PROC UNIVARIATE DATA=D1 NOPRINT; VAR lwt;  ←要約統計量の計算
     OUTPUT OUT=lwt_s PCTLPTS=17.15 33.3 50 66.7 82.85  ←求めたいパーセント点の指定
     PCTLPRE=lwt PCTLNAME=m1 d1 m2 d2 m3 NOPRINT;
PROC UNIVARIATE DATA=D1 NOPRINT; VAR age;
     OUTPUT OUT=age_s PCTLPTS=17.15 33.3 50 66.7 82.85
     PCTLPRE=age PCTLNAME=m1 d1 m2 d2 m3 NOPRINT;
DATA LWT_S; SET LWT_S; mv=1;  ←マッチマージ用変数の作成
DATA AGE_S; SET AGE_S; mv=1;  ←マッチマージ用変数の作成
DATA D2; MERGE D1 LWT_S AGE_S; BY mv; IF mv=. THEN DELETE;  ←マッチマージ

       〈カテゴリー変数の作成：中央値を代入〉

  IF age GE aged2 THEN age_c=agem3;
    ELSE IF aged1<=age<aged2 THEN age_c=agem2;
    ELSE IF 1<=age<aged1 THEN age_c=agem1;
    ELSE age_c=.;
  IF lwt GE lwtd2 THEN lwt_c=lwtm3;
```

3.2 低体重児のリスクファクターに関するケースコントロール研究

```
    ELSE IF lwtd1<=lwt<lwtd2 THEN lwt_c=lwtm2;
    ELSE IF 1<=lwt<lwtd1 THEN lwt_c=lwtm1;
    ELSE lwt_c=.;
 IF ptl GE 1 THEN ptd=1; ELSE ptd=0;

        〈LOGISTIC用ダミー変数の作成〉

 IF age GE aged2 THEN age3=1;ELSE age3=0;
 IF aged1<=age<aged2 THEN age2=1; ELSE age2=0;
 IF lwt LT lwtd1 THEN lwt1=1;ELSE lwt1=0;
 IF lwtd1<=lwt<lwtd2 THEN lwt2=1; ELSE lwt2=0;
 IF race=1 THEN race1=1; ELSE race1=0;
 IF race=2 THEN race2=1; ELSE race2=0;
 IF ptl GE 1 THEN ptd=1; ELSE ptd=0;
```

P 1.2 粗（無調整）オッズ比の計算

ロジスティック回帰モデルで，最終月経時体重のグループ3に対するグループ1（lwt1），グループ2（lwt2）の粗（無調整）（crude）オッズ比を計算する．このためには LOGISTIC を利用してオッズ比と95%信頼区間（オプションを指定）を求める．モデルは，$p(\boldsymbol{x}) = \Pr(\text{low}=1 \mid \boldsymbol{x})$ として（$\boldsymbol{x}$ は説明変数のベクトル）

$$\text{logit } p(\boldsymbol{x}) = \beta_0 + \beta_{\text{lwt1}}\text{lwt1} + \beta_{\text{lwt2}}\text{lwt2}$$

である．なお，この無調整モデルがデータに完全にフィットする（デビアンス=0,Pearson=0 となる）ことに注意しよう．

SAS での指定の留意点

LOGISTIC では MODEL 文の後に解析すべきモデルを
結果変数＝説明変数（複数または単独）/オプション
という形式で指定する．この場合は結果変数として low，説明変数として lwt1，lwt2 を用いる．結果変数は（0, 1）の変数なのでモデルの左辺で変数の指定の後に（EVENT = '1'）と指定する．これが上記モデルでの Pr(low=1 | $\boldsymbol{x}$) と対応している．もしくはカテゴリーの順序を逆転するためのコマンド "DESCENDINGS" を入れて結果変数の順序を逆に取り扱うこともできるが，何が基準となっているか明確でないためお奨めしない．「/」の後でオプションの指定を行う．プログラム例ではオプションでプロファイルベースでの尤度比検定統計量（AGGREGATE, SCALE=N），オッズ比の profile 尤度（profile likelihood function）に基づく95%信頼区間（PLRL, ALPHA=0.05）を求める．オッズ比の Wald χ^2 統計量に基づく（asymptotic normality of parameter estimates）信頼区間は PLRL オプションを指定しない場合にはデフォルトで表示される．PLRL を指定した場合には WALDRL オプションを指定すれば出力される．粗オッズ比では両方の結果を表示するが，それ以降では性質の良い profile 尤度に基づく信頼区間（PLRL）だけを指定する．AGGREGATE オプションは標本ベースとした解析ではなくプロファイルベースの解析を行うことを指定する（2.2.3項参照）が，これと SCALE を組み合せることにより overdispersion（5.2.6項参照）を考慮した統計量の算出を行うことができる．

以下のプログラム例では基本的には変数を小文字で示し，SAS 言語を大文字で表示し，さらにプロシージャは太字とした．

AGGREGATE+SCALE=N：プロファイルベースに基づく解析
AGGREGATE+SCALE=P：Pearson χ^2 値に基づく overdispersion を考慮
AGGREGATE+SCALE=D：deviance に基づく overdispersion を考慮

```
PROC LOGISTIC;
    MODEL low(EVENT="1")=lwt1 lwt2
        /AGGREGATE SCALE=N WALDRL PLRL ALPHA=0.05 RSQUARE LACKFIT;
```

P 1.3　年齢調整オッズ比と傾向性の検定

a. 年齢調整オッズ比　最終月経時体重に年齢（age2, age3）を加え調整したときの，最終月経時体重のグループ3に対するグループ1（lwt1），グループ2（lwt2）の年齢調整オッズ比を次のモデルにより推定する：

$$\text{logit } p(\boldsymbol{x}) = \beta_0 + \beta_{\text{lwt1}}\text{lwt1} + \beta_{\text{lwt2}}\text{lwt2} + \beta_{\text{age2}}\text{age2} + \beta_{\text{age3}}\text{age3}$$

[SAS での指定の留意点]

説明変数を lwt1, lwt2, age2, age3 に変更する．

b. 年齢調整傾向性の検定　「最終月経時体重が低くなるに伴い低体重児出生のリスクが増加する」という用量-反応関係（dose-response relationship）を検証するためのモデルは

$$\text{logit } p(\boldsymbol{x}) = \beta_0 + \beta_{\text{lwt\_c}}\text{lwt\_c} + \beta_{\text{age2}}\text{age2} + \beta_{\text{age3}}\text{age3}$$

である．ここで，傾向性の検定仮説は

　　帰無仮説 $H_0: \beta_{\text{lwt\_c}} = 0$

　　対立仮説 $H_1: \beta_{\text{lwt\_c}} < 0$

である（図3.4参照）．ただし検定は両側検定で行うのが通常である．

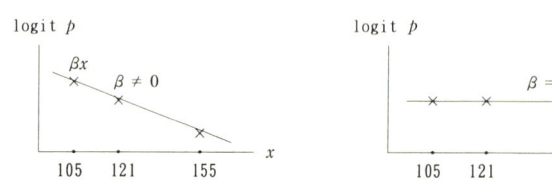

図 3.4　傾向性の検定のイメージ

[SAS での指定の留意点]

説明変数には2値変数 lwt1, lwt2 の代りに3カテゴリーをもつ変数 lwt_c を用いる．lwt_c の値は各グループの中央値が与えられており，これを LOGISTIC で説明変数として用いれば連続変数扱いになるので，このパラメータの有意性を検定することにより傾向性の検定が行えるということになる．これが次に解説する式 (4.6) の拡張 Mantel 法の table score を用いた場合に対応する．なお，CLASS 文のオプションで PARAM=GLM を指定すると partial 法によるダミー変数の指定が行える．

3.2 低体重児のリスクファクターに関するケースコントロール研究

c. 拡張 Mantel 法による年齢調整傾向性の検定　式 (4.6) に示す傾向性の検定のスコアに最終月経時体重のカテゴリー値（各カテゴリーの中央値で 105，121，155）を与えた場合と，Wilcoxon 順位（Wilcoxon rank）を与えた場合の 2 種類の拡張 Mantel 法で計算してみよう．前者ではロジスティック回帰分析による傾向性の検定結果とほぼ同じ結果が得られる．CMH 検定統計量の non-zero correlation の検定仮説に対応する出力結果を読み取る．

> **SAS での指定の留意点**
>
> CMH 検定は FREQ の TABLES 文で CMH オプションを指定する．この場合は，デフォルトでカテゴリー値がスコアとなる．SAS ではこの場合のスコアを table score と呼んでいる．他方，オプションで SCORES=RANK と指定することにより Wilcoxon 順位（rank score）を与えることができる．説明変数の指定は TABLES 文の後に結果変数を最右に，その左に検討したい変数を，その左のほうに調整変数（この場合は年齢）を「＊」でつなげて指定する．このとき NOPRINT オプションをつけておく．そうしないと膨大な量のクロス表が出力されることになる．

```
PROC LOGISTIC;
    MODEL low(EVENT="1")=lwt1 lwt2 age2 age3
        /AGGREGATE SCALE=N PLRL ALPHA=0.05 RSQUARE LACKFIT;
RUN;
PROC LOGISTIC;
    MODEL low(EVENT="1")=lwt_c age2 age3
        /AGGREGATE SCALE=N PLRL ALPHA=0.05 RSQUARE LACKFIT;
RUN;
PROC FREQ; TABLES age_c*lwt_c*low / CMH NOPRINT;
PROC FREQ; TABLES age_c*lwt_c*low / CMH NOPRINT SCORES=RANK;
```

P 1.4　多変量調整オッズ比と傾向性の検定

a. 多変量調整オッズ比　年齢の他，調整すべき変数を加えた多変量調整モデル：
$$\text{logit } p(\boldsymbol{x}) = \beta_0 + \beta_{\text{lwt1}}\text{lwt1} + \beta_{\text{lwt2}}\text{lwt2} + \beta_{\text{age2}}\text{age2} + \beta_{\text{age3}}\text{age3} + \cdots + \beta_{\text{ui}}\text{ui}$$
により多変量調整オッズ比を求める．

b. 多変量調整傾向性の検定　傾向性の検定を織り込んだ多変量モデル
$$\text{logit } p(\boldsymbol{x}) = \beta_0 + \beta_{\text{lwt\_c}}\text{lwt\_c} + \beta_{\text{age2}}\text{age2} + \beta_{\text{age3}}\text{age3} + \cdots + \beta_{\text{ui}}\text{ui}$$
により傾向性の検定を行う．

c. 拡張 Mantel 法による多変量調整傾向性の検定　基本的に年齢調整の場合と同じである．

多変量の解析過程における変数の有意性の基準として有意水準を 20％とする．一般に有意性の基準をどこにおくかは問題に依存するが，多変量解析でのモデルに取り入れる基準として 20～30％程度としておくと，経験的ではあるが変数の入替えにより結

果が大きく変わることが少ない．この際年齢などのようにいろいろな変数と関連することの多い基本的な変数は，たとえ有意でなくとも最終段階まで含めておき，最後に有意でなかったら除去するという方針が適当である．本項では以下の解析はこの考え方に従って行っている．

```
PROC LOGISTIC;
    MODEL low(EVENT="1")=lwt1 lwt2 age2 age3 smoke ptd race1 race2 ht ui
        /AGGREGATE SCALE=N PLRL ALPHA=0.05 RSQUARE LACKFIT;
PROC LOGISTIC;
    MODEL low(EVENT="1")=lwt_c age2 age3 smoke ptd race1 race2 ht ui
        /AGGREGATE SCALE=N PLRL ALPHA=0.05 RSQUARE LACKFIT;
RUN;
PROC FREQ; TABLES ui*ht*smoke*race*age_c*lwt_c*low / CMH NOPRINT ;
PROC FREQ; TABLES ui*ht*smoke*race*age_c*lwt_c*low / CMH NOPRINT SCORES=RANK;
```

（3）出力結果と結果の解釈

年齢調整オッズ比および多変量調整オッズ比は旧版での実行プログラムにエラーがありそれを修正したものであるため，新版では推定値が少し異なっている（エラーの内容はダミー変数 age2 を作成するときに，aged1<=age<aged2 の区分の aged2 の前に余分な = が入ってしまっていた）．

O 1.2 粗オッズ比

```
LOGISTIC プロシジャ

        モデルの情報

データセット        WORK.D2
応答変数           low
応答の水準数        2
モデル             binary logit
最適化手法         Fisher's scoring


  読み込んだオブザベーション        189
①使用されたオブザベーション        189


②応答プロファイル

    順番         low       頻度の合計

      1          0          130
      2          1           59

モデルの確率基準は low=1 です．
```

デビアンスと Pearson の適合度統計量

基準	値	自由度	値/自由度	Pr > ChiSq
③デビアンス	0.0000	0	.	.
Pearson	0.0000	0	.	.

④一意のプロファイル数：3

モデルの適合度統計量

基準	切片のみ	切片と共変量
AIC	236.672	233.687
SC	239.914	243.412
-2 Log L	234.672	227.687

R2 乗　0.0363　　最大値-調整 R2 乗　　0.0510

包括帰無仮説：BETA=0 の検定

検定	カイ 2 乗	自由度	Pr > ChiSq
尤度比	6.9849	2	0.0304
スコア	7.0077	2	0.0301
Wald	6.8201	2	0.0330

⑤最尤推定値の分析

パラメータ	自由度	推定値	標準誤差	Wald カイ 2 乗	Pr > ChiSq
Intercept	1	-1.2928	0.3017	18.3580	<.0001
lwt1	1	1.0245	0.3986	6.6051	0.0102
lwt2	1	0.4305	0.4073	1.1174	0.2905

⑥ profile 尤度に基づくオッズ比の信頼区間

効果	単位	推定値	95% 信頼限界	
lwt1	1.0000	2.786	1.292	6.211
lwt2	1.0000	1.538	0.696	3.466

⑦オッズ比の推定と Wald による信頼区間

効果	単位	推定値	95% 信頼限界

lwt1	1.0000	2.786	1.275	6.085	
lwt2	1.0000	1.538	0.692	3.417	

O 1.3 年齢調整オッズ比

デビアンスと Pearson の適合度統計量

基準	値	自由度	値/自由度	Pr > ChiSq
デビアンス	4.9981	4	1.2495	0.2875
Pearson	5.1765	4	1.2941	0.2697

⑧ 一意のプロファイル数：9

モデルの適合度統計量

基準	切片のみ	切片と共変量
AIC	236.672	236.563
SC	239.914	252.772
-2 Log L	234.672	226.563

R2 乗   0.0420   最大値-調整 R2 乗   0.0591

包括帰無仮説：BETA=0 の検定

検定	カイ 2 乗	自由度	Pr > ChiSq
尤度比	8.1092	4	0.0877
スコア	8.1113	4	0.0876
Wald	7.8323	4	0.0979

最尤推定値の分析

パラメータ	自由度	推定値	標準誤差	Wald カイ 2 乗	Pr > ChiSq
Intercept	1	-1.4486	0.4187	11.9695	0.0005
lwt1	1	1.0169	0.4052	6.2983	0.0121
lwt2	1	0.3681	0.4135	0.7925	0.3734
age2	1	0.3942	0.4103	0.9229	0.3367
age3	1	0.0834	0.4227	0.0389	0.8436

⑨ profile 尤度に基づくオッズ比の信頼区間

```
効果         単位        推定値       95% 信頼限界
lwt1        1.0000      2.765       1.266    6.245
lwt2        1.0000      1.445       0.645    3.292
age2        1.0000      1.483       0.670    3.371
age3        1.0000      1.087       0.477    2.522


Hosmer と Lemeshow の適合度検定

カイ 2 乗      自由度      Pr > ChiSq

 5.1765         7          0.6384
```

注) 年齢調整オッズ比は出力結果で述べたように旧版での実行プログラムにエラーがありそれを修正したものであるため，新版では推定値が少し異なっている．

◯ 1.3 傾向性の検定：ロジスティック回帰モデル

```
                        最尤推定値の分析

                                            Wald
パラメータ    自由度    推定値    標準誤差   カイ 2 乗   Pr > ChiSq

Intercept      1      1.5023    1.0367     2.0999     0.1473
⑩ lwt_c        1     -0.0194    0.00818    5.6030     0.0179
age2           1      0.3308    0.4028     0.6744     0.4115
age3           1      0.0529    0.4198     0.0159     0.8997
```

◯ 1.3 傾向性の検定：拡張 Mantel 法

```
Cochran-Mantel-Haenszel 統計量（テーブルスコアに基づく）

統計量    対立仮説            自由度      値        p 値

 1      ⑪ 相関統計量            1       5.6594    0.0174
 2        ANOVA 統計量          2       6.7472    0.0343
 3        一般関連統計量        2       6.7472    0.0343

Cochran-Mantel-Haenszel 統計量（順位スコアに基づく）

統計量    対立仮説            自由度      値        p 値

 1      ⑫ 相関統計量            1       5.2902    0.0214
 2        ANOVA 統計量          2       6.7611    0.0340
 3        一般関連統計量        2       6.7472    0.0343

標本サイズの合計 = 189
```

O 1.4 多変量調整オッズ比

デビアンスと Pearson の適合度統計量

基準	値	自由度	値/自由度	Pr > ChiSq
デビアンス	101.9801	75	1.3597	0.0209
Pearson	88.6497	75	1.1820	0.1342

⑬一意のプロファイル数：86

モデルの適合度統計量

基準	切片のみ	切片と共変量
AIC	236.672	220.650
SC	239.914	256.309
-2 Log L	234.672	198.650

R2 乗　0.1735　　最大値-調整 R2 乗　0.2440

包括帰無仮説：BETA=0 の検定

検定	カイ 2 乗	自由度	Pr > ChiSq
尤度比	36.0220	10	<.0001
スコア	34.3277	10	0.0002
Wald	28.1731	10	0.0017

最尤推定値の分析

パラメータ	自由度	推定値	標準誤差	Wald カイ 2 乗	Pr > ChiSq
Intercept	1	-1.9083	0.5622	11.5237	0.0007
lwt1	1	0.9993	0.4679	4.5606	0.0327
lwt2	1	0.5719	0.4706	1.4771	0.2242
age2	1	0.2706	0.4432	0.3728	0.5415
age3	1	0.0495	0.4708	0.0110	0.9163
smoke	1	0.8354	0.4010	4.3391	0.0372
ptd	1	1.1627	0.4627	6.3133	0.0120
race1	1	-0.8553	0.4371	3.8283	0.0504
race2	1	0.2560	0.5248	0.2379	0.6257
ht	1	1.6565	0.6738	6.0434	0.0140
ui	1	0.6969	0.4590	2.3056	0.1289

⑭ profile 尤度に基づくオッズ比の信頼区間

効果	単位	推定値	95% 信頼限界	
lwt1	1.0000	2.716	1.104	6.996
lwt2	1.0000	1.772	0.713	4.570

age2	1.0000	1.311	0.553	3.169
age3	1.0000	1.051	0.417	2.669
smoke	1.0000	2.306	1.060	5.154
ptd	1.0000	3.198	1.305	8.109
race1	1.0000	0.425	0.176	0.990
race2	1.0000	1.292	0.455	3.613
ht	1.0000	5.241	1.422	20.904
ui	1.0000	2.008	0.807	4.942

Hosmer と Lemeshow の適合度検定

カイ 2 乗	自由度	Pr > ChiSq
7.4750	8	0.4864

注）多変量調整オッズ比は出力結果で述べたように旧版での実行プログラムにエラーがありそれを修正したものであるため，新版では推定値が少し異なっている．

O 1.4 多変量調整傾向性の検定（一部結果のみ）

最尤推定値の分析

パラメータ	自由度	推定値	標準誤差	Wald カイ 2 乗	Pr > ChiSq
Intercept	1	1.1262	1.1744	0.9197	0.3376
⑮ lwt_c	1	-0.0197	0.00937	4.4337	0.0352
age2	1	0.2496	0.4366	0.3268	0.5676
age3	1	0.0369	0.4685	0.0062	0.9372
smoke	1	0.8406	0.4008	4.3983	0.0360
ptd	1	1.1814	0.4587	6.6346	0.0100
race1	1	-0.8557	0.4371	3.8329	0.0503
race2	1	0.2513	0.5249	0.2292	0.6321
ht	1	1.6736	0.6714	6.2141	0.0127
ui	1	0.6981	0.4590	2.3129	0.1283

O 1.4 拡張 Mantel 法による多変量調整傾向性の検定（一部結果のみ）

Cochran-Mantel-Haenszel 統計量（テーブルスコアに基づく）

統計量	対立仮説	自由度	値	p 値
⑯ 1	相関統計量	1	2.2840	0.1307
2	ANOVA 統計量	2	3.1587	0.2061
3	一般関連統計量	2	3.1587	0.2061

標本サイズの合計 = 189

C 1.2 粗オッズ比

①で入力したデータ数が表示される.

結果変数の応答プロファイル②で,結果変数の値でEVENT=オプションで指定した値,ここでは1の出現する確率がpとなる.デビアンス③はモデルの適合度を総合的に要約して評価する尤度比検定統計量である(5.2.5項のb.参照).自由度は一意のプロファイル数(J)④からモデルに含めた項目数(r)を引き,さらに1を差し引いた数となる.粗オッズ比を推定するモデルでの自由度は$J-r-1=3-2-1=0$となり,「データ数(J)=推定すべきパラメータ数($r+1$)」となり,フルモデル(full model,完全にフィットしたモデル)となる.したがって,デビアンスは0となる.

パラメータの推定値⑤ではそれぞれlwt1,lwt2に関する推定値と,検定仮説

帰無仮説 $K_0: \beta_{lwt\_i}=0, i=1, 2$,

対立仮説 $K_1: K_0$ でない

に対するWald検定のχ^2値とp値が出力されている.

粗オッズ比のprofile尤度に基づく95%信頼区間は⑥から

lwt1 : 2.79 (1.29〜6.21)

lwt2 : 1.54 (0.70〜3.47)

と推定される.一方,Wald検定に基づく95%信頼区間は⑦から

lwt1 : 2.79 (1.28〜6.09)

lwt2 : 1.54 (0.69〜3.42)

と推定される.信頼区間の推定法が両者で異なるのであるが(5.2.4項参照),この場合にはわずかに異なるのみである.しかし一般には性質の良い前者を使用したい.また,$100(1-\alpha)$% に指定したいときにはαの値をALPHA=で指定すればよい.

C 1.3 年齢調整

a. 年齢調整オッズ比 尤度比検定に基づくオッズ比と95%信頼区間は⑨より読み取る:

lwt1 : 2.77 (1.27〜6.25)

lwt2 : 1.45 (0.65〜3.29)

b. 年齢調整傾向性の検定 傾向性の検定仮説

帰無仮説 $H_0: \beta_{lwt\_c}=0$,

対立仮説 $H_1: \beta_{lwt\_c}<0$

を表現するモデルでのパラメータ⑩で読み取る.その符号は,プラスが増加,マイナスが減少と解釈する.この場合は$\beta=-0.019$であり,有意に($p=0.018$)減少していることがわかる.また,最終月経時体重が1ポンド(1単位)増加すると低体重児が

出生するリスク（オッズ比）を Odds Ratio のカラムから読み取る．結果は 0.98 倍に減少することを示している．たとえば，最終月経時体重が 5 ポンド多い母親は $e^{-0.019 \times 5}=0.91$ 倍にリスクが減少すると解釈できる．求めたい単位でのオッズ比を算出したい場合には LOGISTIC での UNIT 文で単位を指定する．

c. 拡張 Mantel 法による年齢調整傾向性の検定　拡張 Mantel 法では，カテゴリー値を用いた結果は⑪であり，$p=0.017$ となっている．Wilcoxon rank（順位スコア）で計算した結果が⑫であり，$p=0.021$ とほとんど同じ結果が得られている．一般に，どちらの検定法を用いたらよいかについては一概にいえないが，デフォルトとしては Wilcoxon rank を与える場合が多いようである．

C 1.4　多変量調整

a. 多変量調整によるオッズ比　モデルの適合度に関しては，次節［3.2.2 項 (4)，(5)］で述べるが，ここでは，適合度統計量の出力とこれまで触れなかった「包括的帰無仮説：BETA = 0」の項の出力について説明しよう．⑬の前にモデルの適合度統計量としてはデビアンスと Pearson の適合度統計量が p 値とともに出力され，⑬の後に SAS の出力では「モデルの適合度統計量」として AIC, SC, $-2\log L$ が出力されているが，正しくは，「モデルの良さを比較するための情報量規準，統計量」であるので SAS の出力の読み方には注意を要する．そこでは，「切片のみ」と「切片と共変量」のカラムでそれぞれ切片のみ，説明変数を含めた場合のモデルの統計量などが表示されている．まず，$-2\log L = -2\log$（最大尤度）であり，

$$\text{AIC} = -2\log L + 2（モデルで推定すべきパラメータ数）$$

である．この値が小さいほど良いモデルと判断する．SC は，Schwartz の情報量規準

$$\text{BIC} = -2\log L + （モデルで推定すべきパラメータ数）\log n$$

である（解説と利用上の注意点は 5.2.12 項参照）．次に，モデルに含まれている変数全体の有意性を検定する包括的帰無仮説

　　帰無仮説 $H_0: \beta_1 = \beta_2 = \cdots = \beta_r = 0$,

　　対立仮説 $H_1: H_0$ ではない

に対して，3 種類の検定結果，つまり，尤度比，スコア，Wald，それぞれの検定結果が表示され，カイ 2 乗値，自由度，p 値が表示されている．スコアはスコア検定（5.2.9 項），Wald は Wald 検定（5.2.9 項）に関する統計量である．なお，「尤度比のカイ 2 乗」値は「切片のみのモデル」と「切片と共変量を含んだモデル」の $-2\log L$ の差（尤度比検定）であり，$234.672 - 198.650 = 36.022$ として求められ，共変量の個数 10 が自由度である．この例はいずれの検定でも有意（$p < 0.0001$, $p < 0.0002$, $p < 0.0017$）であった．

さて，⑭に示されたオッズ比と 95％信頼区間をまとめると次のようになる．
$$\text{lwt1} : 2.72 \ (1.10 \sim 7.00)$$
$$\text{lwt2} : 1.77 \ (0.71 \sim 4.57)$$
年齢調整の場合に比べて若干異なった結果を示している．

b．多変量調整傾向性の検定　　ロジスティックモデルによる傾向性の有意性検定では⑮より

$$\chi^2 = 4.434, \quad p = 0.035$$

であり，その増減を示す傾向を傾きの推定値をみると－0.020 である．オッズ比は年齢調整の場合とはほとんど変わっておらず同じような推論が導かれ，最終月経時体重の低体重児出生への他の変数の影響はさほど強くないと推察される．

c．拡張 Mantel 法による多変量調整傾向性の検定　　スコアにカテゴリー値を入れた場合の拡張 Mantel 法による傾向性の検定では⑯より，$\chi^2 = 2.284$, $p = 0.131$ となっていた．

さて，以上が多変量調整オッズ比を求めるために行ったロジスティック回帰分析の結果であるが，ここでモデルに含めた調整変数のうち，年齢 age2, age3 のパラメータの推定値の p 値に着目してみよう．$p_{age2} = 0.5415$, $p_{age3} = 0.9163$ といずれも $p > 0.20$ となってしまっており，年齢をモデルから除去したほうが望ましいことがわかる．

そこで次の段階として先の **P 1.4** のモデルから年齢の変数 age2, age3 を除いたモデルで分析してみよう．プログラムは省略して結果のみを以下に示す．

O 1.5　年齢を除いた多変量調整オッズ比（一部結果のみ）

デビアンスと Pearson の適合度統計量

基準	値	自由度	値/自由度	Pr > ChiSq
デビアンス	54.6658	44	1.2424	0.1301
Pearson	44.6638	44	1.0151	0.4438

⑰一意のプロファイル数：53

R2 乗　　0.1715　　最大値-調整 R2 乗　　0.2412

最尤推定値の分析

3.2 低体重児のリスクファクターに関するケースコントロール研究

パラメータ	自由度	推定値	標準誤差	Wald カイ2乗	Pr > ChiSq
Intercept	1	-1.7992	0.4647	14.9903	0.0001
lwt1	1	1.0035	0.4613	4.7331	0.0296
lwt2	1	0.6134	0.4655	1.7369	0.1875
smoke	1	0.8349	0.4016	4.3208	0.0376
ptd	1	1.1921	0.4542	6.8895	0.0087
race1	1	-0.8765	0.4369	4.0241	0.0449
race2	1	0.2464	0.5206	0.2241	0.6360
ht	1	1.6818	0.6731	6.2432	0.0125
ui	1	0.7075	0.4576	2.3903	0.1221

⑱ profile 尤度に基づくオッズ比の信頼区間

効果	単位	推定値	95% 信頼限界	
lwt1	1.0000	2.728	1.124	6.938
lwt2	1.0000	1.847	0.751	4.721
smoke	1.0000	2.304	1.058	5.160
ptd	1.0000	3.294	1.365	8.201
race1	1.0000	0.416	0.173	0.968
race2	1.0000	1.279	0.454	3.544
ht	1.0000	5.375	1.456	21.345
ui	1.0000	2.029	0.818	4.982

Hosmer と Lemeshow 検定の分割

グループ	全体	low = 1 観測値	low = 1 期待値	low = 0 観測値	low = 0 期待値
1	21	1	1.35	20	19.65
2	22	2	2.70	20	19.30
3	18	5	2.81	13	15.19
4	28	5	6.47	23	21.53
5	19	6	5.54	13	13.46
6	20	8	6.37	12	13.63
7	21	5	8.80	16	12.20
8	19	12	9.99	7	9.01
9	21	15	14.97	6	6.03

Hosmer と Lemeshow の適合度検定

カイ2乗	自由度	Pr > ChiSq
7.1107	7	0.4174

O 1.5 年齢を除いた多変量調整傾向性の検定（一部結果のみ）

```
最尤推定値の分析

                                           Wald
  パラメータ    自由度   推定値    標準誤差   カイ2乗    Pr > ChiSq

  Intercept      1     1.2649    1.1494    1.2110    0.2711
⑲ lwt_c          1    -0.0199    0.00923   4.6600    0.0309
  smoke          1     0.8385    0.4012    4.3675    0.0366
  ptd            1     1.2021    0.4513    7.0934    0.0077
  race1          1    -0.8764    0.4368    4.0250    0.0448
  race2          1     0.2443    0.5208    0.2201    0.6390
  ht             1     1.6924    0.6708    6.3658    0.0116
  ui             1     0.7082    0.4577    2.3938    0.1218
```

O 1.5 拡張 Mantel 法による年齢を除いた多変量調整傾向性の検定

```
Cochran-Mantel-Haenszel 統計量（テーブルスコアに基づく）

  統計量    対立仮説           自由度      値       p 値

    1    ⑳ 相関統計量            1       4.9396    0.0262
    2       ANOVA 統計量         2       5.2248    0.0734
    3       一般関連統計量        2       5.2248    0.0734

  標本サイズの合計 = 189
```

C 1.5

モデルの適合度もある程度向上し，race2 を除いたすべての項目が $p<0.20$ を満たすようになり（ここでは示していないが，race の項目の p 値も $p<0.20$），しかも傾向性の検定でのロジスティック回帰モデル，拡張 Mantel 法ともほぼ同程度の結果を示している．結果としてはこちらを採択するのが妥当であろう．以上の結果の⑱，⑲，⑳をまとめたのが既出表 3.3 の多変量調整の結果である．

（4）Hosmer-Lemeshow 検定（HL 検定）と重相関係数

プログラム例に示すように，LOGISTIC で HL 検定を行うにはオプションに LACKFIT を，重相関係数を求めるためには RSQUARE を加えればよい．このほか，SAS では通常の回帰モデルでの重相関係数と同様に，形式的に Nagelkerke R^2 や Cox & Snell R^2 が定義されており，モデルの寄与の程度を測る指標として取り上げられている．重相関係数 $R^2 = 1 - (L(o)/L(\hat{\beta}))^{2/n}$ をモデルのオプションとして RASQUARE コマンドを入れて求めることができる．ただし，ロジスティックモデルでは実際にこれを使ってモデルの有意性を判定した文献はあまりみられない．なお，

モデルの有意性検定では係数が0に対する検定であるため，すべての変数が有意であっても，R^2 がかならずしも大きくない場合もある（Menard, 2000）．

（5）モデルの適合と Hosmer-Lemeshow 検定の分割

プロファイル当りのデータ数を求めたものは解の安定性に関する1つの情報となる．SASでもHL検定としてデータを10等分し，結果変数の群別にそれぞれの区分での観測値と期待値とを求め「HosmerとLemeshow検定の分割」として表示されている（ O 1.5 参照，粗解析，年齢調整解析ではこの出力は削除していた）．これらは1.1.3項の表1.3に示したフラミンガム研究のまとめで示された方法と対応している． O 1.2 ～ O 1.5 のモデルでのそれらは次のようになっている．すべての変数を含めた多変量調整の場合には1つのプロファイル当り平均約2.1個のデータ数しかない．このようなデータをスパース（sparse）であるという．モデルの適合度を評価するためのデビアンスとPearsonの χ^2 統計量はスパースなデータの場合に漸近的近似が悪くなり，特にデビアンスはその影響をより強く受ける．このような場合には，HL検定で適合度を判断したほうがよい（5.2.5項のd.参照）．

	プロファイルの個数	1プロファイル当りデータ数
粗オッズ比モデル④：	3	63
年齢調整モデル⑧：	9	21
多変量調整モデル⑬：	86	2.2
年齢を除いた場合⑰：	53	3.6

注）年齢調整および多変量調整モデルでの解析結果は旧版での実行プログラムにエラーがありそれを修正したものであるため，新版では推定値が少し異なっている．

上記のモデルでの適合度検定統計量とHL値をまとめると表3.4のようになる．多変量調整モデルと年齢を除いたモデルではHL値がそれぞれ7.5と7.1であり，年齢を入れても入れなくても適合度には変りがない．Pearson適合度検定では，むしろ年齢調整の場合より適合が良くなっている．一方，デビアンスの p 値が層の数が多くな

表3.4 モデルの適合度の検定結果

	HL検定			デビアンス			Pearson			
	df	χ^2	p値	df	χ^2	p値	df	χ^2	p値	R^2
年齢調整モデル	7	5.2	0.638	4	5.0	0.288	4	5.2	0.270	0.042
多変量調整モデル	8	7.5	0.486	75	102.0	0.021	75	88.6	0.134	0.174
年齢を除いたモデル	7	7.1	0.417	44	54.7	0.130	44	44.7	0.444	0.172

注）年齢調整および多変量調整モデルでの解析結果は旧版での実行プログラムにエラーがありそれを修正したものであるため，新版では推定値が少し異なっている．

るにつれてデータがスパースとなるため不安定になっている．それに比べ Pearson はまだ安定している．

補足 3.1 データの読込みと分位数の計算

データは low.dat というファイルに入っている（本書では Windows 版を想定して作成してあり，ファイルは A ドライブに入っているものとする）．分位数は UNIVARIATE を利用して求める．最終月経時体重のカテゴリー変数 lwt_c の各カテゴリーコードとして各グループにおける最終月経時体重の中央値を用いる．これは後の傾向性の検定で利用するためである（詳細は第 4 章の傾向性の検定を参照）．三分位数での区分のため 33.3%点，66.7%点を，また各カテゴリーのグループの中央値として 17.15%点，50%点，82.85%点を求める．UNIVARIATE でパーセント点を求めるときには OUTPUT 文でそれらの出力先のデータセット名（OUT=lwt_s），求めたいパーセント点の数値（PCTLPTS=17.15 33.3 50 66.7 82.85）とそれを書き出す変数名を指定する．変数名は 2 つの文字列を組み合せた形で指定するが，この 2 つの文字列を SAS では接頭語と接尾語と呼んでいる．ここでは変数名の接頭語として（PCTLPRE=lwt），接尾語として（PCTLNAME=m1 d1 m2 d2 m3）を指定する．接頭語と接尾語リストは必ず両方必要で，接頭語は変数の種分けの，接尾語はパーセント点の種分けのためにつけるもので求めたいパーセント点の個数分指定する．接頭語は変数の個数分でよい．上記のように指定すると，33.3%点，66.7%点はそれぞれ lwtd1，lwtd2 という変数で，17.15%点，50%点，82.85%点はそれぞれ lwtm1，lwtm2，lwtm3 という変数名で lwt_s という SAS データセットに書き出される（UNIVARIATE の出力は必要ないので NOPRINT というオプションで印刷制御してある）．パーセント点の計算結果をデータセット lwt_s から読み込む．

OBS	LWTM1	LWTD1	LWTM2	LWTD2	LWTM3	MV
1	① 105	115	121	132	155	1

上記出力結果①より 33.3%点（LWTD1），66.7%点（LWTD2）はそれぞれ 115, 132 であり，17.15%点（LWTM1），50%点（LWTM2），82.85%点（LWTM3）はそれぞれ 105, 121, 155 であることを読み取る．このためには，ここまでのところでいったん SAS のプログラムの実行を終了し，中央値をデータステップで lwt_c に与えるようにプログラムを書く．なお，プログラム例では補足 3.2 に解説したマッチマージを利用しているのでこれとは異なっている．

```
IF lwt GE lwtd2 THEN lwt_c=155;
```

```
ELSE IF lwtd1<=lwt<lwtd2 THEN lwt_c=121;
ELSE IF 1<=lwt<lwtd1 THEN lwt_c=105;
    ELSE lwt_c=.;
```

補足 3.2 マッチマージを利用した分位数の自動計算

補足 3.1 の方法をもう少しスマートにマッチマージを利用して一連のプログラムの中で行ってみよう．このプログラムの特徴は，

（1）データセット d1 でマッチマージ用の共通変数 mv=1 を作成する
（2）データセット lwt_s を作成しそこでも共通変数 mv=1 を作成する
（3）データセット d2 で共通変数 mv でマッチマージする

の3点である．このようにするとパーセント点は以後のプログラムの中で変数名を指定すればよいことになる．それぞれのデータセットに mv=1 というマッチマージ用の変数を入れておいてから，次のように指定する．

```
DATA lwt_s; SET lwt_s; mv=1;    マッチマージ用変数の作成
DATA d2; MERGE d1 lwt_s ; BY mv; IF mv=. THEN DELETE;   マッチマージ
```

マッチマージについては SAS USER'S GUIDE: Basics を参照のこと．

以上から lwt については，

ltw < 115, 115 <= ltw < 132, 132 <= ltw でそれぞれの区分値は 105, 121, 155
年齢については

age < 20, 20 <= age < 25, 25 <= age でそれぞれの区分値は 18, 23, 29

としてカテゴリー化したことになる．

3.2.3 LOGISTIC による変数選択

説明変数が多い場合には統計的に変数を選択することも多変量調整の際に有効な調整変数を選択するうえで1つの指針を示す（5.2.11 項参照）．変数選択は尤度比検定に基づくステップワイズ法 STEPWIZE，前進法 FORWARD，後退法 BACKWARD，スコア検定に基づくスコア法 SCORE などの方法がある．

(SAS での指定の留意点)

SAS では **LOGISTIC** でこれらが利用できる．MODEL 文のオプションという形で推定し，/ の後に SELECTION=をつけて，それぞれ S, F, B, SCORE を指定する．変数の取込み，取除きの基準は前者が SLENTRY=α，後者が SLSTAY=α（αは基準とする確率）で指定する．以下では α=0.20 として実行している．取込み，取除きの検定は理論的には尤度比検定（5.2.11 項参照）で行うべきであるが，ステップごとに最尤推定値を計算しなければならずデータが多い場合には計算時間が膨大となる．したがって，計算時間短縮のため，SAS では前者でスコア検定，後者で Wald 検定を採用している．以下では多変量調整モデルで変数選択を行ってみる．なお，最終月経時体重は検討したい変数であり，かつ2つのダミー変数 lwt1, lwt2 は順序があり，いず

れか一方のみモデルに取り入れられることは好ましくないため，MODEL 文の INCLUDE オプションでこの 2 つの変数を強制的にモデルに取り込むように指定する．INCLUDE オプションで INCLUDE＝n とすると，モデル文の最初の n 個の変数がつねにモデルに取り込まれる．

プログラム

P 3 a. ステップワイズ法（stepwize）

```
PROC LOGISTIC;
    MODEL low(EVENT="1")=lwt1 lwt2 age2 age3 smoke ptd race1 race2 ht ui
        /SELECTION=S SLENTRY=.20 SLSTAY=0.20 INCLUDE=2
        AGGREGATE SCALE=N PLRL ALPHA=0.05 LACKFIT;
```

b. 前進法（forward）　　SELECTION＝F に変更する．
c. 後退法（backward）　SELECTION＝B に変更する．
d. スコア法（score）　　SELECTION＝SCORE に変更する．

出力結果

O 3 a. ステップワイズ法

〈一部省略〉

ステップワイズ変数選択プロシジャ

次の効果は各モデルに含まれます：

Intercept　lwt1　lwt2

ステップ　0.INCLUDE 効果が入力されました．

モデル収束状態

収束基準（GCONV=1E-8）は満たされました．

モデルの適合度統計量

基準	切片のみ	切片と共変量
AIC	236.672	233.687
SC	239.914	243.412
-2 Log L	234.672	227.687

包括帰無仮説：BETA=0 の検定

検定	カイ 2 乗	自由度	Pr > ChiSq

尤度比	6.9849	2	0.0304
スコア	7.0077	2	0.0301
Wald	6.8201	2	0.0330

残差カイ2乗検定

カイ2乗	自由度	Pr < ChiSq
28.5452	6	<.0001

ステップ 1. 効果 ptd の追加:

〈途中省略〉

NOTE: ステップ 5 のモデル内のいずれの効果も削除されません.

NOTE: 有意水準 0.2 で, モデルに追加する効果ありません.

ステップワイズ法選択の要約

ステップ	効果の 追加	削除	自由度	取り込んだ数	スコア カイ2乗	Wald カイ2乗	Pr > ChiSq
1	ptd		1	3	11.9441		0.0005
2	ht		1	4	7.3300		0.0068
3	race1		1	5	3.1327		0.0767
4	smoke		1	6	5.2087		0.0225
5	ui		1	7	2.3504		0.1253

最尤推定値の分析

パラメータ	自由度	推定値	標準誤差	Wald カイ2乗	Pr > ChiSq
Intercept	1	-1.7095	0.4209	16.4954	<.0001
lwt1	1	0.9660	0.4542	4.5237	0.0334
lwt2	1	0.5921	0.4624	1.6401	0.2003
smoke	1	0.8674	0.3967	4.7796	0.0288
ptd	1	1.1838	0.4543	6.7894	0.0092
race1	1	-0.9654	0.3947	5.9819	0.0145
ht	1	1.6924	0.6736	6.3123	0.0120
ui	1	0.6974	0.4589	2.3101	0.1285

オッズ比推定と profile 尤度による信頼区間

効果	単位	推定値	95% 信頼限界

lwt1	1.0000	2.627	1.098	6.591
lwt2	1.0000	1.808	0.739	4.590
smoke	1.0000	2.381	1.103	5.276
ptd	1.0000	3.267	1.353	8.134
race1	1.0000	0.381	0.171	0.811
ht	1.0000	5.433	1.469	21.588
ui	1.0000	2.009	0.808	4.945

[O3] b. 前進法

ステップワイズ法と結果は同じなので省略する.

[O3] c. 後退法

ステップワイズ法と結果は同じなので省略する.

[O3] d. スコア法

スコア法ではすべての変数を入れたモデルが最もスコアカイ2乗値(スコア検定統計量)が大きくなっているが,9変数の中,年齢を除いた多変量調整モデルの結果と比べて,p値の最も大きかったrace2を除いた場合との差はわずかであることがわかる.

スコア基準で選択された回帰モデル

変数の数	スコアカイ2乗	モデルに取り込まれた変数
2	7.0077	lwt1 lwt2
3	18.8149	lwt1 lwt2 ptd
3	13.2390	lwt1 lwt2 ht
3	10.8799	lwt1 lwt2 smoke
3	10.7499	lwt1 lwt2 ui
3	10.6296	lwt1 lwt2 race1
3	9.3668	lwt1 lwt2 race2
3	8.0697	lwt1 lwt2 age2
3	7.1866	lwt1 lwt2 age3
		〈途中省略〉
7	33.5722	lwt1 lwt2 smoke ptd race1 ht ui
		〈途中省略〉
8	33.7827	lwt1 lwt2 smoke ptd race1 race2 ht ui
		〈途中省略〉
9	34.2774	lwt1 lwt2 age2 smoke ptd race1 race2 ht ui
9	34.1028	lwt1 lwt2 age2 age3 smoke ptd race1 ht ui
9	33.8350	lwt1 lwt2 age3 smoke ptd race1 race2 ht ui
9	32.3072	lwt1 lwt2 age2 age3 smoke ptd race1 race2 ht
9	31.3534	lwt1 lwt2 age2 age3 smoke ptd race2 ht ui
9	30.8900	lwt1 lwt2 age2 age3 ptd race1 race2 ht ui

```
         9     29.0743   lwt1 lwt2 age2 age3 smoke ptd race1 race2 ui
         9     27.8939   lwt1 lwt2 age2 age3 smoke race1 race2 ht ui
        10     34.3277   lwt1 lwt2 age2 age3 smoke ptd race1 race2 ht ui
```

以上の結果ではステップワイズ法，前進法，後退法とも同じ結果で，いずれも race2 が除去されていた．スコア法ではスコアカイ2乗値が最も大きいのは 10 変数の場合であるが，年齢を除いたモデルでも 33.7837 と大きく変らない．人種は一方のダミー変数が選択されているからモデルには加えるべきと考えれば，先の多変量の年齢を除いた場合がやはり妥当なモデルと考えられよう．なお，race2 が除かれてもオッズ比に関しては lwt1 が 2.73 → 2.63，lwt2 が 1.85 → 1.81 とわずかに変化したのみであり，オッズ比への影響はきわめて小さい．

変数選択の3方法の関連性は変数の性質によりさまざまであり，特にどれが良いかについては問題に応じて考えるべきであろう．経験的ではあるが，ステップワイズ法と前進法は比較的類似した結果になるようである．

3.2.4 交互作用項の検討

3.2.2項での主効果モデルの適合度はほぼ満足できるものであったが，ここでは，交互作用の検討方法の一例を示す．交互作用（interaction）があるとは，たとえば母親の最終月経時体重 lwt の低体重児の出生 low への影響が喫煙 smoke により異なっている場合である．すなわち，「lwt → low」の影響が smoke によって変化するとき「lwt と smoke」との間に交互作用があるという．

ここでは，年齢を除いた多変量調整モデルにいくつかの交互作用項を導入してみた結果を示そう．変数の個数が多い場合，すべての組合せを検討することは適切ではない．カテゴリー変数として lwt_c を CLASS 文で指定して交互作用項をモデルに追加すればよい．まず，lwt_c に関連性のありそうな説明変数について検討する．先の年齢を除いた多変量モデル（ P 1.5 で用いたモデル）の LOGISTIC での分析の際に，「lwt_c*smoke」というように1つずつ lwt_c との交互作用項を導入していってみよう．その結果は次のようにまとめられる．表 3.5 では HL 検定での適合度検定結果も表示してある．

この結果，子宮の痛み ui の交互作用項のみがわずかに有意であった．適合度を HL 検定でみると $p=0.983$ であり，多変量の主効果モデル（$p=0.417$）に比べると少々改善している．しかし，ここでは，交互作用項の検討の例として，子宮の痛みの有無で層別したオッズ比を検討してみよう．

表3.5 多変量調整での交互作用項の導入

交互作用項	交互作用項の p 値	モデル全体の適合度検定 (HL検定)		
		df	χ^2値	p値
lwt_c*smoke	0.8635	8	5.48	0.706
lwt_c*ptd	0.4372	7	7.48	0.381
lwt_c*race	0.8324	8	5.58	0.695
lwt_c*ht	0.5199	7	2.44	0.932
lwt_c*ui	0.0329	7	1.47	0.983

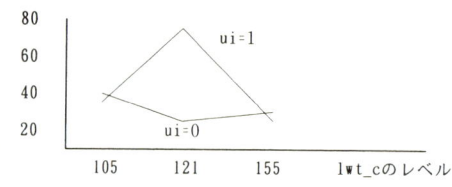

図3.5 最終月経時体重・子宮の痛み別の低体重児発生割合（無調整）

まず，この交互作用の大きさと方向を視覚的にみることにする．すなわち子宮の痛みの違いにより最終月経時体重の各カテゴリーでの低体重児出現のパターンの相違をみるのである．図3.5が子宮の痛みuiの「yes, no」別にみたlwt_cの第1カテゴリーから第3カテゴリーでのlowの出現率である．uiのレベルにより傾向が大きく違っているのがみられる．特に第2カテゴリー（lwt_c=121）で大きな差異があることがわかる．もし関連がuiの違いによらず一定，すなわち交互作用がなければ，これらの関連は平行になるはずである．このような観測されるパターンが平行か否かについて，その他の要因の影響を考慮して検討するのが，交互作用の検討である．以下にlwt_cとuiとの交互作用項を検討する場合のプログラム例を示す．

[SASでの指定の留意点]

SASではLOGISTICで交互作用項を導入する場合にCLASS文でカテゴリー変数として指定しておき，MODEL文の中で導入することができる．交互作用項の指定は変数どうしを＊で結んで指定すればよい．

プログラム

P 4

```
PROC LOGISTIC ;
   CLASS lwt_c (REF=LAST) race(REF=LAST) smoke(REF=FIRST) ptd(REF=FIRST)
       ht(REF=FIRST) ui(REF=FIRST);
   MODEL low(EVENT="1")=lwt_c smoke ptd race ht ui lwt_c*smoke
       /AGGREGATE SCALE=N PLRL WALDRL ALPHA=0.05 LACKFIT RSQUARE;
```

3.2 低体重児のリスクファクターに関するケースコントロール研究

以降はモデル文の1行目を下記に変更する.

```
MODEL low(EVENT="1")=lwt_c smoke ptd race ht ui lwt_c*ptd
MODEL low(EVENT="1")=lwt_c smoke ptd race ht ui lwt_c*race
MODEL low(EVENT="1")=lwt_c smoke ptd race ht ui lwt_c*ht
MODEL low(EVENT="1")=lwt_c smoke ptd race ht ui lwt_c*ui
```

出力結果

O 4 UI の例

〈省略〉

効果に対する Type 3 分析

効果	自由度	Wald カイ2乗	Pr > ChiSq
lwt_c	2	4.1051	0.1284
smoke	1	4.9016	0.0268
ptd	1	5.4902	0.0191
race	2	5.3992	0.0672
ht	1	5.8856	0.0153
ui	1	1.8638	0.1722
lwt_c*ui	2	6.8258	0.0329

最尤推定値の分析

パラメータ		自由度		推定値	標準誤差	Wald カイ2乗	Pr > ChiSq
Intercept		1		0.7120	0.4375	2.6483	0.1037
lwt_c	105	1	①	0.1858	0.3450	0.2899	0.5903
lwt_c	121	1	②	0.6731	0.3814	3.1139	0.0776
smoke	1	1		0.4628	0.2090	4.9016	0.0268
ptd	1	1		0.5509	0.2351	5.4902	0.0191
race	1	1		−0.6312	0.2724	5.3698	0.0205
race	2	1		0.4673	0.3221	2.1049	0.1468
ht	1	1		0.8234	0.3394	5.8856	0.0153
ui	1	1	③	0.3781	0.2770	1.8638	0.1722
lwt_c*ui	105 1	1	④	−0.5182	0.3453	2.2515	0.1335
lwt_c*ui	121 1	1	⑤	0.9267	0.3791	5.9764	0.0145

C 4 解説

一般に I 個のカテゴリーをもつ変数 γ_i, J 個のカテゴリーをもつ変数 δ_j, その間の交互作用を $(\gamma\delta)_{ij}$ と表現すると,これら2変数間の交互作用が

(1) 無視できる場合には,変数の主効果は γ_i, δ_j で独立に推定できる.

(2) 無視できない場合には，変数の主効果はもはや独立に解釈できず，2変数の組合せとして

$$\gamma_i + \delta_j + (\gamma\delta)_{ij}$$

と推定して解釈しなければならない．言い換えれば，変数 δ_j のカテゴリー j ごとに変数 γ_i の効果を解釈することになるのである．

LOGISTIC で **CLASS** 文指定を用いたときの交互作用項は，ダミー変数からなる計画行列と呼ばれる行列の列の直積という形式がデフォルトで自動的に導入される（marginal 法，3.1.3 項参照）．したがって，交互作用項の自由度は個別の効果の自由度の積と等しくなる．いま，lwt_c の第1カテゴリーのダミー変数を L1，第2カテゴリーのそれを L2，ui のダミー変数を S，lwt_c と ui の交互作用項の第1カテゴリーのダミー変数を LS1，第2カテゴリーのそれを LS2 とおくと，6通りの組合せ（lwt_c, ui）それぞれの効果の推定値の計算は表 3.6 のようになる．

表 3.6 ダミー変数の効果の計算

カテゴリー変数		ダミー行列					各組合せの推定値の計算
		主効果			交互作用効果		
lwt_c	ui	lwt_c		ui	lwt_c×ui		
		(1)	(2)				
		L1	L2	S	LS1	LS2	
レベル 1（=105）	1 (yes)	1	0	1	1	0	→ L1+S+LS1
レベル 1（=105）	0 (no)	1	0	-1	-1	0	→ L1-S-LS1
レベル 2（=121）	1 (yes)	0	1	1	0	1	→ L2+S+LS2
レベル 2（=121）	0 (no)	0	1	-1	0	-1	→ L2-S-LS2
レベル 3（=155）	1 (yes)	-1	-1	1	-1	-1	→ -L1-L2+S-LS1-LS2
レベル 3（=155）	0 (no)	-1	-1	-1	1	1	→ -L1-L2-S+LS1+LS2

パラメータの推定値①から L1=0.1858，②から L2=0.6731，③から S=0.3781，④から LS1=-0.5182，⑤から LS2=0.9267 であることがわかる．これから lwt_c と ui の組合せの効果の推定値を計算する．たとえば lwt_c がレベル2で，ui=0 (no) の効果は，

$$(\text{lwt\_c}(1), \text{ui\_1}) = L1 + S + LS1 = 0.1858 + 0.3781 - 0.5182 = 0.0457$$

となる．同様に，

$$(\text{lwt\_c}(2), \text{ui\_1}) = 1.9779$$
$$(\text{lwt\_c}(3), \text{ui\_1}) = -0.8893$$
$$(\text{lwt\_c}(1), \text{ui\_0}) = 0.3259$$

3.2 低体重児のリスクファクターに関するケースコントロール研究

$$(\text{lwt\_c}(2), \text{ui\_0}) = -0.6317$$
$$(\text{lwt\_c}(3), \text{ui\_0}) = -0.8285$$

となる．これを再び図表示すると図 3.6 のようになる．図 3.5 のパターンとあまり変わっていないことが理解できよう．

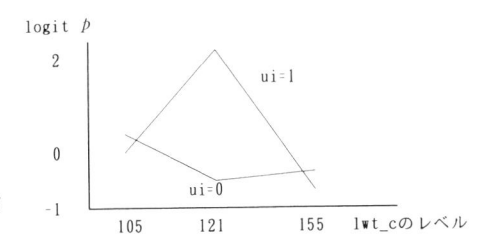

図 3.6 最終月経時体重，子宮の痛みの組合せの効果（調整済み）

これらの結果を受けてオッズ比とその 95% 信頼区間を直接出力させるためには LOGISTIC を利用すると便利である．そのために lwt_c = レベル 3, ui = 0 (no) の場合を reference group としたときの他の 5 通りの場合のオッズ比を partial 法により 5 つのダミー変数

$$d1 : \text{lwt\_c} = 2 \text{ かつ } \text{ui} = 0$$
$$d2 : \text{lwt\_c} = 1 \text{ かつ } \text{ui} = 0$$
$$d3 : \text{lwt\_c} = 3 \text{ かつ } \text{ui} = 1$$
$$d4 : \text{lwt\_c} = 2 \text{ かつ } \text{ui} = 1$$
$$d5 : \text{lwt\_c} = 1 \text{ かつ } \text{ui} = 1$$

を作成して LOGISTIC を利用して求めてみると表 3.7 のようになる．最終月経時体重が「中 (=121)」で子宮の痛みが「ある」場合に，それぞれ「高」で「なし」に比べ 16 倍以上，低体重児出生のリスクがあることを示している．しかしながらこの結果の読みは慎重にする必要がある．このような交互作用が真に意味をもつかについて臨床的な観点からも検討し，また，重要な変数を取り上げそこなったための見掛けの交互作用なのか，などの点について十分検討する必要があろう．ここではこの問題につい

表 3.7 交互作用項を入れた場合の年齢を除いた多変量調整オッズ比の推定

	グループ					
最終月経時体重	高 (155)	中 (121)	低 (105)	高 (155)	中 (121)	低 (105)
子宮の痛み	なし	なし	なし	あり	あり	あり
オッズ比	1.	1.22	3.17	0.94	16.55	2.40
信頼区間		0.44～3.38	1.23～8.61	0.04～7.92	3.09～133	0.56～9.76

ての検討が目的ではなく，交互作用項の検討方法の例として取り上げた．

3.2.5　CATMODによるinfluentialプロファイルの検索

モデルが要約統計量で「適合している」と判断できても，すべてのプロファイルがモデルに適合しているか否かは別の問題である．モデルに適合していない，いわゆる外れ値（outlier）の存在はモデルの解釈に微妙な影響を与える．それを除去するとモデルの推定値が大きく変化することがあるからであり，その診断は最終的なモデルの解釈に必須のプロセスである．

ここではそのようなinfluentialプロファイルを検討する手だてを示す．ここではinfluentialプロファイルの検索のための統計量として，パラメータの推定値への影響を評価するCook統計量（Cook），モデルの適合度への総合的影響を評価するχ^2型統計量（ch2）の2種類の統計量（5.2.7項参照）を算出し，ch2とCookのプロットを表示するための一連の手続きを，年齢を除いた多変量調整モデル（p.100のデータセット〔O 1.5〕）を利用して示す．これは通常の回帰分析での残差をもとに計算するものである．

〔SASでの指定の留意点〕

> これらはLOGISTICのOUTPUT文のオプションで，それぞれH，C，DIFCHISQとして求められるものであり，LOGISTICではモデル文のオプションでINFLUENCE，IPLOTSを指定すれば一連の統計量とプロットが出力される．ただし，LOGISTICの場合にはXに連続変数を想定しているのでそのプロファイル（Xの観測値の反応パターン）に重複があることを想定していない（そのプロファイルに該当するケース数が2以上ではいけない）ので，カテゴリー変数では実質上，利用できない．また，AGGREGATEオプションを指定しても，プロファイルベースの診断量は求められない．CATMODでは通常の手続きでは出力されないため，GLMなどを利用して算出してある．これを利用するには次のマクロをSASプログラムの最初に入れておき，データの読込みの後で下記のマクロの読込みを実行すればよい．その際，パラメータリストの変数名を用いる変数に合せて変更すればよい．ただし，次のプログラムでは（1, 0）という値をとっていた2値変数（ptd, smoke, ht, ui）は（1, 2）という値をもつカテゴリー変数（ptl_c smoke_c ht_c ui_c）として用いている．以下には必要な出力結果のみを表示した（LOGISTICを利用してCookを求めると，p値はプロファイルが同じであれば結果変数の値にかかわらず同じとなるが，結果変数のパターンが異なった場合にはCookが異なった値となる）．

〔P 5〕　個別ケースごとのinfluenrialデータの検索のためのプログラム

〈マクロ〉

```
%MACRO INF(DATA,VARD,VLIST,ILIST);
PROC CATMOD DATA=&DATA;
  MODEL &VARD=&VLIST &ILIST/ NODESIGN NOGLS NOITER NOPROFILE PRED=FREQ;
  RESPONSE / OUT=sasout;
DATA L1; SET sasout;
```

```
        KEEP _SAMPLE_ _TYPE_ _OBS_ _PRED_ &VARD &VLIST;
        IF &VARD=. THEN DELETE;
        IF &VARD=2 THEN _PRED_=.;
PROC SORT; BY _SAMPLE_ &VLIST;
PROC TRANSPOSE OUT=TL1; VAR _OBS_ _SAMPLE_ ; COPY _PRED_;
        BY _SAMPLE_ &VLIST;
DATA TL1; SET TL1;
   IF _PRED_=. THEN DELETE;
   M=COL1+COL2;
   P=_PRED_/M;
   Y=LOG(P/(1.-P)) +(COL1-M*P)/(M*P*(1.-P)) ;
   W=M*P*(1.-P);
   DROP _SAMPLE_ COL2 _NAME_ _PRED_;
PROC GLM; CLASS &VLIST ;
    MODEL Y=&VLIST &ILIST / SOLUTION ;
    OUTPUT OUT=GL STUDENT=CH COOKD=COOK H=HAT;
    WEIGHT W;
DATA GL; SET GL; CH2=CH**2;
PROC PRINT ;
PROC PLOT; PLOT (CH2 COOK Hat)*P;
RUN;
%MEND;
```

〈マクロの呼出し〉

```
%INF(D2,VARD=low_c,VLIST=lwt_c ptl_c race smoke_c ht_c ui_c,
                    ILIST= )
```

O 5 出力結果

```
GLM プロシジャ
従属変数 : Y
重み変数 : W
要因           自由度      平方和        平均平方      F 値    Pr > F

Model            8      27.40666843    3.42583355    3.37   0.0042

Error           44      44.66383252   ①1.01508710

Corrected Total 52      72.07050094

  R2 乗      変動係数      Root MSE     Y の平均

 0.380276   -149.6445     1.007515     -0.673273
```

```
                        s
                        m
                        o
              l    p
              w tr k h u C
           O  t la e t i O
           B  c  c e c c c l
           S  c  c e c c c 1  M   P        Y        W        C        C       H       C
                        ②  ③  ④                             H        O       A       H
                                                                     O       T       2
                                                                     K       ⑥       ⑦
                                                                     ⑤
            1 105 1 1 1 2 1 1  2  0.74313 -0.21136  0.38178 -0.83522  0.01112 0.12542 0.69760
            2 105 1 1 1 2 2 2  4  0.58777 -0.00749  0.96918 -0.40839  0.00613 0.24871 0.16678
            3 105 1 2 1 2 2 1  1  0.81423  2.70587  0.15126  0.49040  0.00187 0.06537 0.24049
            4 105 1 3 1 2 2 1  1  0.77404  2.52320  0.17490  0.55231  0.00206 0.05725 0.30504
            5 105 1 3 2 1 2 1  1  0.88877  3.20339  0.09886  0.36452  0.00115 0.07213 0.13287
            6 105 1 3 2 2 1 0  1  0.75099 -2.91206  0.18700 -1.78404  0.02519 0.06650 3.18282
            7 105 1 3 2 2 2 3  4  0.59783  1.02934  0.96172  0.72030  0.02116 0.26850 0.51883
            8 105 2 1 1 2 1 1  5  0.46758 -1.20470  1.24475 -1.46223  0.12097 0.33741 2.13810
            9 105 2 1 1 2 2 4 10  0.30209 -0.37297  2.10833  0.81504  0.03566 0.32575 0.66429
           10 105 2 2 1 2 1 0  1  0.27594 -2.34580  0.19980 -0.63510  0.00333 0.06921 0.40335
```
〈途中省略〉
```
           24 121 2 1 1 1 2 1  1  0.61168  2.08922  0.23753  0.84947  0.01233 0.13331 0.72159
           25 121 2 1 1 2 2 2 11  0.22663 -1.48311  1.92796 -0.42648  0.00940 0.31737 0.18189
           26 121 2 1 2 1 2 0  1  0.40601 -2.06401  0.24117 -0.88839  0.01509 0.14680 0.78924
           27 121 2 2 2 1 1 1  1  0.20509  3.52115  0.16303  2.01176  0.02695 0.05655 4.04720
```
← influential profile
```
           28 121 2 1 2 2 2 0 13  0.11282 -3.18945  1.30116 -1.50119  0.09610 0.27735 2.25359
           29 121 2 2 1 1 2 2  3  0.47390  0.66868  0.74796  0.75743  0.01928 0.23219 0.57370
           30 121 2 2 2 1 1 1  1  0.44229  2.02908  0.24667  1.17685  0.01769 0.10309 1.38497
           31 121 2 2 2 2 2 1  3  0.28103 -0.68050  0.60616  0.21813  0.00100 0.15903 0.04758
           32 121 2 3 1 2 2 0  2  0.41316 -2.05496  0.48492 -1.26101  0.02586 0.12766 1.59014
           33 121 2 3 2 1 2 2  4  0.38266  0.01844  0.94492  0.55832  0.01237 0.26317 0.31172
           34 121 2 3 2 2 2 3 17  0.23401 -1.50680  3.04727 -0.74551  0.04919 0.44338 0.55579
           35 155 1 1 1 2 2 2  3  0.34327  0.78579  0.67631  1.30837  0.04727 0.19905 1.71183
```
〈以下省略〉

C 5 解説

low_c=1 となる確率が④に,パターンに応じた Cook 統計量(⑤ COOK),hat 統計量(⑥ HAT),χ^2 統計量(student 統計量;⑦ CH2)がそれぞれ最終出力に表示され,p を横軸にして各統計量をプロットした図が続けて表示される.なお,② COL1 と③ M はそれぞれ当該プロファイルの低体重児数(low=1 の場合)および対象者数である.一般に influential プロファイルを検出するための基準は特になく,outlier を検索することになる.ただ CH2 に関しては自由度1の χ^2 分布の上側5%点である 3.84 を利用して,

「3.84 / ① (mean square error, MSE)」

を一応の目安にすることが可能であろう.この基準を利用すると,3.84/1.015=3.81

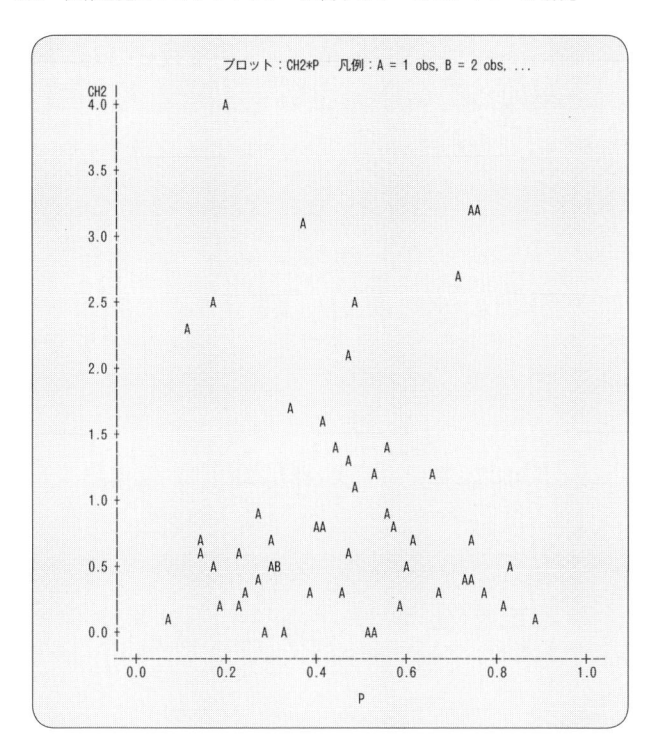

```
              プロット：CH2*P    凡例：A = 1 obs, B = 2 obs, ...
    CH2 |
    4.0 +              A
        |
    3.5 +
        |                                                   AA
    3.0 +                        A
        |                                                   A
    2.5 +      A                 A
        |       A
    2.0 +                        A
        |                        A
    1.5 +                        A     A     A
        |                        A     A     A
    1.0 +              A        AA    A      A
        |     A   A            A  A    A
    0.5 +     A  A              A        AA
        |        AB             A        A     A
    0.0 +      A     A           AA              A
        +------+------+------+------+------+------+
       0.0    0.2    0.4    0.6    0.8    1.0
                              P
```

となり，この値を越えている 27 番目のプロファイル，CH2 = 4.05，がやや飛び離れていると推察される．HL 検定では，HL = 9.47（$p = 0.307$）となっており，モデルの適合度はそれほど悪くはない．ちなみにこのプロファイルでの低体重児の割合は (COL1/M) = (1/1) = 100%，COL1 は②，M は③）であるが，ロジスティック回帰モデルで予測された発症確率 $P = 0.205$ と比べるとかけ離れていることがわかる．しかし，1 例中の 1 例であるから 100% と考えて予測値とかけ離れていると考えるのは早計である．influential プロファイルに関しては，それを除去する前後のパラメータ推定値の変化なども参考にしながらデータの意味を考えつつ検討することが望ましい．

次の段階としてこうして外れたパターンのケースを除いて検討してみよう．そこで 27 番目のプロファイルを除いた分析を行ったところ，最大の CH2 = 3.59 であり，これは 3.84/MSE = 3.84/0.9546 = 3.99 よりも小さく，influential プロファイルは検出されなくなった．この過程をまとめると表 3.8 のようになる．オッズ比の変化もそれほど大きくはなく，さほど大きな影響はないとみなしてもよいであろう．

説明変数が連続量の場合であれば診断統計量は LOGISTIC を利用して次の指定で求

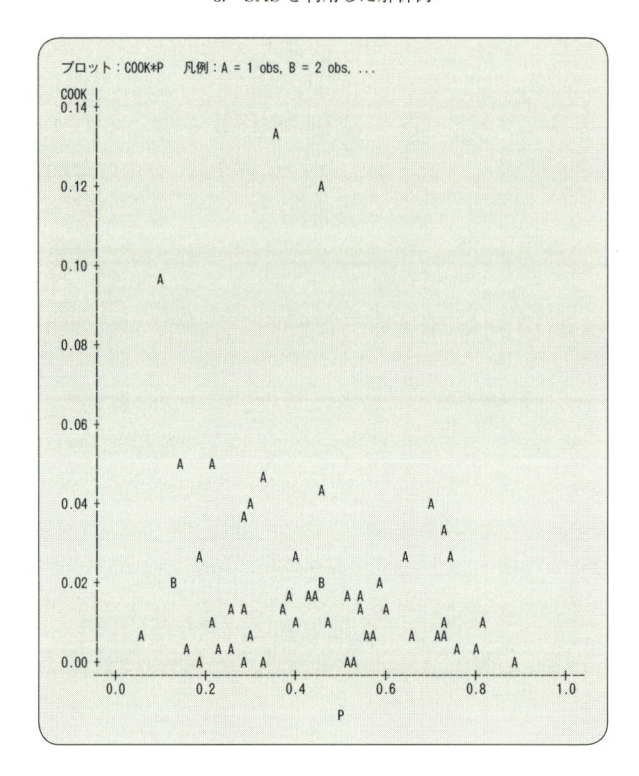

プロット：COOK*P 凡例：A = 1 obs, B = 2 obs, ...

表3.8 influential プロファイルを除いた場合のパラメータの変化

	全データ	27 を除去	%change
オッズ比 exp(β_{lwt1})	2.728	2.744	0.6
exp(β_{lwt2})	1.847	1.726	6.6
3.84/MSE	3.84/1.015＝3.75	3.84/0.955＝3.99	
CH 2 最大のプロファイル no.	27	21	
CH 2 の最大値	4.05	3.59	
観測値　COL 1/M	1/1＝1.0	0/1＝0.0	
予測値　$p(x)$	0.205	0.758	
χ^2 適合度検定統計量	54.67(df＝44, p＝0.130)	51.26(df＝43, p＝0.181)	

められることは先に述べた．以下に LOGISTIC を用いた診断統計量のプログラムと，その出力結果の一部を表示しておく．個別のケースごとに出力されているのがわかる．

```
PROC LOGISTIC DATA=D2 PLOTS= (INFLUENCE PHAT EFFECT DPC);
    CLASS lwt_c (REF=LAST) race (REF=LAST);
    MODEL low(EVENT="1")=lwt_c ptd race ht ui smoke
```

```
/AGGREGATE SCALE=N PLRL ALPHA=0.05 INFLUENCE;
```

（出力結果参照）

ケース番号	共変量								Pearson残差	デビアンス残差	Hat行列の対角成分	信頼区間の置き換えC	信頼区間の置き換えCBar	デビアンスの変化	カイ2乗値の変化
	lwt_c 105	lwt_c 121	ptd	race 1	race 2	ht	ui	smoke							
1	-1	-1	0	0	1	0	1	0	0.6553	0.8453	0.0964	0.0507	0.0458	0.7603	0.4752
2	-1	-1	0	-1	-1	0	0	0	0.4067	0.5533	0.0263	0.0046	0.0045	0.3106	0.1699
3	1	0	0	1	0	0	0	1	0.6579	0.8481	0.0326	0.0151	0.0146	0.7339	0.4474
4	1	0	0	0	0	0	0	1	0.9371	1.1228	0.0675	0.0682	0.0636	1.3242	0.9418
5	1	0	0	0	0	0	1	1	0.9371	1.1228	0.0675	0.0682	0.0636	1.3242	0.9418
6	0	1	0	-1	-1	0	0	1	0.5527	0.7302	0.0261	0.0084	0.0082	0.5414	0.3137

3.3 子宮内膜がんに関するマッチド・ケースコントロール研究

3.3.1 データ構造

解析例（Breslow.dat）は，エストロゲンホルモンの使用と子宮内膜がんに関するロサンゼルス研究の一部（$n=126$）である（Breslow and Day, 1980）．このデータは年齢階級でマッチングし1ケースに4コントロールという形式でとられたものであるが，ここではまず最初に1：1マッチングの例を示すために1ケースと1コントロールという形式に変えてある（各ペアの2〜4番目までのコントロールを除いてある）．全例2ペア（63組），126例である．

解析例では子宮内膜がんのリスクファクターとしてエストロゲンの使用に着目し，

表 3.9　解析で用いる変数

入力データ		PHREG
結果変数		
	子宮内膜がんの有無	case（yes＝1, no＝0）　　time（yes＝1, no＝2）
説明変数	（要因）	
	胆嚢疾患	gall（yes＝1, no＝0）
	高血圧	hyp（yes＝1, no＝0）
	肥満	ob（yes＝1, no＝0）
	エストロゲンの使用	est（yes＝1, no＝0）
	用量	dose（0, 1, 2, 3），{dose1, dose2, dose3}
	使用期間	estdura（連続変数）
	他の薬剤の使用	non（yes＝1, no＝0）

注）dose の用量レベルは 0：なし，1：0.1〜0.299 mg/day，2：0.3〜0.625 mg/day，3：0.625 mg/day 以上であり，不明が欠損値となっている．dose1〜dose3 は dose のカテゴリー −1 をリファレンスグループとした partial 法に基づくダミー変数である．

使用の有無（est）の2群比較と使用量別（dose）にみた用量-反応関係の2種類の解析を行ってみよう．解析に用いる変数は，表3.9のとおりである．

〈データ形式〉

結果変数　case（1, 0）

要因項目　age（連続変数）　gall（1, 0）　hyp（1, 0）　ob（1 ,0）　est（1, 0）　dose（0, 1, 2, 3）　estdura（連続変数）　non（1, 0）

★欠損値は9で入力されている

〈データ系列〉　Breslow.dat, $n = 126$

1ケースの後に年齢をマッチングしたコントロールが続き，ケースコントロールのペアが2レコードにわたり入力されている．

	CASE	AGE	GAL	HYP	OB	EST	DOSE	ESTDURA	NON
1	1	74	0	0	1	1	3	96	1
	0	75	0	0	9	0	0	0	0
2	1	67	0	0	0	1	3	96	1
	0	67	0	0	0	1	3	5	0
3	1	76	0	1	1	1	1	9	1
	0	76	0	1	1	1	2	96	1
:		:							

3.3.2　PHREGによる1対1マッチングの解析

（1）目標とする解析結果

子宮内膜がんのリスクファクターとしてエストロゲンの使用に着目し，「エストロゲンを使用しているほうがそうでないものに比べて発症しやすく，使用量が多いほど発症のリスクが高まる」という仮説を，他の要因の影響を調整し検討する場合を想定する．使用の有無（est）の2群比較と使用量別（dose）にみた用量-反応関係の2種類の解析をそれぞれ行う．マッチド・ケースコントロール研究の場合にはデータはすべてペアになっているので，オッズ比の求め方や解析方法がunmatchedの場合とは大きく異なり，条件付きロジスティック回帰モデルによる解析を行う．この場合の関連性の指標としては相対危険度を用いるが，発症率が小さい場合にはオッズ比が相対危険度の推定値と解釈できる（2.6.1項参照）．SASではPHREGを利用して相対危険度（リスク比として出力される）を求めることができる．解析結果を表3.10のようにまとめることを目標としよう．

（2）解析の手順と実際の計算

P 6.1　データの入力とest, doseのケースコントロール別人数とエストロゲン使用の粗相対危険度

表3.10のケース，コントロール別人数を，FREQを利用してまず求めておく．

3.3 子宮内膜がんに関するマッチド・ケースコントロール研究

エストロゲンの使用 (est = 1) の粗相対危険度は次のモデル：
$p(\boldsymbol{x}) = \Pr(\text{time} = 1 \mid \boldsymbol{x})$ として

$$\text{logit } p(\boldsymbol{x}) = \beta_0 + \beta_{\text{est}}\text{est}$$

により求める.

表 3.10 子宮内膜癌に関するエストロゲンの相対危険度

要因	コントロール	ケース			
使用のあり	30	56			
なし	33	7			
粗相対危険度	1	9.67			
95%信頼区間		2.95〜31.73			
調整済相対危険度	1	9.11			
95%信頼区間		2.76〜30.09			
用量-反応関係					傾向性の検定
dose	なし	0.1〜0.299	0.3〜0.625	0.626〜	
コントロール	39	9	11	4	
ケース	12	16	15	16	
粗相対危険度	1	4.59	3.00	12.00	
95%信頼区間		1.37〜15.42	1.16〜10.82	2.14〜32.40	
調整済相対危険度	1	4.76	3.28	7.46	$\chi^2 = 10.33$
95%信頼区間		1.37〜16.59	1.04〜10.33	1.90〜29.27	$p = 0.0013$

相対危険度は条件付きロジスティック回帰モデルで推定結果した. 多変量オッズ比はエストロゲンの有無（est）については胆嚢疾患（gall）を調整変数とし, dose については胆嚢疾患（gall）を調整変数とした. 欠損値があるため est と dose でのケース数, コントロール数に相違がみられ, 総数も多変量調整では $n = 122$ である. 用量-反応関係は傾向性の検定の結果, 1%有意水準で用量-反応関係が認められた. 95%信頼区間では Wald 法による.

SAS での指定の留意点

　　PHREG の条件付きロジスティック回帰モデルを利用して推定する. PHREG では MODEL 文での指定のための変数を作成する必要がある. また, LOGISTIC と同じように説明変数は量的変数しか取り扱えないため, 質的変数の場合で 3 カテゴリー変数のものはダミー変数を生成しなければならない.
　　PHREG の指定は以下のように行う.
① ケース, コントロールを示す変数 time を作成する. これはケースが 1, コントロールが 2 となるようにコードを指定する. PHREG では time を結果変数として取り扱う.
② MODEL 文の左辺で time*case (0) という形式で, time* につづきケースかコントロールかを示す変数（この場合は case）を指定し, それにつづく () 内にはコントロールを示すカテゴリーコード（この場合は 0）を示す. MODEL 文の右辺には着目するリスクファクターと調整要因を入れる. 粗相対危険度の場合は調整要因はないので単に est と入力すればよい. オプションで RL を指定すれば, 相対危険度の 95%信頼区間が出力される.

③ マッチングペアを示す変数（マッチング変数）をSTRATA文で指定する．このデータは年齢階級で大まかにマッチングされているため，年齢をマッチング変数として指定するとペアが正しく指定されない．つまり入力データのペアを示す変数がないのである．そこで，ここでは入力番号変数（_N_）を利用してマッチングペアを示す変数 icco を作成してある．指定のためデータ文は次のとおりである．

　　　　　no=_N_; icco=INT((no−1)/2)+1;

④ この他，dose に関する dose の第1カテゴリー（用量0）を基準としたダミー変数 dose1, dose2, dose3 を partial 法で作成しておく．

```
DATA D1;
  INFILE "a:\breslow.dat";
  INPUT case age gall hyp ob est dose estdura non;
    IF case=1 THEN time=1; ELSE IF case=0 THEN time=2;
    no=_N_; icco=INT((no-1)/2)+1;

    IF dose=9 THEN dose=.;
    IF ob=9 THEN ob=.;

PROC FREQ; TABLES case*(est dose)/NOCOL NOROW NOCUM NOPERCENT;
PROC PHREG;
   MODEL time*case(0)=est/RL;
   STRATA icco;
```

P 6.2　多変量調整したエストロゲン使用の相対危険度

多変量調整の場合にはエストロゲンの使用の有無の他，調整すべき変数として胆嚢疾患 gall，高血圧 hyp，肥満 ob を加えたモデル：

$$\text{logit } p(\boldsymbol{x}) = \beta_0 + \beta_{est}\text{est} + \beta_{gall}\text{gall} + \cdots + \beta_{ob}\text{ob}$$

により多変量調整相対危険度を求める．

SASでの指定の留意点

PHREG で調整変数を含めるには MODEL 文の右辺に est に加えて調整すべき変数（gall, hyp, ob）を示せばよい．

```
PROC PHREG;
   MODEL time*case(0)=est gall hyp ob/RL;
   STRATA icco;
```

P 6.3　エストロゲン使用量（dose）の用量ごとの粗相対危険度

エストロゲン使用量 dose の用量ごとの粗相対危険度を次のモデル，

$$\text{logit } p(\boldsymbol{x}) = \beta_0 + \beta_{dose1}\text{dose1} + \beta_{dose2}\text{dose2} + \beta_{dose3}\text{dose3}$$

により求める．

SASでの指定の留意点

PHREG での指定は説明変数に dose1, dose2, dose3 を指定すればよい．

```
PROC PHREG;
    CLASS dose(REF=FIRST);
    MODEL time*case(0)= dose /RL;
    STRATA icco;
```

P 6.4

a. エストロゲン使用量(dose)の用量ごとの多変量調整相対危険度 胆嚢疾患 gall, 高血圧 hyp, 肥満 ob を調整した多変量調整相対危険度は次のモデル,

$$\text{logit } p(\boldsymbol{x}) = \beta_0 + \beta_{\text{dose1}}\text{dose1} + \beta_{\text{dose2}}\text{dose2} + \beta_{\text{dose3}}\text{dose3} + \cdots + \beta_{\text{ob}}\text{ob}$$

に基づき分析を行う.

```
PROC PHREG;
    CLASS dose(REF=FIRST);
    MODEL time*case(0)= dose gall hyp ob/RL;
    STRATA icco;
```

b. 多変量調整相対危険度の傾向性の検定 「dose が増えるに従って子宮内膜がんの発症が高まる」という用量-反応関係を検証するための dose に関する多変量調整傾向性の検定を次の仮説

$$H_0 : \beta_{\text{dose}} = 0, \qquad H_1 : \beta_{\text{dose}} > 0$$

のもとで行う. dose に関する多変量調整の傾向性の検定のモデルは次に示す.

$$\text{logit } p(\boldsymbol{x}) = \beta_0 + \beta_{\text{dose}}\text{dose} + \beta_{\text{gall}}\text{gall} + \beta_{\text{hyp}}\text{hyp} + \beta_{\text{ob}}\text{ob}$$

```
PROC PHREG;
    MODEL time*case(0)=dose gall hyp ob/RL;
    STRATA icco;
```

P 6.5 多変量の変数から hyp, ob を除く

SASでの指定の留意点

- PHREG の指定は説明変数にダミー変数の代りにカテゴリー変数 dose を入れる.

出力結果

O 6.0 est, dose のカテゴリー別ケースコントロールの人数

```
FREQ プロシジャ

表:case * est

case    est
```

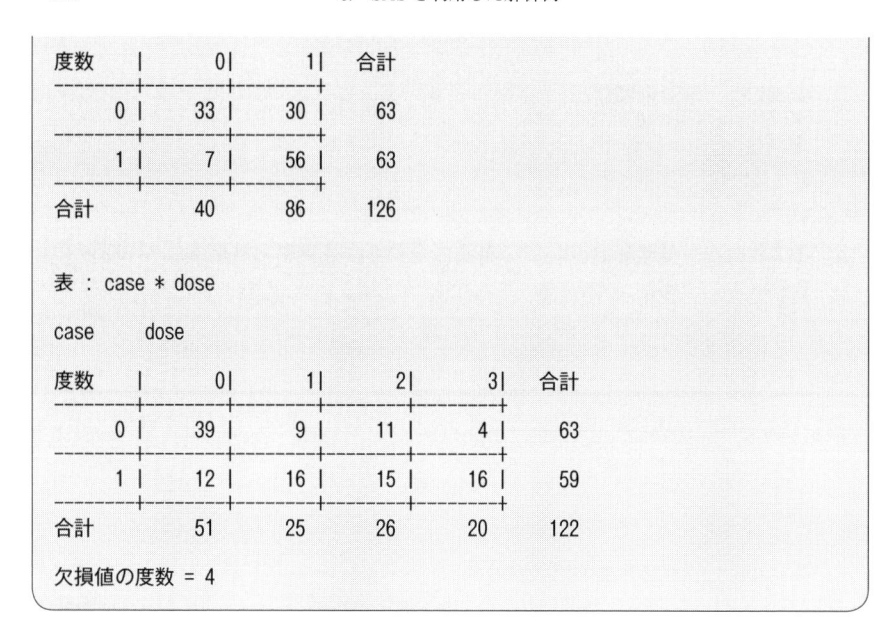

```
度数   |     0|    1|   合計
-------+------+------+
    0  |  33  |  30  |   63
-------+------+------+
    1  |   7  |  56  |   63
-------+------+------+
合計       40    86     126


表 : case * dose

case     dose

度数   |    0|    1|    2|    3|   合計
-------+-----+-----+-----+-----+
    0  | 39  |  9  | 11  |  4  |   63
-------+-----+-----+-----+-----+
    1  | 12  | 16  | 15  | 16  |   59
-------+-----+-----+-----+-----+
合計      51    25    26    20     122

欠損値の度数 = 4
```

O 6.1 エストロゲン使用の粗相対危険度

```
PHREG プロシジャ

           モデルの情報

データセット           WORK.D1
従属変数              time
打ち切り変数           case
打ち切り値の数          0
タイデータの処理        BRESLOW


読み込んだオブザベーション数    126
使用されたオブザベーション数    126

            イベントと打ち切り値の数の要約
                                          パーセント
  層   icco       全体   イベント   打ち切り   打ち切り

   1    1          2        1         1      50.00
   2    2          2        1         1      50.00

                                  〈途中省略〉

  61   61          2        1         1      50.00
  62   62          2        1         1      50.00
```

63	63	2	1	1	50.00
①Total		126	63	63	50.00

収束状態
収束基準（GCONV=1E-8）は満たされました．

モデルの適合度統計量

基準	共変量なし	共変量あり
②-2 LOG L	87.337	62.887
AIC	87.337	64.887
SBC	87.337	67.031

包括帰無仮説：BETA=0 の検定

検定	カイ2乗	自由度	Pr > ChiSq
尤度比	24.4492	1	<.0001
Score	21.1250	1	<.0001
Wald	13.9932	1	0.0002

③最尤推定量の分析

パラメータ	自由度	パラメータ推定値	標準誤差	カイ2乗	Pr > ChiSq
est	1	2.26867	0.60647	13.9932	0.0002

最尤推定量の分析

パラメータ	ハザード比	95% ハザード比信頼限界	
est	9.667	2.945	31.732

O 6.2 エストロゲン使用の多変量調整相対危険度

イベントと打ち切り値の数の要約

層	icco	全体	イベント	打ち切り	パーセント打ち切り
1	1	1	1	0	0.00

〈途中省略〉

62	62	2	1	1	50.00
63	63	2	1	1	50.00
④Total		107	57	50	46.73

```
         モデルの適合度統計量
 基準      共変量なし    共変量あり

⑤ -2 LOG L   62.383      50.180
   AIC      62.383      58.180
   SBC      62.383      66.352
```

```
         包括帰無仮説：BETA=0 の検定
 検定        カイ2乗    自由度    Pr > ChiSq

 尤度比      12.2036      4       0.0159
 Score       10.8852      4       0.0279
 Wald         8.4073      4       0.0777
```

⑥最尤推定量の分析

パラメータ	自由度	パラメータ推定値	標準誤差	カイ2乗	Pr > ChiSq
est	1	1.79230	0.65548	7.4767	0.0063
gall	1	0.71517	0.69267	1.0660	0.3018
hyp	1	-0.19841	0.49220	0.1625	0.6869
ob	1	0.14617	0.57328	0.0650	0.7987

最尤推定量の分析

パラメータ	ハザード比	95% ハザード比信頼限界	
est	6.003	1.661	21.693
gall	2.045	0.526	7.947
hyp	0.820	0.313	2.152
ob	1.157	0.376	3.560

O 6.3 エストロゲン使用量（dose）の用量ごとの粗相対危険度

```
         モデルの適合度統計量
 基準      共変量なし    共変量あり

 -2 LOG L    81.791      62.980
 AIC         81.791      68.980
 SBC         81.791      75.212
```

```
         包括帰無仮説：BETA=0 の検定
 検定        カイ2乗    自由度    Pr > ChiSq

 尤度比      18.8117      3       0.0003
 Score       16.9585      3       0.0007
 Wald        13.3292      3       0.0040
```

⑦最尤推定量の分析

パラメータ	自由度	パラメータ推定値	標準誤差	カイ2乗	Pr > ChiSq
dose 1	1	1.52415	0.61815	6.0796	0.0137
dose 2	1	1.26604	0.56905	4.9499	0.0261
dose 3	1	2.11982	0.69296	9.3580	0.0022

最尤推定量の分析

パラメータ	ハザード比	95% ハザード比信頼限界	
dose1	4.591	1.367	15.421
dose2	3.547	1.163	10.820
dose3	8.330	2.142	32.395

O 6.4 a. エストロゲン使用量（dose）の用量ごとの多変量調整相対危険度

モデルの適合度統計量

基準	共変量なし	共変量あり
-2 LOG L	59.611	47.545
AIC	59.611	59.545
SBC	59.611	71.589

包括帰無仮説：BETA=0 の検定

検定	カイ2乗	自由度	Pr > ChiSq
尤度比	12.0656	6	0.0605
Score	11.0492	6	0.0869
Wald	9.1141	6	0.1673

⑧最尤推定量の分析

パラメータ	自由度	パラメータ推定値	標準誤差	カイ2乗	Pr > ChiSq
dose1	1	1.61094	0.82877	3.7783	0.0519
dose2	1	0.91611	0.70710	1.6785	0.1951
dose3	1	1.65929	0.71219	5.4282	0.0198
gall	1	0.80361	0.70911	1.2843	0.2571
hyp	1	0.09482	0.48437	0.0383	0.8448
ob	1	0.18762	0.70604	0.0706	0.7904

最尤推定量の分析

パラメータ	ハザード比	95% ハザード比信頼限界	
dose1	5.008	0.987	25.414
dose2	2.500	0.625	9.994
dose3	5.256	1.301	21.224
gall	2.234	0.556	8.966

```
        hyp             1.099      0.425     2.841
        ob              1.206      0.302     4.814
```

O 6.4 b. 多変量調整傾向性の検定

```
            モデルの適合度統計量
基準         共変量なし    共変量あり

-2 LOG L     59.611       50.224
AIC          59.611       58.224
SBC          59.611       66.253


          包括帰無仮説：BETA=0 の検定
検定         カイ2乗      自由度    Pr > ChiSq

尤度比        9.3867        4        0.0521
Score         8.7083        4        0.0688
Wald          7.4132        4        0.1156


                最尤推定量の分析

              パラメータ
パラメータ   自由度   推定値    標準誤差   カイ2乗   Pr > ChiSq

⑨dose        1      0.50689   0.21091    5.7762    0.0162
 gall        1      0.57217   0.66776    0.7342    0.3915
 hyp         1      0.07359   0.46852    0.0247    0.8752
 ob          1      0.17633   0.62798    0.0788    0.7789

                最尤推定量の分析

パラメータ   ハザード比   95% ハザード比信頼限界

dose          1.660       1.098       2.510
gall          1.772       0.479       6.560
hyp           1.076       0.430       2.696
ob            1.193       0.348       4.084
```

解説

C 6.1 エストロゲン使用の粗相対危険度

①で欠損値を除いたケース（イベントと表示）とコントロール（打ち切りと表示）の人数が表示される．この場合は欠損がなく，それぞれ63例ずつ計126例のデータが以下の計算に用いられていることを示している．②は尤度比検定統計量であり，モデルの有意性をみるための尤度比検定統計量である（5.2.8項参照）．③では，相対危険

度（リスク比，RR）の推定値，p 値，95％信頼区間が表示される．これは Wald 検定に基づいて計算されたものである．この結果から粗 RR と 95％信頼区間は，それぞれ 9.67, 2.95～31.73 と推定される．

C 6.2 エストロゲン使用の多変量調整相対危険度

④では $n=107$ と 126 より少なくなっている．モデルに含めた変数に欠損値があるとそれらが取り除かれ，除かれたケースは「イベントと打ち切り値の数の要約」の「イベント」，「打ち切り」の部分が 0 で示される．以上の結果では⑥より相対危険度と 95％信頼区間は 6.00（1.66～21.69）と推定される．

C 6.3 エストロゲン使用量（dose）の用量ごとの粗相対危険度

⑦で dose の用量ごとの相対危険度と 95％信頼区間を求める．

	RR	95％信頼区間
dose 1	4.59	（1.37～15.42）
dose 2	3.55	（1.16～10.82）
dose 3	8.33	（2.14～32.40）

C 6.4 a. エストロゲン使用量（dose）の用量ごとの多変量調整相対危険度

dose の用量ごとの相対危険度と 95％信頼区間を⑧から求める．

	RR	95％信頼区間
dose 1	5.01	（0.99～25.42）
dose 2	2.50	（0.63～10.00）
dose 3	5.26	（1.30～21.23）

C 6.4 b. 多変量調整傾向性の検定

dose に $(0, 1, 2, 3)$ というスコアを与えたときの傾向性の検定での有意性は⑨から $p=0.016$ であり，増加／減少の方向が 0.51 と増加傾向であることを読み取る．

しかしながら，エストロゲンの有無（est）と用量（dose）に関する分析結果をよくみると，調整変数の高血圧と肥満がともに，$p>0.20$ であるため，最終結果としては望ましくない．この 2 つを除いた場合の出力結果を以下に示す．特に，dose の相対危険度はすべてのカテゴリーで有意となり，傾向性の検定も 1％で有意となり，その関連がより明確になっている．表 3.10 は，⑩，⑪，⑫に示す結果をまとめたものである．

◯ 6.5 調整変数を変更した多変量調整相対危険度と傾向性の検定

エストロゲンの使用（est）：

```
        モデルの適合度統計量
基準      共変量なし    共変量あり

-2 LOG L   87.337       61.545
AIC        87.337       65.545
SBC        87.337       69.831


        包括帰無仮説：BETA=0 の検定
検定        カイ 2 乗    自由度    Pr > ChiSq

尤度比      25.7916      2        <.0001
Score       22.0254      2        <.0001
Wald        14.5566      2        0.0007

             ⑩最尤推定量の分析
             パラメータ
パラメータ  自由度   推定値    標準誤差    カイ 2 乗    Pr > ChiSq

est         1       2.20903   0.60970     13.1270      0.0003
gall        1       0.69473   0.61563      1.2735      0.2591

         最尤推定量の分析
パラメータ  ハザード比  95% ハザード比信頼限界

est         9.107      2.757    30.085
gall        2.003      0.599     6.695
```

使用量（dose）：

```
        モデルの適合度統計量
基準      共変量なし    共変量あり

-2 LOG L   81.791       60.303
AIC        81.791       68.303
SBC        81.791       76.613

        包括帰無仮説：BETA=0 の検定
検定        カイ 2 乗    自由度    Pr > ChiSq

尤度比      21.4883      4        0.0003
Score       18.8177      4        0.0009
Wald        14.0516      4        0.0071

             ⑪最尤推定量の分析
             パラメータ
```

3.3 子宮内膜がんに関するマッチド・ケースコントロール研究

```
パラメータ      自由度    推定値     標準誤差   カイ 2 乗   Pr > ChiSq

dose  1          1       1.56036    0.63709    5.9986     0.0143
dose  2          1       1.18644    0.58592    4.1003     0.0429
dose  3          1       2.00899    0.69782    8.2883     0.0040
gall             1       1.02849    0.66101    2.4210     0.1197

                最尤推定量の分析
パラメータ      ハザード比    95% ハザード比信頼限界

dose  1          4.761        1.366        16.594
dose  2          3.275        1.039        10.328
dose  3          7.456        1.899        29.274
gall             2.797        0.766        10.217
```

傾向性の検定：

```
            モデルの適合度統計量
基準        共変量なし    共変量あり

-2 LOG L     81.791        63.110
AIC          81.791        67.110
SBC          81.791        71.265

            包括帰無仮説：BETA=0 の検定
検定          カイ 2 乗     自由度    Pr > ChiSq

尤度比        18.6813         2        <.0001
Score         16.5114         2        0.0003
Wald          12.7748         2        0.0017

                最尤推定量の分析
                   パラメータ
パラメータ    自由度   推定値    標準誤差   カイ 2 乗   Pr > ChiSq

⑫dose          1     0.65118    0.20261    10.3295     0.0013
gall           1     0.93900    0.63744     2.1700     0.1407

              最尤推定量の分析

パラメータ    ハザード比    95% ハザード比信頼限界

dose           1.918         1.289         2.853
gall           2.557         0.733         8.921
```

3.3.3 PHREGによる1対4マッチングの解析

データ構造は，1対1対応の条件付きロジスティック回帰モデルで用いたデータと同じ Breslow らのデータ（63組）を用いているが，コントロール数が4となっている（$n=315$）．

〈データ系列〉 Breslow4.dat，$n=315$

1ケースの後に年齢をマッチングしたコントロールが4ケース分続き，ケースコントロールのペアが4レコードにわたり入力されている．

```
CASE  AGE  GAL  HYP  OB  EST  DOSE  ESTDURA  NON
 1    74    0    0   1    1    3      96      1
 0    75    0    0   9    0    0       0      0
 0    74    0    0   9    0    0       0      0
 0    74    0    0   9    0    0       0      0
 0    75    0    0   1    1    1      48      1
 :    :
```

★欠損値は9で入力されている

（1）目標とする解析結果

先の手順に従って解析を行った結果を表3.11のようにまとめることを目標としてみよう．

表3.11　子宮内膜癌に関するエストロゲンの相対危険

要因[a]	コントロール	ケース			
使用のあり	127	56			
なし	125	7			
粗相対危険度	1	7.96			
95%信頼区間		3.49〜18.15			
多変量相対危険度	1	6.91			
95%信頼区間		2.58〜18.54			
用量-反応関係					傾向性の検定
dose	なし	0.1〜0.299	0.3〜0.625	0.626〜	
コントロール	143	44	42	19	
ケース	12	16	15	16	
粗相対危険度	1	4.25	4.66	10.89	
95%信頼区間		(1.82〜9.99)	(1.94〜11.23)	(4.17〜28.44)	
多変量相対危険度	1	4.34	3.92	10.50	χ^2値$=16.66$
95%信頼区間		(1.58〜11.94)	(1.38〜11.11)	(3.46〜31.83)	($p<0.0001$)

条件付きロジスティック回帰モデルによる推定結果である．
多変量オッズ比は胆嚢疾患 gall，肥満 ob で調整した．
用量-反応関係では傾向性の検定の結果，$p=0.0001$ で0.1%有意水準で用量-反応関係が認められた．

3.3 子宮内膜がんに関するマッチド・ケースコントロール研究

（2）解析の手順

マッチド・ケースコントロール研究の場合にはデータはすべて組になっているので、条件付きロジスティック回帰モデルでのSASでの組の指定の仕方に注意する。

> [SASでの指定の留意点]
>
> PHREGを用いた相対危険度の推定法の指定は読み込むファイル名とiccoの指定
> INFILE "a:¥Breslow4.dat";
> no=_N_; icco=INT((no−1)/5)+1;
> を除いて1対1の場合と全く同じであるのでプログラム **P 7**、出力結果 **O 7** は省略する。

（3）結果の解釈

結果は、1対1の結果と同様、エストロゲン用量いずれのレベルにおいても子宮内膜がんの相対危険度が有意であり、また、傾向性の検定でも0.1%で有意な用量-反応関係が認められたと解釈される。

3.3.4 PHREGによる変数選択

変数選択は基本的にはLOGISTICの場合と同じく4つの変数選択法が提供されているが、スコア法SCOREはカテゴリー変数がある場合には利用できない。以下にステップワイズ法STEPWISE、前進法FORWARD、後退法BACKWARDについての1対4マッチド・ケースコントロール研究を例にとりプログラムと実行結果を示す。

> [SASでの指定の留意点]
>
> 変数取込み、取除きの指定はLOGISTICと同じである。すなわちステップワイズ法の指定はLOGISTICの場合と同じように、MODEL文のオプションでSELECTION=に続いてSと指定する。なお、前進法ならF、後退法ならBを指定する。また、取込み、取除きの指定も、ステップワイズ法または前進法での取込み基準はSLENTRY=α、ステップワイズ法、後退法での取除き基準はSLSTAY=αとして指定する。ここではα=0.2としている。用量doseはCLASS文でカテゴリー変数であることを指定しておく。なお、出力結果は、旧版とはdoseの入れ方が異なるので、結果表示は異なっている。

P 7 プログラム（ステップワイズ法の例）

a. ステップワイズ法（stepwise method）

```
PROC PHREG;
    CLASS dose(REF=FIRST);
    MODEL time*case(0)= dose gall hyp ob /SELECTION=S SLE=0.2 SLS=0.2 RL;
    STRATA icco;
RUN;
```

O7 出力結果

〈途中省略〉

ステップ 3．効果 ob を追加します．モデルは次の効果を含みます：

      dose gall ob

収束状態

収束基準（GCONV=1E-8）は満たされました．

モデルの適合度統計量

基準	共変量なし	共変量あり
-2 LOG L	159.103	119.177
AIC	159.103	129.177
SBC	159.103	139.214

包括帰無仮説：BETA=0 の検定

検定	カイ 2 乗値	自由度	Pr > ChiSq
尤度比	39.9262	5	<.0001
Score	37.1529	5	<.0001
Wald	25.6135	5	0.0001

NOTE：有意水準 0.2 で，モデルに追加する効果ありません．

Type 3 検定

効果	自由度	Wald カイ 2 乗	Pr > ChiSq
dose	3	18.0840	0.0004
gall	1	9.6720	0.0019
ob	1	2.8625	0.0907

最尤推定値の分析

パラメータ		自由度	パラメータ推定値	標準誤差	カイ 2 乗値	Pr > ChiSq
dose	1	1	1.46829	0.51594	8.0989	0.0044
dose	2	1	1.36486	0.53191	6.5842	0.0103

```
dose      3      1    2.35141    0.56586    17.2678    <.0001
gall             1    1.53731    0.49431     9.6720    0.0019
ob               1    0.76461    0.45193     2.8625    0.0907
```

最尤推定値の分析

パラメータ		ハザード比	95% ハザード比信頼限界		ラベル
dose	1	4.342	1.579	11.935	dose 1
dose	2	3.915	1.380	11.105	dose 2
dose	3	10.500	3.464	31.832	dose 3
gall		4.652	1.766	12.258	
ob		2.148	0.886	5.209	

変数増加法の要約

Step	効果の追加	自由度	取り込んだ数	スコアカイ2乗	Pr > ChiSq
1	dose	3	1	26.6220	<.0001
2	gall	1	2	10.2790	0.0013
3	ob	1	3	2.9275	0.0871

b. 前進法　　ステップワイズ法と全く同じなので省略する.

c. 後退法

〈途中省略〉

ステップ 1. 効果 hyp を削除します. モデルは次の変動を含みます:

　　　dose　gall　ob

収束状態

収束基準 (GCONV=1E-8) は満たされました.

モデルの適合度統計量

基準	共変量なし	共変量あり
-2 LOG L	159.103	119.177
AIC	159.103	129.177
SBC	159.103	139.214

```
              包括帰無仮説：BETA=0 の検定
検定              カイ2乗      自由度     Pr > ChiSq

尤度比             39.9262       5         <.0001
Score             37.1529       5         <.0001
Wald              25.6135       5         0.0001
```

NOTE：有意水準 0.2 で，モデルから削除する効果はありません．

〈最尤推定結果はステップワイズ法と同じ結果なので省略する〉

```
                      変数減少法の要約
       効果の                         Wald
Step    削除     自由度   取り込んだ数   カイ2乗    Pr > ChiSq

  1     hyp       1          3        0.3431     0.5580
```

いずれの結果でも hyp が除かれており，同じ結果となっていた．

3.3.5 PHREG による交互作用の検討

PHREG では交互作用項は，LOGISTIC と同じように交互作用項の有意性は交互作用項として est*gall を含めればよい．ただし，交互作用項での各群の相対危険度は求められないので目的の交互作用項を表現するダミー変数をあらかじめ作成しなければならない．ここでは1対4マッチド・ケースコントロール研究を例に est と gall の交互作用を検討してみよう．交互作用項を含めたモデルは，

$$\text{logit } p(\boldsymbol{x}) = \beta_0 + \beta_{\text{est}}\text{est} + \beta_{\text{gall}}\text{gall} + \beta_{\text{est}\times\text{gall}}(\text{est}\times\text{gall})$$

としたロジスティック回帰モデルにより評価する．

(SAS での指定の留意点)

交互作用項として est*gall をそのままモデルに含めればよい．また，(est=0, gall=0) の群を基準として各群のリスク比と95％信頼区間を直接推定するために eg1, eg2, eg3 という3つのダミー変数を次のように作成する．

est	gall	eg1	eg2	eg3
0	0	0	0	0
1	0	1	0	0
0	1	0	1	0
1	1	0	0	1

データステップでは以下のようにダミー変数を作成する．
　IF est=1 AND gall=0 THEN eg1=1; ELSE eg1=0;
　IF est=0 AND gall=1 THEN eg2=1; ELSE eg2=0;
　IF est=1 AND gall=1 THEN eg3=1; ELSE eg3=0;

これを用いて PHREG で計算した結果を以下に示す。

P 8 交互作用項を含めたロジスティック回帰分析

```
PROC PHREG;
    MODEL time*case(0)= est gall est*gall ;
     STRATA icco;
RUN;
PROC PHREG;
    MODEL time*case(0)=eg1 eg2 eg3/RL;
    STRATA icco;
```

出力結果

O 8 交互作用項を含めたロジスティック回帰分析

〈交互作用項の有意性〉

PHREG プロシジャ

モデルの適合度統計量

基準	共変量なし	共変量あり
①-2 LOG L	202.789	153.461
AIC	202.789	159.461
SBC	202.789	165.891

包括帰無仮説：BETA=0 の検定

検定	カイ 2 乗	自由度	Pr > ChiSq
尤度比	49.3280	3	<.0001
Score	40.6349	3	<.0001
Wald	25.0670	3	<.0001

最尤推定値の分析

パラメータ	自由度	パラメータ推定値	標準誤差	カイ 2 乗値	Pr > ChiSq
est	1	2.70014	0.61177	19.4804	<.0001
gall	1	2.89434	0.88305	10.7430	0.0010
②est*gall	1	-2.05275	0.99497	4.2564	0.0391

〈交互作用項の相対危険度〉

③最尤推定値の分析

パラメータ	自由度	パラメータ推定値	標準誤差	カイ 2 乗値	Pr > ChiSq
eg1	1	2.70014	0.61177	19.4804	<.0001
eg2	1	2.89434	0.88305	10.7430	0.0010
eg3	1	3.54174	0.72322	23.9822	<.0001

最尤推定値の分析

パラメータ	ハザード比	95% ハザード比信頼限界	
eg1	14.882	4.487	49.362
eg2	18.072	3.201	102.013
eg3	34.527	8.367	142.484

C 8 解説

eg のパラメータの推定結果では②より $p<0.05$ で有意な結果となっている.
(est = 0, gall = 0) の群に対する各群の相対危険度と 95%信頼区間は③より

$$\text{est} = 1, \text{gall} = 0 \quad 14.88 \quad (4.49 \sim 49.36)$$
$$\text{est} = 0, \text{gall} = 1 \quad 18.07 \quad (3.20 \sim 102.01)$$
$$\text{est} = 1, \text{gall} = 1 \quad 34.53 \quad (8.37 \sim 142.48)$$

であることがわかる.

3.3.6 PHREG による influential プロファイルの検索

CATMOD, LOGISTIC での influential プロファイルの検討法は 3.2.5 項に示したが, ここでは PHREG でのそれについて述べる. PHREG では influential プロファイルの検討のための統計量は用意されていないので, ここでは CATMOD を利用したマクロを利用する. プログラムと出力結果の主要な部分のみを示し, 詳細は 5.3.3 項で解説する. 1 対 4 マッチド・ケースコントロール研究での **P 8** の交互作用項を含めたモデルを利用する.

条件付きロジスティック回帰モデルでの influential プロファイル, つまり, モデルにフィットしていないプロファイルを検討する診断統計量は, 通常のロジスティック回帰モデルのそれと同様に, モデルの適合度に影響を与える $\Delta\chi^2$ とパラメータ推定値に影響を与える Cook 型統計量 $\Delta\hat{\beta}$ の 2 つが利用できる. x 軸はマッチされた組合せごとに計算されたケースとなる条件付き確率をとる.

3.3 子宮内膜がんに関するマッチド・ケースコントロール研究

通常は特異なプロファイルを検索するのが目的であるが，ここでは，特異な「マッチングペア（組合せ）」の検出が問題である．基本的にはケースとなる条件付き確率の大小が問題となる．ケースなのに確率が小さかったり，コントロールなのに確率が大きかったりするペアは特異と判断するのである．もちろん，ケースが特異なのかコントロールが特異なのかを検討することは重要である．

さて，診断統計量であるが，この場合には，主に $\Delta\chi^2$ のプロットを中心的にみればよい．Cook型統計量の大きい組合せはほとんど $\Delta\chi^2$ も大きいからである．図3.7には $\Delta\chi^2$ の特徴的なパターンを示した．

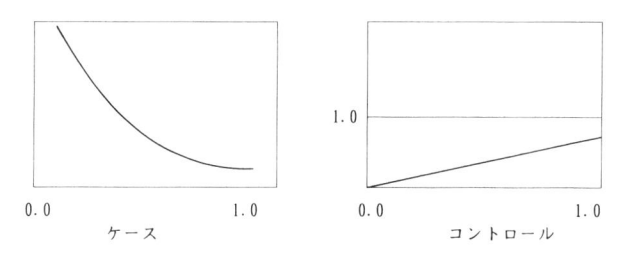

図3.7 ケース対コントロールの $\Delta\chi^2$ の特徴的なパターン

フィットが良くないケース（$y=1$）は条件付き予測確率 p が 0 に近い場合であるので，その場合，

$$\Delta\chi^2 = \frac{(1-p)^2}{p(1-h)} \rightarrow \frac{1}{p}$$

となり，$y=1/x$ の関数に近い形状をとるので，p が小さいところで統計量の値が大きくなる．一方，フィットが良くないコントロール（$y=0$）の条件付き確率 p は 1 に近くなるから，

$$\Delta\chi^2 = \frac{(0-p)^2}{p(1-h)} \rightarrow \frac{p}{1-h} \rightarrow 1$$

となり $y=x$ の関数に近い形状をとる．したがって，フィットの良くないコントロールは適合度に大きな影響を与えない．しかし，コントロールの一部の条件付き確率が大きいということは，組合せ内の確率の和が 1.0 であるから，マッチされたケースの確率が小さくなりケースが特異的と判定される可能性が大である．

〔SASでの指定の留意点〕

    マクロを呼ぶためにモデルに含める説明変数について変数名の前に p と sp をつけた 2 種類の変数を作成し，それをマクロの呼出しのときに PVLIST＝，SPVLIST＝の後に代入する．

プログラム

[P 9]　influential プロファイルの検索

〈マクロ〉

```
%MACRO INFM(DATA,VS,VN,VLIST,PVLIST,SPVLIST);
PROC SORT DATA=&DATA; BY &VS CASE;
PROC PHREG DATA=&DATA;
    MODEL time*case(0)=&VLIST;
    STRATA &VS;
    OUTPUT OUT=BETA XBETA=XB;
DATA BETA; SET BETA;
    EXB=EXP(XB);
    KEEP &VS XB EXB;
PROC SUMMARY; CLASS &VS; VAR EXB ;OUTPUT OUT=DEXB SUM=SEXB;
DATA D2; MERGE &DATA BETA DEXB; BY &VS;
    IF &VS=. THEN DELETE;
    P=EXB/SEXB; PXB=P*XB;
    ARRAY A1 &VLIST;
    ARRAY A2 &PVLIST;
    DO OVER A1;
        A2=P*A1;
    END;
    KEEP &VS CASE P PXB XB EXB &VLIST &PVLIST;
PROC SUMMARY; CLASS &VS;VAR PXB &PVLIST;OUTPUT OUT=DSEXB SUM=SPXB &SPVLIST;
DATA D3; MERGE D2 DSEXB; BY &VS;
    IF &VS=. THEN DELETE;
    Z=XB-SPXB + (CASE-P)/P;
    ARRAY A4 &VLIST;
    ARRAY A5 &PVLIST;
    ARRAY A6 &SPVLIST;
    DO OVER A4;
        A5=A4-A6;
    END;
PROC GLM ; MODEL Z=&PVLIST/SOLUTION NOINT;
    OUTPUT OUT=GL STUDENT=CH COOKD=COOK ;
    WEIGHT P;
DATA GL; SET GL; CH2=CH**2;
PROC PRINT;
    VAR &VS CASE &VLIST P COOK CH2 ;
PROC PLOT; PLOT (COOK CH2)*P;
RUN;
%MEND;
```

〈DATA ステップ〉　省略．ただし，計算のための変数を次の形で作成しておく．

```
eg=est*gall;
pest=est;  pgall=gall;  peg=eg;
spest=est; spgall=gall; speg=eg;
```

3.3 子宮内膜がんに関するマッチド・ケースコントロール研究

〈マクロの呼出し〉

```
%INFM(D1,ICCO,3,VLIST= est   gall   eg,
         PVLIST = pest  pgall  peg,
         SPVLIST =spest spgall speg)
```

出力結果

O 9 influential プロファイルの検索

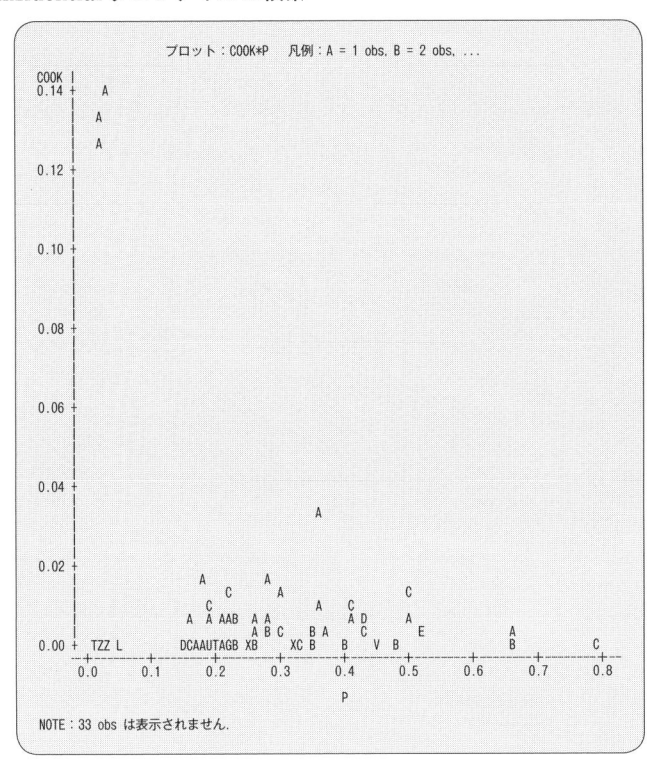

```
                    プロット:COOK*P    凡例:A = 1 obs, B = 2 obs, ...
COOK |
0.14 +   A
     |   A
     |   A
     |
0.12 +
     |
     |
     |
0.10 +
     |
     |
     |
0.08 +
     |
     |
     |
0.06 +
     |
     |
     |
0.04 +
     |                          A
     |
     |
0.02 +              A     A
     |              C     A          C
     |           A  AAB A A    A  C     C
     |              A  B C      A D     E      A              A
0.00 +  TZZ L      DCAAUTAGB XB    XC B  B  V B              B         C
     +---------+---------+---------+---------+---------+---------+---------+---------+---
        0.0       0.1       0.2       0.3       0.4       0.5       0.6       0.7       0.8
                                             P

NOTE:33 obs は表示されません.
```

OBS	icco	case	est	gall	eg	P	COOK	CH2
						〈省略〉		
16	4	0	1	1	1	0.36710	0.00415	0.4052
17	4	0	1	0	0	0.15823	0.00025	0.1702
18	4	0	1	0	0	0.15823	0.00025	0.1702
19	4	0	1	0	0	0.15823	0.00025	0.1702
20	4	1	1	0	0	0.15823	0.00697	4.8172
						〈省略〉		
41	9	0	0	0	0	0.02781	0.00011	0.0301
42	9	0	1	0	0	0.41392	0.00853	0.4676
43	9	0	0	0	0	0.02781	0.00011	0.0301

44	9	0	0	1	0	0.50264	0.01193	0.5720
45	9	1	0	0	0	0.02781	0.13892	36.8073
				〈省略〉				
81	17	0	1	1	1	0.52084	0.00468	0.5716
82	17	0	1	0	0	0.22449	0.00104	0.2435
83	17	0	1	0	0	0.22449	0.00104	0.2435
84	17	0	0	0	0	0.01509	0.00003	0.0162
85	17	1	0	0	0	0.01509	0.13305	69.2704

← CH2 最大値のデータ

〈省略〉

161	33	0	1	0	0	0.24587	0.00000	0.2633
162	33	0	1	0	0	0.24587	0.00000	0.2633
163	33	0	1	0	0	0.24587	0.00000	0.2633
164	33	0	1	0	0	0.24587	0.00000	0.2633
165	33	1	0	0	0	0.01652	0.12651	63.0797

〈省略〉

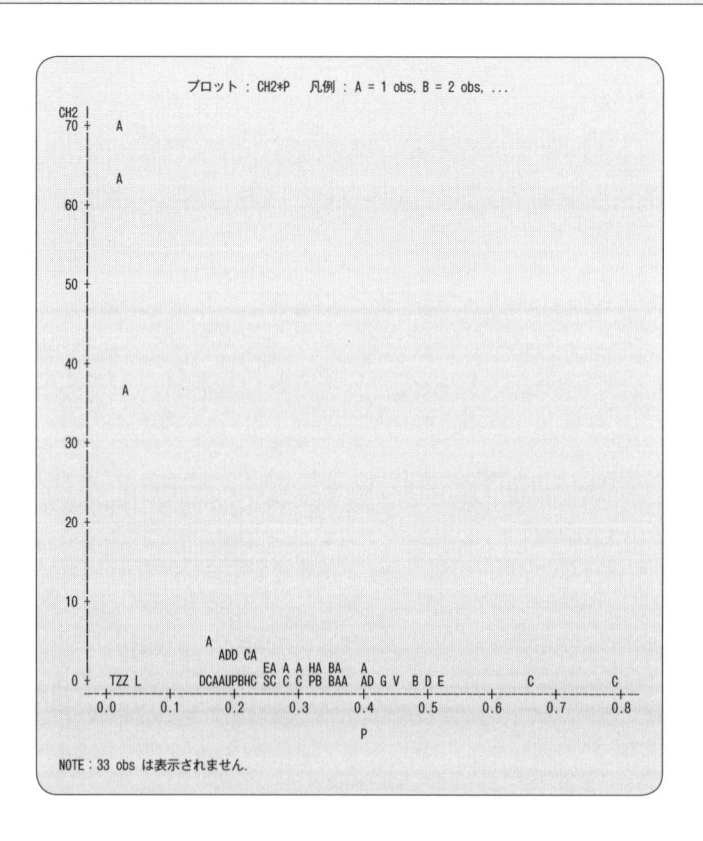

```
              プロット : CH2*P    凡例 : A = 1 obs, B = 2 obs, ...
  CH2 |
   70 +   A
        |
        |
        |   A
   60 +
        |
        |
        |
        |
   50 +
        |
        |
        |
        |
   40 +
        |   A
        |
        |
        |
   30 +
        |
        |
        |
        |
   20 +
        |
        |
        |
        |
   10 +
        |
        |
        |
        |              A    EA A A HA BA  A
        |             ADD CA  C  C PB BAA
    0 +   TZZ L    DCAAUPBHC SC C    AD G V  B D E      C          C
         --+---------+---------+---------+---------+---------+---------+---------+---------+--
          0.0       0.1       0.2       0.3       0.4       0.5       0.6       0.7       0.8
                                                  P
  NOTE : 33 obs は表示されません.
```

3.4 データが階層構造，クラスター構造をもつ場合のロジスティック回帰分析　143

　この結果では influential プロファイルとして ICCO コードが 17，33，9，4 の 4 つが cook，CH2 ともに大きい．そこでこれらを順次除いた結果（推定値は省略）の CH2 のプロットを示すと以下のようになり，図 3.7 の特徴的なパターンに近づき特に目立った influential プロファイルは見当たらない．最終的には前項の交互作用項の重要性，ここでの influential プロファイルを除いた結果を総合的に判断して最終モデルを選択すべきである．先見的仮説，その分野の知識なしに，全くデータに依存した解析を行うととんでもない結果を導き出してしまうことがあるので注意したい．

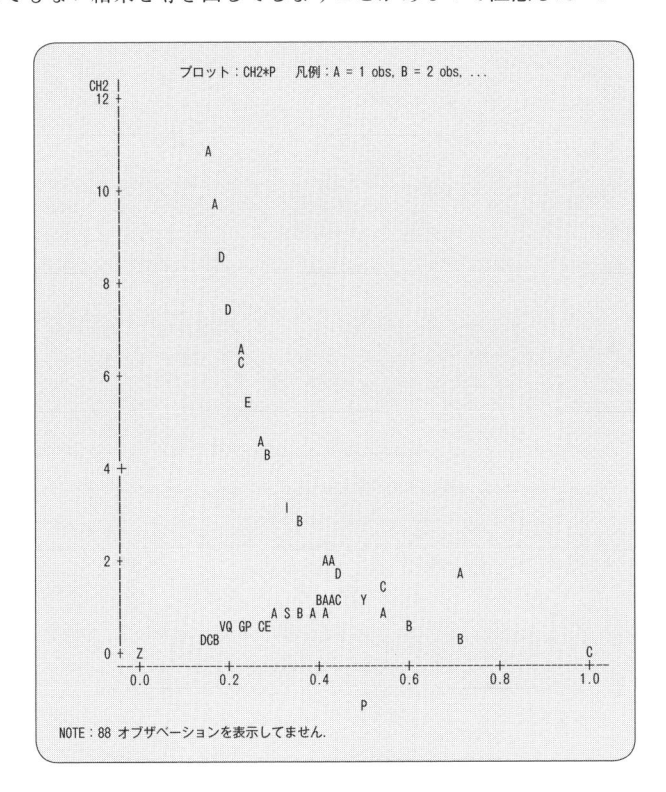

```
プロット：CH2*P   凡例：A = 1 obs, B = 2 obs, ...
CH2
 12 +
              A
 10 +
              A

              D
  8 +
              D
              A
              C
  6 +
              E
              A
              B
  4 +
              I
              B
                   A A
  2 +               D
                  B A A C   Y    C      A
               V Q G P C E  A S B A A    A
  0 + Z            D C B                    B         C
      +-----+-----+-----+-----+-----+-----+
      0.0   0.2   0.4   0.6   0.8   1.0
                        P
NOTE：88 オブザベーションを表示してません．
```

3.4　データが階層構造，クラスター構造をもつ場合のロジスティック回帰分析

　データが階層構造，クラスター構造をもつ場合の解析上の問題点は 2.7 節に解説した．ここでは，階層構造の分析例として「小学生の読み書き能力に関する調査」，クラスター構造の分析例として「呼吸器疾患に関する治療法を比較する無作為化比較試験」を紹介しよう．

3.4.1 小学生の読み書き能力に関する調査

本項ではイギリスの171の小学校，総計4873名の小学校1年生の読み書き能力（literacy）を調査したデータの一部である3132名のデータを利用するが，仮想的に2種類の教育法（新教育法，標準教育法）の比較を行うクラスター無作為化比較試験が行われたと仮定する．この場合の解析の目的は，調査されている「読み書き能力スコア」がある一定の水準を越えた割合を結果変数として，新しい教育法が標準の教育法に比べてその割合が統計学的に有意に大きいかどうかを検討することにある．2種類の教育法は，学校単位で無作為に割り付けられたものと仮定する．そうすると，データは，図3.8に示すように，教育法のもとに，小学校，そのもとに生徒が存在する，という階層構造をもつとともに，生徒はそれぞれの小学校というクラスターに所属していることになる．そこで，「読み書き能力スコア」に無視できない小学校間差（小学校の効果），つまり，クラスター間差が存在すると，小学校（クラスター）内相関が生じ，これを無視した解析を行うと教育法の効果の推定誤差を過小評価し誤った解釈を導いてしまう可能性が大きい．このような場合，小学校の効果を小学校間分散（その結果としての小学校内相関）をもつ変量効果でモデル化した，一般化線形混合効果モデルによる分析を行う必要が生じる．

ここでは小学校の番号1〜84までを新教育法群，85〜171までを標準教育法群と見

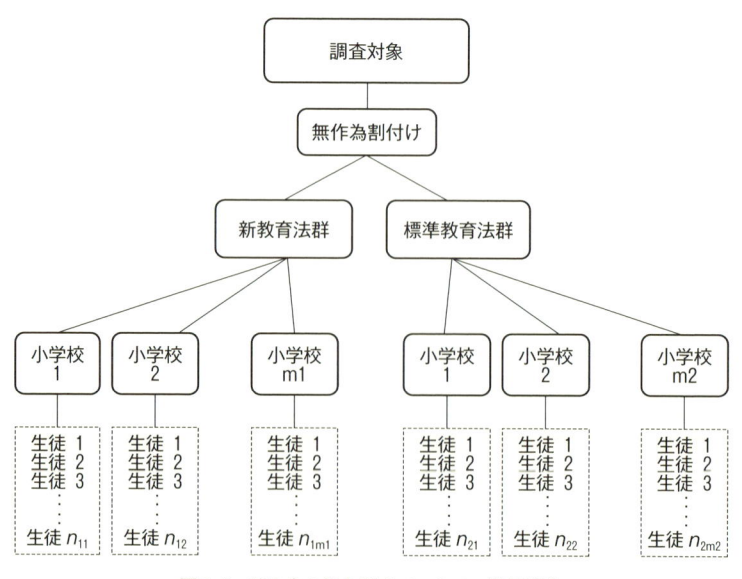

図3.8 読み書き能力調査データでの階層構造

なして，介入の効果を分析することを考える．データの変数名とモデルは次のとおりである．

データ形式：

変数名は以下のとおりである．

- schn： 小学校のID
- treat： 教育法の種類（1＝新教育法群，0＝標準教育法群）
- pre： 就学前読み書き能力スコア
- post： 就学後読み書き能力スコア
- lunch： 学校給食が無料となる資格の有無（1＝有，0＝無）
- gender： 性別（1＝男子，0＝女子）
- entry： 就学時期の学期（1＝春・夏，0＝秋）

〈データ系列〉 literacy.txt

```
schn    treat   pre       post      lunch   gender  entry   Y   students
1       1       -0.33558  -0.34217  1       0       0       0   1
1       1       -0.33558   0.202057 0       0       0       0   2
1       1       -0.454    -0.50464  0       0       0       0   3
1       1       -0.10856   0.513763 1       0       0       0   4
1       1       -0.454    -1.07558  0       0       0       0   5
:                                                                :
171     0       -1.29648  -1.8363   0       0       0       0   3132
```

結果変数 Y を就学後の読み書き能力がある一定水準を越えているかどうかを表す2値変数とし，「就学後の読み書き能力スコアpostが1.0を越えていると $Y=1$, 1.0以下だと $Y=0$」と定義した．新教育法群と標準教育法群を表す変数 treat は，schnが1〜84と85〜171で2群に区分し，介入の有無を表す変数として設定した．

i：小学校，j：生徒

連続変数 post の2値変数化： $Y=1$, if post >1,
$\qquad\qquad\qquad\qquad\quad =0$, otherwise.

新教育法群・標準教育法群の2値変数化： treat $=1$（新教育法群），if schn $<=84$
$\qquad\qquad\qquad\qquad\qquad\qquad\qquad =0$（標準教育法群），otherwise

（1） 検討するモデル

ここでは次の2つのモデルで検討してみよう．以下のモデルでは階層構造が明確になるように添字 ij をつけて表示する．

Model 1： 小学校間差（小学校の効果）を無視した通常のロジスティック回帰モデル（母数効果モデル）

logit $P(Y_{ij}=1)$

$=\beta_0+\beta_{\text{treat}}\text{treat}_{ij}+\beta_{\text{pre}}\text{pre}_{ij}+\beta_{\text{gend}}\text{gender}_{ij}+\beta_{\text{lunc}}\text{lunch}_{ij}+\beta_{\text{entry}}\text{entry}_{ij}$

Model 2: 小学校間差を平均 0 分散 σ^2_{schn} の正規分布に従う変量効果 b_i でモデル化した混合効果モデル

logit $\Pr\{Y_{ij}=1\}=b_i+\beta+\beta_{\text{treat}}\text{treat}_{ij}+\beta_{\text{pre}}\text{pre}_{ij}+\beta_{\text{gend}}\text{gender}_{ij}+\beta_{\text{lunc}}\text{lunch}_{ij}+\beta_{\text{entry}}\text{entry}_{ij}$

$b_i \sim N(0, \sigma^2_{\text{schn}})$

（2） GLIMMIX を利用した一般化線形混合効果モデルの適用

GLIMMIX は，最尤推定の近似や適応型ガウス-エルミート求積法（adaptive Gauss-Hermite quadrature）などを利用して一般化線形混合効果モデル（generalized linear mixed-effects models, GLMM）を適用するプロシージャである．パラメータ推定での近似法として，罰則付き擬似尤度（penalized quasi-likelihood, PQL）と周辺擬似尤度（marginal quasi-likelihood, MQL）という非線形な関数を線形な関数に近似してモデル化したアルゴリズムが提供されており，PQL に基づいて REML 推定を行う方法（RSPL）がデフォルトとなっている．しかしこれらの方法は作業確率変数"working random variable"を使った近似を行っているため正確な尤度が計算できない．また PQL は 2 値変数の場合にはバイアスが大きく，MQL では変量効果を母集団平均で置き換えるため $b_i=0$ という制約をしており，変量効果が非常に小さい場合でないとバイアスが大きくなることが知られている．周辺尤度を求積法に基づいて直接計算する方法のほうがより適当であり，このための方法として SAS では適応型ガウス-エルミート求積法により計算する **QUAD** や **LAPLACE** などの推定方法が提供されている．したがって，以下では，擬似尤度法に関する詳細な説明は省略する．

　GLIMMIX のシンタックスはコマンドの記述という点では **MIXED** プロシージャと多くの類似性があるが，用いられる文はやや異なっている．たとえば，GLIMMIX での **RANDOM** 文は変量効果を示すが，**MIXED** プロシージャでの **REPEATED** 文はなく，代わりにその機能は **RANDOM** 文のオプションに含まれている．

　変量効果を含むモデルには「条件付き」(conditional on random effects）または"subject-specific"モデルがある．これは周辺"marginal"モデルまたは"population-averaged"モデルともいわれる．GLIMMIX は時点間でランダムという考えのもとで時系列データにも適用できる（3.4.2 項）．以下に主なコマンドを記述する．

● **PROC GLIMMIX**＜options＞;

　GLIMMIX を実行するための文．

　オプションには **DATA**＝dataset, **METHOD**＝＜options＞, **IC**＝**NONE** | **PQ** | **Q** などがある．**METHOD**＝＜options＞のオプションには擬似尤度推定法と直接計算の

方法がある．デフォルトは METHOD = RSPL であり，PQL で REML による推定を行う．一方，直接計算する方法として LAPLACE, QUAD がある．METHOD = LAPLACE は，周辺尤度の推定を Laplace 法により求める．また，METHOD = QUAD で適応型ガウス求積法（adaptive Gauss-Hermite quadrature）を適用する．このときには METHOD = QUAD(QPOINTS = 50) というように QPOINTS オプションで求積点のノード数を指定する．QPOINTS = 1 の場合が Laplace 法と一致する．変量効果の変数の個数を q としたとき 50^q の求積点を設定することを意味する．求積点数が多くなると指数的に膨大な計算負荷がかかるようになるが，これが少ないと最尤法による近似は正確でなくなるので注意が必要である．q をどの程度にしたらよいかについては一概にはいえないが，解説に q を変更したときの結果を示した．この例では 30 以上ではほとんど同じ結果が得られていた．なお，QPOINTS と同時に (QPOINTS = 50 QCHECK) というように QCHECK を加えておくと，converged value と successive values 間での相対差がレポートされる．IC = NONE | PQ | Q では，各種適合度に関する情報量規準（AIC, AICC, HQIC, BIC, CAIC）の表示を設定する．

●CLASS variables;

CLASS 文はカテゴリカルデータとして取り扱う変数を定義する．ここでは partial 法によるダミー変数が作成される．リファレンスグループはデフォルトは "LAST"（最大の英数字値を備えたレベル）となる．

●MODEL response = ＜fixed-effects＞ / ＜options＞;

MODEL events/trials = ＜fixed-effects＞ / ＜options＞;

MODEL 文は応答変数および共変量（母数効果のカテゴリカル変数または連続変数）を指定する．MODEL 文の 2 つ目の形式は，応答変数が 2 項変数で 2 つの変数の比の形で表現する場合であり 2 項分布が仮定される．一方前者の response の場合には正規分布が仮定される．主なオプションには以下がある．

DIST = keyword は，GLMM での変量効果を与えられた応答変数の条件付き分布を指定する．(DIST = POISSON, DIST = BINOMIAL, DIST = BINARY など)

LINK = keyword は，リンク関数を指定する．(DIST = LOGIT, DIST = CUMLOGIT など) デフォルトは DIST = keyword 上で指定された指数関数に応じたリンク関数となる．

EVENT = は response でのオプションで，EVENT = "1" などと特定の event カテゴリーを指定する．FIRST, LAST を指定することもできるが，FIRST はデフォルトである．一方，REFERENCE または REF = で reference category を指定でき，

FIRST, LAST を指定することができる．この場合には LAST がデフォルトで指定される．また，DESCENDING は応答変数のカテゴリーの順を逆にするが，EVENT と同時に使うことはできない．

SOLUTION または S は固定効果（共変量）の推定結果を求める．

CL で母数効果変数の信頼区間を求めるが，デフォルトは 95％信頼区間であり，ALPHA＝でその水準を指定できる．

COVB で母数効果変数の分散共分散行列の近似値を求める．

●RANDOM＜random-effects＞/SUBJECT＝subject-effect＜options＞;

RANDOM 文では，デザインマトリックス Z_i，変量効果ベクトル b_i で用いる変数で，共分散行列での変量効果を示す．RANDOM 文は複数指定することができる．GLIMMIX では RANDOM 文のデフォルトでは intercept を含めないので＜random-effects＞として「INTERCEPT または INT」と指定する．SUBJECT＝effect で，subject-effect として相関をもつクラスターを示す変数を指定する．クラスター無作為化比較試験ではクラスターを示す変数をここで指定する．また，経時データの場合には時点を示す変数がこれにあたる．この変数間では独立であると見なされる．

SOLUTION により b_i の最良線形不偏予測値（Best Linear Unbiased Predictor, BLUP）を求めることができる．LAPLACE や QUAD の場合には b_i の経験ベイズ推定値（empirical Bayes estimates）が求められる．

（3）実際の計算

SAS での指定の留意点

データ入力後，結果変数 Y と介入の有無を表す変数 treat を先の要領で作成する．Model 1 と Model 2 での分析は GLIMMIX を利用して行う．GLIMMIX のシンタックスについては前述のとおりである．なお，母数効果（fixed-effects）に関しては LOGISTIC や GENMOD も利用できる．

プログラム

P 10.1　データの入力と加工

```
DATA literacy;
INFILE "a:\literacy.txt";
INPUT schn pre post lunch gender entry;
 pid=_N_;
 IF post>1 THEN y=1;ELSE y=0; IF post=. THEN y=.;
 IF schn<=84 THEN treat=1;ELSE treat=0;
```

3.4 データが階層構造,クラスター構造をもつ場合のロジスティック回帰分析

P 10.2 GLIMMIX を用いる

Model 1: 小学校の効果を無視した通常のロジスティック回帰モデル(母数効果モデル)

```
PROC GLIMMIX DATA=literacy;
  MODEL y(EVENT="1")= treat pre gender lunch entry
          /D=BIN LINK=LOGIT SOLUTION CL;
```

Model 2: 小学校の効果を変量効果で表現した混合効果モデル(求積点 50 の adaptive Gauss-Hermite quadrature を指定)

```
PROC GLIMMIX DATA=literacy METHOD=QUAD(QPOINTS=50);
  CLASS schn;
  MODEL y(EVENT="1")= treat pre gender lunch entry
          /D=BIN LINK=LOGIT SOLUTION CL;
  RANDOM INTERCEPT /SUBJECT=schn; /* クラスター単位の変数を SUBJECT で指定 */
```

出力結果

O 10.2 Model 1:小学校の効果を無視した通常のロジスティック回帰モデル(母数効果モデル)

```
GLIMMIX プロシジャ

        モデルの情報

データセット       WORK.LITERACY
応答変数          y
応答変数の分布     Binomial
リンク関数         Logit
分散関数          Default
分散行列          Diagonal
推定手法          Maximum Likelihood
自由度の算出法     Residual

使用されたオブザベーション数        3132

        次元の数

X の列                          6
Z の列                          0
サブジェクト(V のブロック)          1
サブジェクト毎の最大 Obs          3132

        最適化の詳細
```

```
最適化手法              Newton-Raphson
最適化のパラメータ数      6
下限があるパラメータ数    0
上限があるパラメータ数    0
固定効果                Not Profiled
```

適合度統計量

```
-2 対数尤度                  1629.11
AIC  (小さいほどよい)         1641.11
AICC (小さいほどよい)         1641.13
BIC  (小さいほどよい)         1677.40
CAIC (小さいほどよい)         1683.40
HQIC (小さいほどよい)         1654.13
Pearson カイ 2 乗            2920.44
Pearson カイ 2 乗 / DF          0.93
```

①パラメータ推定値

効果	推定値	標準誤差	自由度	t 値	Pr > |t|	アルファ	下限値	上限値
Intercept	-2.3641	0.1475	3126	-16.03	<.0001	0.05	-2.6534	-2.0749
treat	0.3161	0.1354	3126	2.33	0.0196	0.05	0.05059	0.5817
pre	1.8280	0.09295	3126	19.67	<.0001	0.05	1.6458	2.0103
gender	-0.3529	0.1293	3126	-2.73	0.0064	0.05	-0.6064	-0.09951
lunch	-0.1258	0.1881	3126	-0.67	0.5036	0.05	-0.4945	0.2429
entry	-1.2376	0.1956	3126	-6.33	<.0001	0.05	-1.6212	-0.8541

固定効果の Type III 検定

効果	分子の自由度	分母の自由度	F 値	Pr > F
treat	1	3126	5.45	0.0196
pre	1	3126	386.77	<.0001
gender	1	3126	7.46	0.0064
lunch	1	3126	0.45	0.5036
entry	1	3126	40.03	<.0001

O 10.2 Model 2：小学校の効果を変量効果で表現した混合効果モデル

GLIMMIX プロシジャ

モデルの情報

```
データセット              WORK.LITERACY
応答変数                  y
応答変数の分布             Binomial
リンク関数                 Logit
分散関数                  Default
分散行列をブロック化した効果  schn
```

3.4 データが階層構造，クラスター構造をもつ場合のロジスティック回帰分析

推定手法	Maximum Likelihood
尤度近似	Gauss-Hermite Quadrature
自由度の算出法	Containment

使用されたオブザベーション数	3132

次元の数

G 側共分散パラメータ	1
X の列	6
サブジェクト毎の Z の列	1
サブジェクト（V のブロック）	171
サブジェクト毎の最大 Obs	56

最適化の詳細

最適化手法	Dual Quasi-Newton
最適化のパラメータ数	7
下限があるパラメータ数	1
上限があるパラメータ数	0
固定効果	Not Profiled
開始点	GLM estimates
求積点	50

適合度統計量

-2 対数尤度	1501.71
AIC （小さいほどよい）	1515.71
AICC （小さいほどよい）	1515.75
BIC （小さいほどよい）	1537.70
CAIC （小さいほどよい）	1544.70
HQIC （小さいほどよい）	1524.63

条件付分布の適合度統計量

-2 log L(y｜r. effects)	1199.24
Pearson カイ 2 乗	1979.18
Pearson カイ 2 乗 / DF	0.63

② 共分散パラメータの推定

共分散パラメータ	サブジェクト	推定値	標準誤差
Intercept	schn	2.4962	0.5381

③ 固定効果の解

効果	推定値	標準誤差	自由度	t 値	Pr > |t|	アルファ	下限値	上限値
Intercept	-2.8389	0.2691	169	-10.55	<.0001	0.05	-3.3701	-2.3077

treat	0.3818	0.3103	2957	1.23	0.2187	0.05	-0.2267 0.9903
pre	2.3794	0.1338	2957	17.78	<.0001	0.05	2.1170 2.6417
gender	-0.3753	0.1509	2957	-2.49	0.0129	0.05	-0.6712 -0.07947
lunch	-0.1133	0.2333	2957	-0.49	0.6272	0.05	-0.5708 0.3442
entry	-1.6166	0.2718	2957	-5.95	<.0001	0.05	-2.1496 -1.0836

固定効果の Type III 検定

効果	分子の自由度	分母の自由度	F 値	Pr > F
treat	1	2957	1.51	0.2187
pre	1	2957	316.22	<.0001
gender	1	2957	6.19	0.0129
lunch	1	2957	0.24	0.6272
entry	1	2957	35.37	<.0001

C 10.1, C 10.4　解説

　母数効果モデル (Model 1) の出力では，まず，GLIMMIX で使われたモデルの情報が提示される．次元の数での X の列ではモデルでの説明変数がモデルに含めた説明変数に切片を加えた 5+1=6 であり，クラスター数はサブジェクト (V のブロック) として出力され，それが 1, オブザベーション数が 3132 であることが表示される．パラメータ推定値①から treat の効果が 0.316 (オッズ比：exp(0.3161)=1.37)，SE が 0.1354, p=0.0196 と介入群で有意に高くなっているという結果であった．次に混合効果モデル (Model 2) であるが，モデルの情報で「尤度近似」が適応型ガウス求積法 (adaptive Gauss-Hermite quadrature) であること，最適化の詳細では「求積点」が 50 としたことが表示されている．さらに変量効果とした変数 schn が「分散行列をブロック化した効果」として，表示されクラスター数が 171 であることなどの情報が示されている．共分散パラメータの推定②では推定値 σ^2_{schn}=2.4962, SE=0.5381 となっており，「固定効果の解」③からは treat の推定値は 0.3818 (オッズ比：exp(0.3818)=1.46)，SE が 0.310, p=0.2187 と，推定値は大きく変らないものの有意ではなかった．これは母数効果モデルではクラスター間差 (クラスター内相関) を無視していたため，treat の分散が過小評価され (0.3103→0.1354)，その結果有意となり，誤った推論が導かれてしまう恐れがある，ことを示している．

(4) 他のソフトウェアとの比較

①母数効果モデル (Model 1)

　SAS では GLIMMIX の他に，LOGISTIC, GENMOD を利用できる．STATA では logit, R では glm を用いてそれぞれ推定した結果を比較してみると，いずれも GLIMMIX と同じ推定値が得られた．ただ，適合度統計量についてはプログラムによ

って表示が異なっていた．

②一般化線形混合効果モデル（Model 2）

SASではGLIMMIXを用い，相関構造として無構造（UN）の指定の有無別に求積点の個数を7, 30, 50, 70とした場合，LAPLACE（求積点＝1と同じ）で求めた場合について実行した．STATAではxtmelogit（adaptive quadratureがデフォルト）で推定し，Rではlmerで推定した．それぞれの結果を表3.12に示す．GLIMMIXではRSPLがデフォルトとなっているので，REMLとMLの相違であるRSPLとMSPLの両方の結果も示したが，より正確なQUADとLAPLACEの推定値とは異なっていた．一方，QUADとLAPLACEはほぼ同じ推定値を示し，それでもQUADでの求積点数が7の場合には推定値でわずかな相違（下4桁目程度）がみられたのみで，求積ポイントが30以上では解はほとんど変わらなかった．

GLIMMIXでLAPLACEまたはQUADを指定した場合，STATAのxtmelogit，Rでlmerを指定した場合のパラメータの推定値は一致したが，schnの分散の推定値は少々異なっていた．ただ，STATAでは，分散の推定値ではなく，その平方根であるSEの推定値が出力されていることに注意したい．

SASの中ではAICや対数尤度などの統計量は方法による違いはほとんどないが，適合度統計量についてはソフトによって表示される推定値に違いがあるようである．

3.4.2 呼吸器疾患に関する治療法を比較する無作為化比較試験

経時的繰り返し測定データ（longitudinal data）も，時点間相関をもつことは2.7節ですでに解説した．ここでは，その具体例として，呼吸器疾患に関する2つの治療法を比較する無作為化比較試験のデータを取り上げる．この試験は，111名の参加者について，実薬群に54名，プラセボ群に57名が割り付けられた試験で，ベースライン時点に1回，治療開始後に1か月ごとに4回，呼吸器の状態が経時的に観察されている．つまり施設に属する同一の個人の呼吸器の状態（poor＝0, good＝1）が計5回繰り返して測定されたデータである．つまり，それぞれの個人が1つのクラスターを構成しており，繰り返し測定されたデータがクラスター内のデータと考えることができる．したがって，前項の例と同様に，5回の経時的繰り返し測定データに無視できない個体（クラスター）間差が存在すると，正の個体（クラスター）内相関が生じ，これを無視した解析を行うと，治療効果の推定誤差を過小評価し誤った解釈を導いてしまう可能性が大きい．

データ形式：

 centre： 施設（1, 2）

表 3.12 一般化線形混合効果モデルによる出力結果の比較

変量効果モデル			intercept	treat	pre	gender	lunch	entry	(SCHN)†	尤度比	Wald	AIC	-2logL
GLIMMIX	RSPL	β	-2.5298	0.3382	2.1599	-0.3462	-0.1089	-1.4649	1.8444			19497.04	19495.04
		SE	0.2334	0.2736	0.1101	0.1438	0.2218	0.2528	0.3661				
			<.0001	0.2165	<.0001	0.0161	0.6235	<.0001					
	MSPL	β	-2.5231	0.3373	2.1521	-0.3456	-0.1101	-1.4601	1.7794			19458.81	19444.81
		SE	0.2312	0.2702	0.1097	0.1435	0.2212	0.2519	0.3549				
			<.0001	0.212	<.0001	0.0161	0.6188	<.0001					
	QUAD (QPOINTS=7)	β	-2.8391	0.3818	2.3795	-0.3753	-0.1133	-1.6166	2.4975			1515.7	1501.7
		SE	0.2691	0.3104	0.1338	0.1509	0.2333	0.2718	0.5384			1979.28	1199.2
			<.0001	0.2188	<.0001	0.0129	0.6273	<.0001					
	QUAD (QPOINTS=30)	β	-2.8389	0.3818	2.3794	-0.3753	-0.1133	-1.6166	2.4962			1515.71	1501.71
		SE	0.2691	0.3103	0.1338	0.1509	0.2333	0.2718	0.5381			1979.18	1199.24
			<.0001	0.2187	<.0001	0.0129	0.6272	<.0001					
	QUAD (QPOINTS=50)	β	-2.8389	0.3818	2.3794	-0.3753	-0.1133	-1.6166	2.4962			1515.71	1501.71
		SE	0.2691	0.3103	0.1338	0.1509	0.2333	0.2718	0.5381			1979.18	1199.24
			<.0001	0.2187	<.0001	0.0129	0.6272	<.0001					
	QUAD (QPOINTS=70)	β	-2.8389	0.3818	2.3794	-0.3753	-0.1133	-1.6166	2.4962			1515.71	1501.71
		SE	0.2691	0.3103	0.1338	0.1509	0.2333	0.2718	0.5381			1979.18	1199.24
			<.0001	0.2187	<.0001	0.0129	0.6272	<.0001					
	LAPLACE	β	-2.8353	0.3809	2.3737	-0.374	-0.1162	-1.6147	2.403			1517.6	1503.6
	QUAD (QPOINTS=1) と同じ	SE	0.2668	0.3062	0.1336	0.1506	0.2328	0.2711	0.5187			1978.73	1201.87
			<.0001	0.2136	<.0001	0.013	0.6178	<.0001					
STATA	xtmelogit : Integration points=50	β	-2.8389	0.3818	2.3794	-0.3753	-0.1133	-1.6166	1.5799	-750.86	328.23		
		SE	0.2691	0.3103	0.1338	0.1509	0.2333	0.2718	0.1703				
			0.0000	0.2190	0.0000	0.0130	0.6270	0.0000					
	xtmelogit : LAPLACE	β	-2.8353	0.3810	2.3737	-0.3740	-0.1162	-1.6147	1.5502	-751.8	327.52		
		SE	0.2668	0.3062	0.1336	0.1506	0.2328	0.2711	0.1673				
			0.0000	0.2130	0.0000	0.0130	0.6180	0.0000					
R	lmer (nAGQ=50)	β	-2.8331	0.381	2.3727	-0.3741	-0.1162	-1.6141	2.3921			1587	1573
		SE	0.2559	0.3037	0.1201	0.1499	0.2327	0.2689	1.5467				
	lmer Laplace	β	-2.8353	0.3809	2.3737	-0.374	-0.1162	-1.6147	2.4031			1518	1504
		SE	0.2563	0.3042	0.1201	0.1499	0.2327	0.2690	1.5502				

† SCHN は変量効果 b_i の分散 σ^2 の推定値.

3.4 データが階層構造, クラスター構造をもつ場合のロジスティック回帰分析　*155*

treatment： 治療群（＝1），プラセボ群（＝0）
gender： 性（female＝0, male＝1）
age： 年齢
status（＝Y）： 呼吸器の状態（poor＝0, good＝1）
month： 観察時点（1, 2, 3, 4），カテゴリー変数
subject： 患者 id
baseline： 呼吸器のベースライン状態（poor＝0, good＝1）
i：患者，j：観察時点

〈データ系列〉　respiratoryR.csv

```
centre treatment     gender     age     status     month     subject     baseline
1      0             0          46      0          1         1           0
1      0             0          46      0          2         1           0
1      0             0          46      0          3         1           0
1      0             0          46      0          4         1           0
1      0             0          28      0          1         2           0
```

（1）検討するモデル

モデルとして，次の3種類のモデルを検討してみよう．いずれも，治療の効果は観察時点によらず一定の効果がある仮定したモデルである．

Model 1： 個体間差の存在を考慮しない通常のロジスティック回帰モデル（個体内データ間に独立性を仮定した母数効果モデル）

$$\text{logit } P(Y_{ij}=1)$$
$$=\beta_0+\beta_{\text{treat}}\text{treat}_i+\beta_{\text{baseline}}\text{baseline}_i+\beta_{\text{gender}}\text{gender}_i+\beta_{\text{age}}\text{age}_i+\beta_{\text{center}}\text{center}_i$$

Model 2： Model 1と同じ共変量をもち，時点間相関構造を直接導入する GEE を利用し，2項分布では表現できない過分散（overdispersion）を考慮した解析を，次の3つの場合について行ってみよう．

1) 時点間相関は無相関（独立，independence）を仮定したモデル（Model 1 とは過分散を考慮した点が異なる）
2) 任意の時点間相関は等相関（exchangeable）を仮定したモデル
3) 任意の時点間相関はすべて異なる無構造（unstructured）を仮定したモデル

Model 3： 個体間差を平均0分散 $\sigma^2_{\text{subject}}$ の正規分布に従う変量効果 b_i でモデル化した混合効果モデル

$$\text{logit } P(Y_{ij}=1 \mid b_i)$$
$$=b_i+\beta_0+\beta_{\text{treat}}\text{treat}_i+\beta_{\text{baseline}}\text{baseline}_i+\beta_{\text{gender}}\text{gender}_i+\beta_{\text{age}}\text{age}_i+\beta_{\text{center}}\text{center}_i$$
$$b_i \sim N(0, \sigma^2_{\text{subject}})$$

（2）実際の計算

　GENMOD による GEE の実行のためのプログラムを下記に示す．GLIMMIX でも GEE モードが提供されているが，本来の GEE とは異なるもので SE の推定値は両者では異なるため，ここでは GENMOD での GEE を取り上げる．

> **SAS での指定の留意点**
>
> 　データファイル respiratorR.csv から，8 変数（centre treatment gender age status month subject baseline）を読み込み，以下の解析を行う．ここでは説明変数のうち centre が（1，2），treatment,gender,baseline は（1，0）で入力されているため，centre のみ CLASS 指定でカテゴリ変数（REF="2"）として指定しておく．以下の解析では単に表示の都合により他の 2 値変数はダミー変数としてモデルにそのまま入れておくが，推定値の表示は REF="0" としてカテゴリー指定したときと同じになる．GENMOD を用いた GEE による解析では MODEL 文のオプションに overdispersion parameter を用いた分析を行うために，AGGREGATE と PSCALE（Pearson χ^2 で推定）または DSCALE（デビアンスで推定）を加え，さらに REPEATED 文のオプションに MODELSE を加える必要がある．ただ，一般には Pearson χ^2 で推定するほうが妥当な結果を与えるので，**P 11.2** の 1)〜3) では PSCALE の場合を取り上げた．

プログラム

P 11.1　Model 1. GLIMMIX を用いる

```
PROC GLIMMIX DATA=respiratory METHOD=QUAD(QPOINTS=50);
CLASS centre (REF='2') ;
MODEL status (EVENT="1")=treatment baseline gender age centre
           / D=BIN LINK=LOGIT SOLUTION CL;
```

P 11.2　Model 2. GENMOD を用いる（PSCALE を指定）

1) overdispersion を考慮，時点間相関は無相関（TYPE＝IND）を仮定した GEE モデル

```
PROC GENMOD DATA=respiratory DESCENDING ;
CLASS subject centre(REF="2") ;
MODEL status =treatment baseline gender age centre / AGGREGATE PSCALE DIST=BIN;
REPEATED SUBJECT=subject / CORRW TYPE=IND MODELSE;
```

2) overdispersion を考慮，時点間相関は等相関（TYPE＝EXCH）を仮定した GEE モデル

```
PROC GENMOD DATA=respiratory DESCENDING ;
CLASS subject centre(REF="2") ;
MODEL status =treatment baseline gender age centre / AGGREGATE PSCALE DIST=BIN;
REPEATED SUBJECT=subject / CORRW TYPE=EXCH MODELSE;
```

3) overdispersion を考慮，時点間相関は無構造（TYPE＝UN）を仮定した GEE モデル

```
PROC GENMOD DATA=respiratory DESCENDING ;
CLASS subject centre(REF="2") ;
MODEL status =treatment baseline gender age centre / AGGREGATE PSCALE DIST=BIN;
REPEATED SUBJECT=subject / CORRW TYPE=UN MODELSE;
```

P 11.3 Model 3. GLIMMIX を用いる.

求積点 50 の adaptive Gaussian quadrature estimation を指定

```
PROC GLIMMIX DATA=respiratory METHOD=QUAD(QPOINTS=50);
CLASS subject centre(REF="2") ;
MODEL status (EVENT="1")=treatment baseline gender age centre
        / D=BIN LINK=LOGIT SOLUTION CL;
RANDOM INTERCEPT/SUBJECT=subject;  ←経時であるデータの単位を指定
```

出力結果

O 11.1 GLIMMIX を用いた Model 1

```
         適合度統計量

-2 対数尤度              483.22
AIC  (小さいほどよい)     495.22
AICC (小さいほどよい)     495.41
BIC  (小さいほどよい)     519.79
CAIC (小さいほどよい)     525.79
HQIC (小さいほどよい)     504.91
Pearson カイ 2 乗        443.02
Pearson カイ 2 乗 / DF    1.00
```

① パラメータ推定値

効果	centre	推定値	標準誤差	自由度	t 値	Pr > |t|	アルファ	下限値	上限値
Intercept		-0.2286	0.4026	438	-0.57	0.5705	0.05	-1.0198	0.5627
treatment		1.2992	0.2368	438	5.49	<.0001	0.05	0.8337	1.7647
baseline		1.8820	0.2413	438	7.80	<.0001	0.05	1.4078	2.3563
gender		0.1192	0.2947	438	0.40	0.6859	0.05	-0.4599	0.6984
age		-0.01817	0.008864	438	-2.05	0.0410	0.05	-0.03559	-0.00074
centre	1	-0.6716	0.2396	438	-2.80	0.0053	0.05	-1.1424	-0.2008
centre	2	0	.	.	.	.	.	.	.

O 11.2　GENMOD を用いた Model 2

1) overdispersion を考慮，時点間相関は独立（IND）を仮定したモデル

GEE モデルの情報

相関構造	Independent
サブジェクト効果	subject (111 levels)
クラスター数	111
相関行列の次元	4
最大クラスターサイズ	4
最小クラスターサイズ	4

アルゴリズムは収束しました．

② 作業相関行列

	Col1	Col2	Col3	Col4
Row1	1.0000	0.0000	0.0000	0.0000
Row2	0.0000	1.0000	0.0000	0.0000
Row3	0.0000	0.0000	1.0000	0.0000
Row4	0.0000	0.0000	0.0000	1.0000

GEE 適合度基準

QIC	242.1771
QICu	242.1481

③ GEE パラメータ推定の分析
経験的標準誤差推定

パラメータ		推定値	標準誤差	95% 信頼限界		Z	Pr > |Z|
Intercept		-0.2286	0.5829	-1.3710	0.9139	-0.39	0.6950
treatment		1.2992	0.3508	0.6117	1.9867	3.70	0.0002
baseline		1.8820	0.3501	1.1959	2.5681	5.38	<.0001
gender		0.1192	0.4432	-0.7494	0.9879	0.27	0.7879
age		-0.0182	0.0130	-0.0437	0.0073	-1.40	0.1624
centre	1	-0.6716	0.3568	-1.3710	0.0278	-1.88	0.0598
centre	2	0.0000	0.0000	0.0000	0.0000	.	.

④ GEE パラメータ推定値の分析
モデルに基づく標準誤差推定

パラメータ	推定値	標準誤差	95% 信頼限界		Z	Pr > |Z|
Intercept	-0.2286	0.5834	-1.3719	0.9148	-0.39	0.6952

```
treatment      1.2992   0.3432   0.6266   1.9718    3.79   0.0002
baseline       1.8820   0.3496   1.1968   2.5673    5.38   <.0001
gender         0.1192   0.4270  -0.7176   0.9561    0.28   0.7800
age           -0.0182   0.0128  -0.0433   0.0070   -1.41   0.1573
centre    1   -0.6716   0.3471  -1.3520   0.0088   -1.93   0.0530
centre    2    0.0000   0.0000   0.0000   0.0000     .      .
Scale          1.4490      .       .        .        .      .
NOTE:尺度パラメータは固定されています.
```

2) overdispersion を考慮,時点間相関は等相関(EXCH)を仮定したモデル

```
                GEE モデルの情報

相関構造                       Exchangeable
サブジェクト効果              subject (111 levels)
クラスター数                           111
相関行列の次元                          4
最大クラスターサイズ                    4
最小クラスターサイズ                    4

アルゴリズムは収束しました.

              ⑤    作業相関行列

            Col1         Col2         Col3         Col4

Row1     1.0000       0.3360       0.3360       0.3360
Row2     0.3360       1.0000       0.3360       0.3360
Row3     0.3360       0.3360       1.0000       0.3360
Row4     0.3360       0.3360       0.3360       1.0000

Exchangeable 型の作業相関

相関係数     0.3359883477


              ⑥    GEE パラメータ推定の分析
                    経験的標準誤差推定

パラメータ       推定値 標準誤差   95% 信頼限界        Z   Pr > |Z|

Intercept      -0.2286   0.5829  -1.3710   0.9139   -0.39   0.6950
treatment       1.2992   0.3508   0.6117   1.9867    3.70   0.0002
baseline        1.8820   0.3501   1.1959   2.5681    5.38   <.0001
gender          0.1192   0.4432  -0.7494   0.9879    0.27   0.7879
age            -0.0182   0.0130  -0.0437   0.0073   -1.40   0.1624
centre    1    -0.6716   0.3568  -1.3710   0.0278   -1.88   0.0598
centre    2     0.0000   0.0000   0.0000   0.0000     .       .
```

```
         ⑦  GEE パラメータ推定値の分析
             モデルに基づく標準誤差推定

パラメータ        推定値   標準誤差    95% 信頼限界          Z   Pr > |Z|

Intercept       -0.2286   0.8266   -1.8488   1.3916   -0.28   0.7822
treatment        1.2992   0.4863    0.3461   2.2523    2.67   0.0075
baseline         1.8820   0.4954    0.9110   2.8531    3.80   0.0001
gender           0.1192   0.6050   -1.0666   1.3051    0.20   0.8438
age             -0.0182   0.0182   -0.0538   0.0175   -1.00   0.3182
centre     1    -0.6716   0.4919   -1.6357   0.2925   -1.37   0.1721
centre     2     0.0000   0.0000    0.0000   0.0000    .       .
Scale            1.4490    .         .        .        .       .
```

3) overdispersion を考慮,時点間相関は無構造(UN)を仮定したモデル

```
             GEE モデルの情報

相関構造                    Unstructured
サブジェクト効果             subject (111 levels)
クラスター数                          111
相関行列の次元                          4
最大クラスターサイズ                    4
最小クラスターサイズ                    4

アルゴリズムは収束しました.

         ⑧   作業相関行列

          Col1      Col2      Col3      Col4

Row1    1.0000    0.3387    0.2145    0.3074
Row2    0.3387    1.0000    0.4535    0.3741
Row3    0.2145    0.4535    1.0000    0.4117
Row4    0.3074    0.3741    0.4117    1.0000

         ⑨   GEE パラメータ推定の分析
                経験的標準誤差推定

パラメータ        推定値   標準誤差    95% 信頼限界          Z   Pr > |Z|

Intercept       -0.2598   0.5820   -1.4005   0.8809   -0.45   0.6553
treatment        1.2775   0.3495    0.5926   1.9625    3.66   0.0003
baseline         1.9387   0.3480    1.2566   2.6208    5.57   <.0001
gender           0.0929   0.4437   -0.7768   0.9626    0.21   0.8342
age             -0.0168   0.0129   -0.0421   0.0085   -1.30   0.1922
centre     1    -0.6727   0.3548   -1.3680   0.0226   -1.90   0.0579
centre     2     0.0000   0.0000    0.0000   0.0000    .       .
```

3.4 データが階層構造，クラスター構造をもつ場合のロジスティック回帰分析

```
⑩  GEE パラメータ推定値の分析
       モデルに基づく標準誤差推定

パラメータ      推定値   標準誤差   95% 信頼限界        Z    Pr > |Z|
Intercept     -0.2598  0.8360  -1.8983   1.3788  -0.31  0.7560
treatment      1.2775  0.4912   0.3149   2.2402   2.60  0.0093
baseline       1.9387  0.5021   0.9546   2.9228   3.86  0.0001
gender         0.0929  0.6110  -1.1046   1.2904   0.15  0.8792
age           -0.0168  0.0184  -0.0529   0.0192  -0.92  0.3602
centre    1   -0.6727  0.4965  -1.6458   0.3003  -1.36  0.1754
centre    2    0.0000  0.0000   0.0000   0.0000    .      .
Scale          1.4490     .       .        .       .      .
```

O 11.3　GLIMMIX を用いた Model 3

```
GLIMMIX プロシジャ

        条件付分布の適合度統計量

-2 log L(status | r. effects)   267.11
Pearson カイ 2 乗               215.61
Pearson カイ 2 乗 / DF            0.49

       ⑪     共分散パラメータの推定

共分散パラメータ   サブジェクト    推定値    標準誤差

Intercept        subject       4.1216    1.3642

              ⑫     固定効果の解

効果       centre  推定値   標準誤差  自由度   t 値   Pr > |t|  アルファ  下限値    上限値

Intercept         -0.5813  0.9353   105   -0.62   0.5356   0.05   -2.4357   1.2732
treatment          2.1279  0.5615   333    3.79   0.0002   0.05    1.0234   3.2324
baseline           3.0277  0.5996   333    5.05   <.0001   0.05    1.8483   4.2071
gender             0.1973  0.6868   333    0.29   0.7741   0.05   -1.1537   1.5483
age               -0.02506 0.02064  333   -1.21   0.2255   0.05   -0.06566  0.01553
centre    1       -1.0398  0.5585   333   -1.86   0.0635   0.05   -2.1384   0.05877
centre    2        0         .       .      .       .       .        .        .
```

C 11　解説

　上記 3 つのモデルでの推定結果を表 3.13 にまとめた．個体間差の存在を考慮しない母数効果モデル（Model 1）の出力では，GLIMMIX でのパラメータの推定値（①）が表示される（出力の詳細は省略）．治療効果 treatment の推定値（SE）は 1.299

表3.13 3つのモデルによる推定値の比較

			intercept	treatment	baseline	gender	age	centre	
Model 1 GLIM での解析：時点間相関を無視して，独立を仮定したモデル									
	GLIMMIX	β	-0.2286	1.2992	1.8820	0.1192	-0.0182	0.6716	
	QPOINTS=50	SE	0.4026	0.2368	0.2413	0.2947	0.0089	0.2396	
		p値	0.5705	<.0001	<.0001	0.6859	0.0410	0.0053	
GEE:									作業相関
Model2：2-1. overdispersion を考慮，時点間相関は独立，を仮定したモデル									係数
	GENMOD	β	-0.2286	1.2992	1.8820	0.1192	-0.0182	0.6716	0
	TYPE=IND	SE	0.5829	0.3508	0.3501	0.4432	0.0130	0.3568	
		p値	0.6950	0.0002	<.0001	0.7879	0.1624	0.0598	
2-2. overdispersion を考慮，時点間相関は exchangeable を仮定したモデル									
	GENMOD	β	-0.2286	1.2992	1.8820	0.1192	-0.0182	0.6716	0.336
	TYPE=EXCH	SE	0.5829	0.3508	0.3501	0.4432	0.0130	0.3568	
		p値	0.6950	0.0002	<.0001	0.7879	0.1624	0.0598	
2-3. overdispersion を考慮，時点間相関は unstructured を仮定したモデル									
	GENMOD	β	-0.2598	1.2775	1.9387	0.0929	-0.0168	-0.6727	0.215〜
	TYPE=UN	SE	0.5820	0.3495	0.3480	0.4437	0.0129	0.3548	0.339
		p値	0.6553	0.0003	<.0001	0.8342	0.1922	0.0579	
Model 3：混合効果モデル									共分散パラメータ
	GLIMMIX	β	-0.5813	2.1279	3.0277	0.1973	-0.0251	-1.0398	4.122
	QPOINTS=50	SE	0.9353	0.5615	0.5996	0.6868	0.0206	0.5585	1.364
		p値	0.5356	0.0002	<.0001	0.7741	0.2255	0.0635	

注）GEE での scale parameter の推定値は 1.449

(0.237)，$p<0.0001$ であり，実薬群はプラセボ群に比べてきわめて有意な効果が認められるという結果になっていた．

次に GENMOD を用いた時点間相関構造を直接導入し，overdispersion を考慮した GEE による3つのタイプのモデル（Model 2）による解析結果の概略を述べる．GEE パラメータ推定では

1) デフォルトの経験的標準誤差推定値（empirical standard error estimate）（③）：一般には，ロバスト標準誤差推定値（robust standard error estimate）といわれる推定量で，不適切なモデル，時点間の不適切な相関構造が指定されても一致性が保たれる推定量である．通常はこちらの推定値を使用する．
2) モデルに基づく標準誤差推定値（④）：通常の最尤推定法の標準誤差推定量（Fisher 情報量または Hessian 推定量）に overdispersion パラメータ scale を乗じた推定値．ここでは，scale は Pearson χ^2 により推定されている．この推定値は，時点間相関を含めたモデルによほどの自信がある場合に使用する．

時点間相関に無相関を仮定したモデル（作業相関行列（②）は対角要素が1，他が0の行列となる）での治療効果の推定値（経験的標準誤差 SE）は exchangeable を指定

した場合（作業相関行列（⑤）は 0.336）と同じ 1.299（0.351），$p = 0.0002$（③）であった．また overdispersion を考慮したモデルに基づく治療効果の推定値は，無相関を仮定した場合では 1.299（0.351），$p = 0.0002$（④），等相関を仮定した場合では 1.299（0.486），$p = 0.0075$（⑦）であった．この場合の scale の値は GEE のどのモデルでも一定で 1.449 と 1 より大きく過分散であることがわかる．任意の時点間相関に無構造を仮定したモデルでは，作業相関行列（⑧）は時点により異なり，治療効果の推定値（経験的標準誤差 SE）は 1.278（0.350），$p = 0.0003$（⑨）であった．いずれにしても母集団平均的な推定値を与える GEE による治療効果は 1.278〜1.299 の範囲の推定値であった．一方，変量効果でモデル化した混合効果モデル（Model 3）では，共分散パラメータの推定値（SE）（⑪）は 4.122（1.36），治療効果（⑫）のパラメータ（SE）は 2.128（0.562），$p = 0.0002$ となり，治療効果としては，GEE の推定値の約 1.6 倍の大きさである．2.7 節で解説した理由から，個体特異的な推定値を与える変量効果の推定量を採用するのが望ましい．つまり，治療効果のオッズ比は $\exp(2.128)$，その 95% 信頼区間は $\exp(1.0234) - \exp(3.2324)$，つまり，8.40（95% CI : 2.78 – 25.3）と推定される．

なお，ここでは表示していないが，SAS，STATA，R ではほぼ同様な結果が得られているが，ソフトウェアにより特に intercept（定数項）の推定値が異なっており，また，その他のパラメータの推定結果にも若干の相違がみられていた．

3.5 欠測データを含む不完全データの解析例

欠測データの問題は避けることができない問題の 1 つであり，つねに生じうるものである．欠測が多くなれば効率（efficiency）が低下し，また欠測のメカニズムによってはバイアスが生じる．欠測データに関する統計的な説明は 2.8 節で述べたが，欠測のある場合には，なぜそのような欠測が生じたかについて深く考える必要があることはいうまでもない．このようなメカニズムを知ることにより，完全ケース解析，無視できる最尤法，多重補完法などの方法が適切であるか，否か，について検討できることになる．本節ではロジスティック回帰モデルと関連する欠測データの取扱いについて，具体例を取り上げて SAS による解析を行う．

3.5.1 SAS による欠測データを取り扱う一般的な方法

（1） 完全ケース解析（complete case analysis）

欠測データを除く場合には，検討するすべての項目のいずれかに 1 つでも欠測デー

タがあるケース（個人，リスト）単位で除く方法を list-wise deletion という．SAS のほとんどのプロシージャは，取り上げた項目での欠測のあるデータ（当該レコード）を除いて解析を実行するので，3.4.2項の経時データを時点ごと1レコードとして読み込んだ"long"フォーマットでの list-wise deletion は，DATA ステップで欠測データのないレコードだけにしたデータセットをつくり直す必要がある．完全ケースによる分析では，特に多変量を取り扱う場合には，項目が多くなると解析に用いられるデータがきわめて少なくなってしまうことがある．

（2） **無視できる最尤法**（ignorable maximum likelihood）

この方法が有効なデータ構造は，たとえば，ケースごとの繰り返し測定されたデータを"long"フォーマットとして読み込んだデータから，欠測のない時点データ（レコード）を利用して回帰分析を行う方法である．したがって，ケースごとには測定時点数が異なるデータとなる．通常のケースごとの繰り返しのない「ケース×変数」の長方形のデータでは，完全ケース解析と同じである．「無視できる最尤法」は多重補完法に比べて多くの仮定は必要とせず，一定の解が得られるというメリットがある．

（3） **多重補完法**（multiple imputation）

SAS では，monotone missingness pattern が存在する場合の逐次的方法，monotone pattern が存在しない場合は，多変量正規分布を仮定した Markov chain Monte Carlo（MCMC）法，反復収束法としての FCS（fully conditional specification）が利用できる．MCMC 法はベイズ推定に基づく方法で多変量正規分布の仮定のもとでは有用な方法である（Little and Rubin, 2002）．多変量正規アプローチではより強い理論的根拠に基づいており，統計的に優れており，多変量正規の仮定は多少離れてもロバストであるといわれている．連続量であれば MI プロシージャで MCMC を利用した，多変量正規分布を仮定した正規線形回帰モデルによる補完が可能であるが，カテゴリー変数の場合には単調な場合以外ではこれを用いることは適切ではない．一方，FCS はカテゴリー変数にも適用できる．

ここでは MI プロシージャでの FCS 文による多重補完法を取り上げる．FCS 文は Ver 9.3 から試行の段階ではあるが利用可能となっているもので，計算速度が遅く理論的妥当性が保証されていないが，シミュレーションでその性能が検証されている（Van Buuren, et al., 2006）．MI では FCS 文と VAR 文をあわせて指定する必要があり，VAR 文により用いる変数を指定するが，カテゴリー変数は CLASS 文で指定し，連続変数あるいは両者の組合せが可能である．補完モデルは FCS 文のオプションで指定するが，LOGISTIC を指定すればロジスティック回帰モデルに基づく多重補完が行える（デフォルトは連続量では正規線形回帰分析，離散変数では判別分析）．ロジス

ティック回帰モデルの場合には DESCENDING オプションも利用可能である．FCS での反復回数については 10 回程度の反復計算で十分とされている（Van Buuren and Oudshoorn, 2000）．なお FCS 文で収束を確認するには，各反復でのパラメータの平均値と標準偏差などの出力（OUTITER＝）や，パラメータ値のトレースプロットをオプション（PLOTS＝TRACE）で表示すればよい．

3.5.2 SAS を用いた多重補完法の実践例

ここでは 3.4.2 項で取り上げた呼吸器疾患に関する 2 つの治療法を比較する無作為化比較試験のデータを利用して，結果変数である「呼吸器の状態 status」が観察時点 $j(=1, 2, 3, 4 ; \text{month})$ で測定値 Y_{ij} が欠測データとなる確率

$$\Pr\{r_{ij}=0\} = 年齢（age）と観測時点 j（month）の増加関数$$

と設定した．ここに，r_{ij} は欠測の有（＝0）無（＝1）を表す指示変数（2.8.1 項参照）である．この欠測データメカニズムから無作為に計 80 の status の欠測データを発生させた．この欠測データメカニズムは説明変数だけに依存した MAR と仮定できる．したがって，2.8.2 項で解説したように，この場合は，以下の 3 種類の解析が妥当となる．

1) 完全ケースによる解析（complete case analysis）
2) 「無視できる最尤法」（ignorable maximum likelihood）
3) 多重補完法による解析（multiple imputation analysis）

ここでは，補完モデルに使用する説明変数は本来は年齢と観測時点 j であるが，これは「神のみぞ知る」なので，すべての説明変数とした．

データ形式．データ系列は 3.4.2 項のデータ（respiratoryR.txt）に欠測かどうかを示す変数として，miss1〜miss4 を最後の行に加えたデータセット respmissingR.txt を用いる．なお，呼吸器の状態を示す変数は時点ごとに st1〜st4 という変数名をつけてある．ここでは解析やデータセットの作成のためにデータの入力を"wide"フォーマットでデータを読み込み，"long"フォーマットに変更して保存し直して GLIMMIX に用いるなど，データフォーマットを使い分けている．

（1）検討するモデル

ここで取り上げるモデルは 3.4.2 項で示した Model 3 である．

Model 3：個体間差を平均 0 分散 $\sigma^2_{\text{subject}}$ の正規分布に従う変量効果 b_i でモデル化した混合効果モデル

$$\text{logit } P(Y_{ij}=1 \mid b_i)$$
$$= b_i + \beta_0 + \beta_{\text{treat}}\text{treat}_i + \beta_{\text{baseline}}\text{baseline}_i + \beta_{\text{gender}}\text{gender}_i + \beta_{\text{age}}\text{age}_i + \beta_{\text{center}}\text{center}_i$$

$b_i \sim N(0, \sigma^2_{\text{subject}})$, $j=1, 2, 3, 4$.

（2） 実際の計算

このモデルについて次の3種類の解析を行う．

1) 完全ケースによる解析

データを"wide"フォーマットで読み込み list-wise deletion を行った後，"long"フォーマットにしたデータセットを作成し，GLIMMIX で求積点50の adaptive Gauss-Hermite quadrature を指定して解析する．

> SAS での指定の留意点
>
> 完全ケース-データセットを作成するためにデータの入力の仕方を少し変えて，データステップでの読込みでレコードを示す"#"を利用して4時点を1レコードとして"wide"フォーマットの形で読み込む．欠測であることを示す miss1～miss4 のいずれかが1であればそのレコード（個人のデータ）ごと削除し，その後，GLIMMIX で解析するためにデータセットを"long"フォーマット形式に変更する手続きをとっている．このとき st1～st4 で読み込んだ呼吸器の状態を示す変数名を st として保存している．すなわち，st は 3.4.2 項で用いたデータセット respiratoryR.txt での status と同じ変数であるが，完全ケースで用いている変数としたものである．

プログラム

P 12.1 完全ケース解析

求積点50の adaptive Gauss-Hermite quadrature を指定

```
DATA respmiss1;
INFILE "a:\respmissingR.txt" ;
INPUT #1 centre treatment gender age st1 month subject baseline miss1
      #2 centre treatment gender age st2 month subject baseline miss2
      #3 centre treatment gender age st3 month subject baseline miss3
      #4 centre treatment gender age st4 month subject baseline miss4 ;
  IF miss1=1 OR miss2=1 OR miss3=1 OR miss4=1 THEN DELETE;
DATA respmissc;
  SET respmiss1;
  st=st1; month=1; OUTPUT;
  st=st2; month=2; OUTPUT;
  st=st3; month=3; OUTPUT;
  st=st4; month=4; OUTPUT;

PROC GLIMMIX DATA=respmissc METHOD=QUAD(QPOINTS=50);
  CLASS subject centre(REF='2') ;
  MODEL st (EVENT="1")=treatment baseline gender age centre
          / D=BIN LINK=LOGIT SOLUTION CL;
  RANDOM INTERCEPT/SUBJECT=subject;
```

2) 「無視できる最尤法」による解析

"long"フォーマットの経時データで，欠測データを含んだレコードを削除したデー

3.5 欠測データを含む不完全データの解析例　*167*

タセットを用いた解析で，個人ごとに用いられた時点数が異なるもので，GLIMMIX ではこれが可能である．3.4.2項で示した Model 3 と全く同じデータの読込みと解析方法を指定するが，データステップで miss=1 であれば，st を欠測データ "." に置き換えた変数 stm を作成しそれを用いている点が異なる．

P 12.2 「無視できる最尤法」に基づく解析

```
DATA respmiss;
INFILE "a:¥respmissingR.txt";
INPUT centre treatment gender age st month subject baseline miss;
    stm=st; IF miss=1 THEN stm=.;

PROC GLIMMIX DATA= respmiss METHOD=QUAD(QPOINTS=50);
  CLASS subject centre(REF='2');
  MODEL stm (EVENT="1")=treatment baseline gender age centre
           / D=BIN LINK=LOGIT SOLUTION CL;
  RANDOM INTERCEPT/SUBJECT=subject;
```

3) 多重補完法を行った解析

SAS での指定の留意点

　　SAS では多重補完法を行うための MI プロシージャと MIANALYZE プロシージャを利用する．MI で用いるデータセットは，時点ごとに1レコードとする経時データ（"long" フォーマット）ではなく，時点ごとのデータも含めた "wide" フォーマットのデータセットを用いる．ここでは FCS 文を利用して2値（カテゴリー）変数の補完法をロジスティック回帰モデルで行う．

　　MI を利用する補完モデルでは，直接モデルに用いない補助変数（auxiliary variables）も加えて補完するほうがよいとされているが，関係のない変数を入れすぎるのも問題である．多重補完のステップは以下の3つにわたる．

ステップ1：MI を利用して，指定した補完法，補完モデル，説明変数により M 個の補完データを生成する．この際，欠測データのパターンごとに欠測データの数と割合，補完モデルで使用された変数の平均値が出力されるので，それぞれの欠測データパターンの特徴を検討できる．

ステップ2：GLIMMIX を利用して，M 個の補完データセットでのパラメータを個別に推定する．

ステップ3：MIANALYZE を利用して，M 個のパラメータ推定値を統合する．

　多重補完法で用いる変数について，カテゴリー変数を CLASS 文で指定し，それらの変数を FCS 文で補完モデルを指定する．補完を行う変数(st2, st3, st4)は2値変数であるので補完モデルはロジスティック回帰モデル（変量効果モデル）とした．

$$\text{logit } P(Y_{ij}=1)$$
$$= \beta_0^* + \beta_{\text{treat}}^* \text{treat}_i + \beta_{\text{baseline}}^* \text{baseline}_i + \beta_{\text{gender}}^* \text{gender}_i + \beta_{\text{age}}^* \text{age}_i + \beta_{\text{center}}^* \text{center}_i$$

　この例では CLASS 文で st1, st2, st3, st4, centre を指定し，FCS 文で欠測データの補完を行うカテゴリー変数について LOGISTIC(st1)，LOGISTIC(st2)，LOGISTIC(st3)，LOGISTIC(st4) というようにモデルを指定している（ただし，st1

は欠測データがないので指定はしなくてもよい). さらに VAR 文で補完に用いるすべての変数を指定する. その他の指定として, ここでは seed に適当な数(=123) を入れ, 反復回数 M を 25 と設定して NIMPUTE オプションで指定している. こうしてデータセットを m 個発生させたものを "mifile" というファイル名で保存し, それを経時データとして "long" フォーマットの "milong" に変更する. この際のデータセットの変換については前述のとおりである. GLIMMIX による変量効果ロジスティック回帰モデルで発生させたデータセットごとに m 回の分析を行い (BY_IMPUTE_ で指定), ODS 文の OUTPUT オプションを用いてパラメータの出力先データセットを, ParameterEstimates = mixparmsb と指定する. こうして作成されたデータセット mixparmsb には MIANALYZE で実行するのに centre という余分な変数が生成されてしまい, centre = 2 は欠測データだけのデータとなっている (PRINT プロシージャにより確認できる). そこでここでは DATA ステップで mixparmsb をセットし, centre = 2 のデータを削除した後で不要な変数 centre を DROP コマンドで削除している. こうして整形した mixparmsb を用いて MIANALYZE プロシージャにより統合した推定値を MODELEFFECTS 文で指定し, 最終的な統合値を求めた.

P 12.3 多重補完法による解析

```
DATA respmiss1;
INFILE "a:¥respmissingR.txt" ;
INPUT #1 centre treatment gender age st1 month subject baseline miss1
      #2 centre treatment gender age st2 month subject baseline miss2
      #3 centre treatment gender age st3 month subject baseline miss3
      #4 centre treatment gender age st4 month subject baseline miss4 ;
   IF miss1=1 THEN st1=.;DROP miss1;
   IF miss2=1 THEN st2=.;DROP miss2;
   IF miss3=1 THEN st3=.;DROP miss3;
   IF miss4=1 THEN st4=.;DROP miss4;
PROC MI DATA=respmiss1 SEED=123 NIMPUTE=25 OUT=mifile
  CLASS st1 st2 st3 st4 centre ;
  VAR treatment st1 st2 st3 st4 centre gender age baseline;
  FCS
    LOGISTIC (st1)
    LOGISTIC (st2)
    LOGISTIC (st3)
    LOGISTIC (st4);

DATA milong;
  SET mifile;
  st=st1; month=1;OUTPUT;
  st=st2; month=2;OUTPUT;
  st=st3; month=3;OUTPUT;
  st=st4; month=4;OUTPUT;
```

```
PROC SORT; BY _IMPUTATION_;

PROC GLIMMIX DATA= milong METHOD=QUAD(QPOINTS=50);
  CLASS subject centre ;
  MODEL st (EVENT="1")=treatment baseline gender age centre
          / D=BIN LINK=LOGIT SOLUTION CL;
  RANDOM INTERCEPT/SUBJECT=subject;
  BY _IMPUTATION_;
  ODS OUTPUT ParameterEstimates=mixparmsb ;

DATA mixparmsb; SET mixparmsb; IF centre=2 THEN DELETE;DROP centre;
PROC MIANALYZE PARMS=mixparmsb ;
  MODELEFFECTS INTERCEPT treatment baseline gender age centre ;
```

出力結果

O 12.1 完全ケース解析

```
GLIMMIX プロシジャ

①使用されたオブザベーション数      184

            次元の数

  G 側共分散パラメータ           1
  X の列                        7
  サブジェクト毎の Z の列         1
②サブジェクト ( V のブロック )   46
  サブジェクト毎の最大 Obs        4

          適合度統計量

-2 対数尤度              170.90
AIC  (小さいほどよい)    184.90
AICC (小さいほどよい)    185.54
BIC  (小さいほどよい)    197.70
CAIC (小さいほどよい)    204.70
HQIC (小さいほどよい)    189.70


      ③ 条件付分布の適合度統計量

-2 log L(st | r. effects)   109.44
Pearson カイ 2 乗            94.82
Pearson カイ 2 乗 / DF        0.52

           ④ 共分散パラメータの推定

共分散パラメータ    サブジェクト    推定値    標準誤差
```

```
Intercept          subject          3.6110    1.9342
```

⑤ 固定効果の解

```
効果      centre 推定値   標準誤差  自由度  t 値  Pr > |t|  アルファ   下限値   上限値
Intercept        1.3736   1.4107    40   0.97  0.3360   0.05   -1.4775  4.2247
treatment        1.6116   0.8671   138   1.86  0.0652   0.05   -0.1030  3.3262
baseline         2.5033   0.8959   138   2.79  0.0059   0.05    0.7320  4.2747
gender           0.4531   1.4943   138   0.30  0.7622   0.05   -2.5017  3.4078
age             -0.06666  0.03587  138  -1.86  0.0652   0.05   -0.1376  0.004259
centre     1    -1.9498   0.8331   138  -2.34  0.0207   0.05   -3.5972 -0.3025
centre     2     0          .       .     .      .       .       .       .
```

○ 12.2 「無視できる最尤法」による解析

```
読み込んだオブザベーション数        444
⑥使用されたオブザベーション数      364

          次元の数

  G 側共分散パラメータ             1
  X の列                           7
  サブジェクト毎の Z の列           1
⑦サブジェクト（V のブロック）    111
  サブジェクト毎の最大 Obs         4


-2 対数尤度                357.47
AIC （小さいほどよい）     371.47
AICC（小さいほどよい）     371.78
BIC （小さいほどよい）     390.43
CAIC（小さいほどよい）     397.43
HQIC（小さいほどよい）     379.16
```

⑧ 条件付分布の適合度統計量

```
-2 log L(stm | r. effects)  210.47
Pearson カイ 2 乗           163.98
Pearson カイ 2 乗 / DF        0.45
```

⑨ 共分散パラメータの推定

```
共分散パラメータ   サブジェクト   推定値   標準誤差

Intercept          subject        4.4973   1.6728
```

⑩ 固定効果の解

3.5 欠測データを含む不完全データの解析例

効果	centre	推定値	標準誤差	自由度	t 値	Pr > |t|	アルファ	下限値	上限値
Intercept		-0.7459	1.0177	105	-0.73	0.4652	0.05	-2.7638	1.2719
treatment		2.2569	0.6190	253	3.65	0.0003	0.05	1.0379	3.4759
baseline		3.0345	0.6684	253	4.54	<.0001	0.05	1.7182	4.3508
gender		0.1762	0.7437	253	0.24	0.8129	0.05	-1.2885	1.6409
age		-0.02337	0.02244	253	-1.04	0.2987	0.05	-0.06755	0.02082
centre	1	-0.8669	0.5961	253	-1.45	0.1471	0.05	-2.0408	0.3071
centre	2	0	.	.	.	.	.	.	.

○ 12.3 多重補完法による解析

```
The MI Procedure

                  Model Information

Data Set                          WORK.RESPMISS1
Method                            FCS
Number of Imputations             25
Number of Burn-in Iterations      20
Seed for random number generator  123


              ⑪  FCS Model Specification

Method                  Imputed Variables

Regression              treatment gender age baseline
Logistic Regression     st1 st2 st3 st4
Discriminant Function   centre


              ⑫ Missing Data Patterns

Group treatment st1 st2 st3 st4 centre gender age baseline Freq Percent

  1      X       X   X   X   X    X      X    X    X       46   41.44
  2      X       X   X   X   .    X      X    X    X       31   27.93
  3      X       X   X   .   X    X      X    X    X       16   14.41
  4      X       X   X   .   .    X      X    X    X        7    6.31
  5      X       X   .   X   X    X      X    X    X        5    4.50
  6      X       X   .   X   .    X      X    X    X        2    1.80
  7      X       X   .   .   X    X      X    X    X        2    1.80
  8      X       X   .   .   .    X      X    X    X        2    1.80


              ⑬  Missing Data Patterns

------------------------------Group Means------------------------------
Group   treatment      st1    centre    gender     age    baseline
```

```
       1   0.500000   0.543478   0.521739   0.108696   28.543478   0.434783
       2   0.451613   0.580645   0.387097   0.290323   33.483871   0.354839
       3   0.687500   0.625000   0.437500   0.187500   33.125000   0.437500
       4   0.428571   0.571429   0.571429   0.428571   42.714286   0.571429
       5   0.200000   0.800000   0.800000   0.400000   37.600000   0.800000
       6   0.500000   1.000000   1.000000   0.500000   46.500000   1.000000
       7   0.500000   0.500000   0.500000   0        60.500000   0.500000
       8   0        0.500000   0.500000   0        56.000000   0.500000
```

〈GLIMMIX プロシジャによる個別のデータセットでの多重補完は省略〉

Imputation Number=25

〈MIANALYZE プロシジャによる統合結果〉

The MIANALYZE Procedure

　　　　　Model Information

PARMS Data Set   WORK.MIXPARMSB
Number of Imputations   25

　　　　　　　　　　　Variance Information

```
                                                Relative    Fraction
                                                Increase    Missing    Relative
Parameter    -----------Variance-----------     
             Between    Within    Total    DF   in Variance Information Efficiency

INTERCEPT    0.193279  0.920929  1.121940  747.68   0.218269   0.181350   0.992798
treatment    0.073894  0.329864  0.406714  672.21   0.232974   0.191355   0.992404
baseline     0.140782  0.371470  0.517883  300.27   0.394146   0.287445   0.988633
gender       0.083875  0.501605  0.588835 1093.6    0.173902   0.149694   0.994048
age          0.000107  0.000435  0.000546  582.44   0.254694   0.205716   0.991839
centre       0.031142  0.330503  0.362890 3013.1    0.097994   0.089852   0.996419
```

　　　　　　　　　⑭　Parameter Estimates

```
Parameter   Estimate Std Error  95% Confidence Limits    DF   Minimum    Maximum

INTERCEPT   -0.527830 1.059217  -2.60722   1.551563  747.68  -1.273730   0.067318
treatment    2.166933 0.637741   0.91473   3.419138  672.21   1.721825   2.605552
baseline     2.704567 0.719641   1.28839   4.120746  300.27   2.168196   3.400594
gender       0.209072 0.767356  -1.29658   1.714728 1093.6   -0.229918   0.791206
age         -0.026777 0.023371  -0.07268   0.019124  582.44  -0.043140  -0.007644
centre      -0.876612 0.602404  -2.05778   0.304552 3013.1  -1.189957  -0.572929
```

　　　　　　　　　⑮　Parameter Estimates
　　　　　　　　　　　t for H0:
Parameter   Theta0   Parameter=Theta0   Pr > |t|

INTERCEPT   0   -0.50   0.6184

```
treatment        0        3.40     0.0007
baseline         0        3.76     0.0002
gender           0        0.27     0.7853
age              0       -1.15     0.2524
centre           0       -1.46     0.1457
```

解説

C 12.1 完全ケース解析

list-wise deletion を行った場合の解析である．ここでは結果変数を st，説明変数を treatment, baseline, gender, age, centre としたロジスティック回帰モデルによる分析を行う．欠測データを list-wise で除くと全部で 111 ケース中 46 ケースのみとなり，62％（69/111）が除外され，計 184（＝46×4）オブザベーション（①，②）での分析となった．治療効果の推定値（⑤）は 1.61，SE は 0.87，p 値は 0.065 となり，有意な効果が認められないという結果となった．解析に用いたデータ数の著しい減少により効率は悪い．

C 12.2 「無視できる最尤法」による解析

欠測データを無視して時点ごとに削除したデータでは 111 ケースがすべて使われ，各ケースで用いられる時点数は 1～4 と不ぞろいであり計 364 オブザベーション（⑥，⑦）が解析に利用された．その結果では治療効果の推定値（⑩）は 2.26，SE は 0.62，p 値は 0.0003 と有意な結果となった．

C 12.3 多重補完法による解析

⑪には MI で使われた補完モデルと適用した変数の一覧が掲載される．カテゴリー変数として指定し，補完モデルを特に指定しなかった centre にはカテゴリー変数でのデフォルトの discriminant function が適用される（ただし，ここでは欠測データはなく適用されない）．連続変数のデフォルトは regression である．MI の結果得られた欠測のパターンでは，8 通りの欠測パターンがみられた（⑫，⑬）．1 行目は完全ケースであり，46 ケースと **O 12.1** の完全ケースの解析で用いたデータである．欠測データのパターン（⑬）をみると，欠測データが多くなるにつれて年齢が高くなる傾向が顕著であることがわかる（MAR の可能性を示唆）．また，「呼吸器の状態」が poor となって患者が次の時点で来院しない（欠測）傾向があるのか，ということを把握するのも欠測データの理由を考えるのに重要な情報を提供してくれるかもしれない．そのためには，j 時点目（st1）で poor（＝0）（または good（＝1））であったものが $j+1$ 時点目で欠測となった（miss2＝1）割合をクロス表の形でみればよい．これを 1 時点目，2 時点目，3 時点目で繰り返して欠測のパターンをみたところ，次に示すように呼吸器の状

態が poor で欠測となった割合は，2時点目，3時点目，4時点目でそれぞれ7％，20％，46％と，呼吸器の状態が good で欠測となった割合の12％，26％，35％に比べると，2，3時点目では状態が good で欠測となったものがやや多かったが，4時点目ではそれが逆転して poor でやや多くなっていることがわかる．この傾向から直ちに欠測データメカニズムに関する推論は難しいが，結果の解釈の議論にはこのような変動も考慮に入れる必要があるだろう．

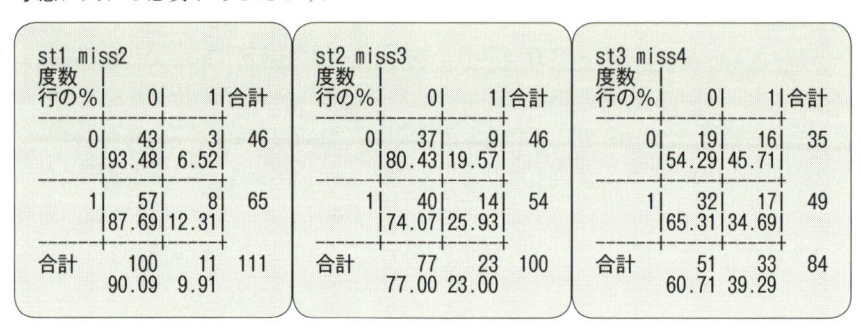

```
st1 miss2                    st2 miss3                    st3 miss4
度数   |                     度数   |                     度数   |
行の%|    0|    1|合計        行の%|    0|    1|合計        行の%|    0|    1|合計
-----+-----+-----+            -----+-----+-----+            -----+-----+-----+
    0|   43|    3|  46            0|   37|    9|  46            0|   19|   16|  35
     |93.48| 6.52|                 |80.43|19.57|                 |54.29|45.71|
-----+-----+-----+            -----+-----+-----+            -----+-----+-----+
    1|   57|    8|  65            1|   40|   14|  54            1|   32|   17|  49
     |87.69|12.31|                 |74.07|25.93|                 |65.31|34.69|
-----+-----+-----+            -----+-----+-----+            -----+-----+-----+
合計    100    11  111       合計     77    23  100       合計     51    33   84
       90.09  9.91                  77.00 23.00                  60.71 39.29
```

さて，欠測パターン（⑫，⑬）から単調パターン（monotone pattern）ではないことがわかる．単調なパターンとは，以下に示すように，時間が経つに従い，欠測データが多くなっていくパターンである．

```
     st1   st2   st3   st4
      X     X     X     X
      X     X     X     .
      X     X     .     .
      X     .     .     .
```

プログラム **P 12.3** では $M=25$ 個のデータセットを発生させ，それぞれのデータセットで GLIMMIX を用いて Model 3 の変量効果混合モデルにより分析し，MIANALYZE で統合した．その結果では，治療効果の推定値（⑭）は2.17，SE は 0.64，p 値（⑮）は0.0007と有意な結果となっていた．

以上の結果を3.4.2項の欠測のなかった場合（full data analysis）の変量効果混合効果モデル（Model 3）での推定結果もあわせて表3.14にまとめた．この結果ではパラメータの推定値および標準誤差とも「無視できる最尤法」とロジスティック回帰モデルで補完した多重補完法とも，3.4.2項の欠測のなかった場合の変量効果混合効果モデルでの推定結果に近い値を示していた．一方，完全ケース解析の結果では用いたケース数が半減し，効率が悪いことが示された．一方，「無視できる最尤法」と多重補完法による結果が良かったのは，MAR という仮定が成り立っていたこと，多重補完

表3.14 欠測データの取扱いによる治療効果に対する推定結果の比較

欠測データの取扱い	パラメータ推定値	標準誤差	p値	用いたケース数/オブザベーション数
完全ケースによる解析	1.61	0.87	0.065	46/184
無視できる最尤法による解析	2.26	0.62	0.0003	111/364
多重補完法（FCS）による解析	2.17	0.64	0.0007	111/444
欠測のない full データによる解析	2.13	0.56	0.0002	111/444

では補完モデルが適切なものであった，ので当然の結果といえる．なお，多重補完法の場合には乱数を用いてデータを発生するため，乱数に依存して解が変ってしまうことに留意したい．いずれにしても欠測データの補完では仮定した欠測データメカニズムの仮定のもとに推定を行うことから，仮定に対するできる限りの検証（むずかしいが）と感度分析が重要であり，そこから導き出された結論も検証的とはなりにくい探索的なもの，であるということに留意して解釈する必要がある．

3.6 老人の手段的自立に関するクロスセクショナル研究

これまで，ロジスティック回帰モデルをオッズ比あるいは相対危険度の検討という形で取り上げてきたが，リスク指標の推定には関心はなく，より一般的な要因関連分析の手法として取り扱い，パラメータの有意性検定を行い，要因分析の道具として用いる場合も少なくない．通常の回帰分析と同じようにパラメータの推定値とその有意性の検討を行ったり，あるいはあらかじめ得られている集計表のデータから，どのような要因が関連しているかを検討する場合などがそれにあたろう．特に公衆衛生学の分野ではクロスセクショナル研究なども多く，そのような場合に利用することができる．ここではこのような用い方の例を示してみよう．

（1）データ構造

小林らの高層集合住宅居住老人の手段的自立（instrumental activities of daily life; IADL）に関連する要因を検討したデータを解析例として取り上げる（小林ら，1989）．データの構成は表3.15のとおりである．

〈データ系列〉　kousou.dat, $n=66$

各質問項目に対する反応がスペースをおかずに順番に入力されている．1ケース1レコードである．

表 3.15 解析に用いる変数

	変数名
結果変数	
IADL	iadl（高=1，低=2）
説明変数	
年齢	age（60歳代=6，70歳代=7，80歳代=8）
性別	sex（男=1，女=2）
仕事（趣味，ボランティアも含む）	job（あり=1，なし=2）
居住階数	floor（1階=1，2〜4階=2，5〜23階=3）
配偶者との同居	spouse（あり=1，なし=2）
子供との同居	lwc（あり=1，なし=2）

```
1621111
1711111
2822312
1621211
  ⋮  ⋮
```

（2）目標とする解析結果

解析結果を表3.16のようにまとめることを目標としてみよう．その結果からはIADL低下に影響を及ぼす要因として高年齢（$p<0.01$），ボランティアなども含む仕

表 3.16　高層集合住宅居住老人の手段的自立，IADL，に関連する要因

		β	Wald χ^2 値	p 値
年齢	60歳代	2.24	9.14	0.010
	70歳代	0.01		
	80歳代	-2.25		
性別	男	-0.25	0.18	0.674
	女	0.25		
仕事	あり	1.10	4.50	0.034
	なし	-1.10		
居住階数	1〜4階	0.84	2.75	0.097
	5〜23階	-0.84		
配偶者との同居	あり	0.08	0.02	0.90
	なし	-0.08		
子供との同居	あり	0.47	0.33	0.57
	なし	-0.47		
尤度比検定統計量			20.96	0.695

注）　プラス方向がIADL高得点の割合が高いことを示す．
　　（この結果では後述の理由により居住階数が3段階から2段階へと変更してある）

事がない(5)が強く関連し,また,関連はやや弱いが居住階数が5階以上でもやや低下と関連する傾向が認められた($p<0.10$).

(3) 解析の手順と実際の計算

ロジスティック回帰分析を LOGISTIC で行ってみよう.

プログラム

P 13.1 データの読込みとロジスティック回帰分析

データ入力はスペース区切りがないのでカラム指定で読み込む.また,ここでは iadl は高得点がカテゴリー1となっているため,パラメータ推定値がプラスとなったカテゴリーでは IADL 高得点の割合が高いことを示す.

```
PROC LOGISTIC DATA=D1;
    CLASS age sex job floor spose lwc;
    MODEL iadl(EVENT="1")=age sex job floor spose lwc
          / AGGREGATE SCALE=N PLRL ALPHA=0.05 LACKFIT RSQUARE;
```

P 13.2 手段的自立 (iadl) と居住階数 (floor) のクロス表

ロジスティック回帰分析の結果では infinite のものがあったため,クロス表を出力してそれを確認する.

```
PROC FREQ;TABLES iadl* floor/NOCOL NOROW NOCUM NOPERCENT;
```

P 13.3 居住階数 (floor) の再カテゴリー化とロジスティック回帰分析

カテゴリーの併合後,再度ロジスティック回帰分析を行う.

```
DATA D2; SET D1; IF floor=1 THEN floor=2;
PROC LOGISTIC DATA=D2;
    CLASS age sex job floor spose lwc;
    MODEL iadl(EVENT="1")=age sex job floor spose lwc
          / AGGREGATE SCALE=N PLRL ALPHA=0.05 LACKFIT RSQUARE;
```

出力結果

O 13.1 ロジスティック回帰分析

```
LOGISTIC プロシジャ

            モデル収束状態

データ点の準完全分離が検出されました.
```

WARNING: 最尤推定量は存在していない可能性があります．
WARNING: LOGISTIC プロシジャは上記の警告にもかかわらず継続します．
　　　　 最尤反復に基づいて結果が表示されます．
　　　　 モデルの当てはめの妥当性は疑わしいです．

デビアンスと Pearson の適合度統計量

基準	値	自由度	値/自由度	Pr > ChiSq
デビアンス	20.0622	29	0.6918	0.8910
Pearson	90.7683	29	3.1299	<.0001

一意のプロファイル数：38

最尤推定値の分析

パラメータ		自由度	推定値	標準誤差	Wald カイ2乗	Pr > ChiSq
Intercept		1	4.6775	55.7966	0.0070	0.9332
age	6	1	2.3309	0.8913	6.8383	0.0089
age	7	1	0.0753	0.5877	0.0164	0.8981
sex	1	1	-0.1631	0.6342	0.0662	0.7970
job	1	1	0.9598	0.5200	3.4061	0.0650
floor ①	1	1	7.5129	111.6	0.0045	0.9463
floor	2	1	-3.1076	55.7948	0.0031	0.9556
spose	1	1	-0.1893	0.6745	0.0788	0.7790
lwc	1	1	0.3064	0.8204	0.1395	0.7088

オッズ比の推定

効果	点推定値	95% Wald 信頼限界	
age 6 vs 8	114.094	4.794	>999.999
age 7 vs 8	11.958	1.316	108.680
sex 1 vs 2	0.722	0.060	8.668
job 1 vs 2	6.818	0.888	52.352
floor 1 vs 3	>999.999	<0.001	>999.999
floor 2 vs 3	3.660	0.481	27.876
spose 1 vs 2	0.685	0.049	9.634
lwc 1 vs 2	1.846	0.074	46.007

Hosmer と Lemeshow の適合度検定

カイ2乗	自由度	Pr > ChiSq
29.0717	7	0.0001

3.6 老人の手段的自立に関するクロスセクショナル研究

O 13.2 手段的自立（iadl）と居住階数（floor）のクロス表

```
FREQ プロシジャ

表：iadl * floor

iadl    floor
度数  |    1|    2|    3|  合計
------+-----+-----+-----+
    1 |   8 |  20 |  24 |   52
------+-----+-----+-----+
    2 |  ② 0|   4 |  10 |   14    ←0のセル！
------+-----+-----+-----+
合計       8    24    34     66
```

O 13.3 居住階数（floor）の再カテゴリー化とロジスティック回帰分析

```
LOGISTIC プロシジャ

            モデル収束状態

収束基準（GCONV=1E-8）は満たされました．

         デビアンスと Pearson の適合度統計量

基準              値     自由度    値/自由度    Pr > ChiSq

デビアンス     20.9550      25      0.8382       0.6951
Pearson        95.4541      25      3.8182       <.0001

一意のプロファイル数：33

            〈途中省略〉

         効果に対する Type 3 分析

                  Wald
効果    自由度   カイ2乗    Pr > ChiSq

age        2     9.1398     0.0104
sex        1     0.1774     0.6736
job        1     4.4972     0.0339
floor      1     2.7503     0.0972
spose      1     0.0172     0.8955
lwc        1     0.3309     0.5651

            最尤推定値の分析
```

パラメータ	自由度		③推定値	標準誤差	Wald カイ2乗	Pr > ChiSq
Intercept		1	1.0444	0.7270	2.0638	0.1508
age	6	1	2.2391	0.8481	6.9701	0.0083
age	7	1	0.0112	0.5788	0.0004	0.9846
sex	1	1	−0.2535	0.6018	0.1774	0.6736
job	1	1	1.0968	0.5172	4.4972	0.0339
floor	2	1	0.8352	0.5036	2.7503	0.0972
spose	1	1	0.0800	0.6095	0.0172	0.8955
lwc	1	1	0.4692	0.8156	0.3309	0.5651

Hosmer と Lemeshow の適合度検定

カイ2乗	自由度	Pr > ChiSq
43.1436	7	<.0001

解説

C 13.1　ロジスティック回帰分析

出力結果の冒頭に「データ点の準完全分離が検出されました．WARNING: 最尤推定量は存在していない可能性があります．WARNING: LOGISTIC プロシージャは上記の警告にもかかわらず継続します．最尤反復に基づいて結果が表示されます．モデルの当てはめの妥当性は疑わしいです．」という警告が出されている．結果をみると①の floor の標準誤差がきわめて大きくなっている．CATMOD では「無限（infinite）」とする基準に

（1）推定値の絶対値が関連する変数の範囲で5を除したものを越えている場合

（2）推定値の標準誤差がその推定値の3倍よりも大きい場合

を採用している．このとき検定結果は（.）で示され，パラメータの推定値には（#）がつき，無限であることが表示される．LOGISTIC では一見，解が求められているようにみえるが，推定値と標準誤差をみても，この結果は妥当ではないことがわかる．このようになる原因の1つは，ロジスティック回帰分析が多重クロス表をもとに推定するため，0のセルがある場合には推定不能となるからである．推定不能の変数が含まれた場合にはこの結果は解釈できない．そこで iadl と floor のクロス表を求めて確認する．

C 13.2　クロス表

クロス表により floor = 1，iadl = 2（②）の頻度が0であり infinite の原因であることがわかる．

C 13.3　再カテゴリー化とロジスティック回帰分析

0のセルをなくすために，ここではfloorのカテゴリー1と2とを併合する．こうして得られた結果のパラメータ推定値とWald χ^2 検定結果をまとめたものが目標とした表である．なお，モデル適合度は25に対して $\chi^2 = 20.96$ と悪くない．また，2.3.3項および3.10節で解説した正確な検定（モデル文のオプションの"SCALE=N"を削除し，モデル文の後に「EXACT 'two' floor/ EASTIMATE;」を挿入）によりfloorの（推定値，標準誤差，p 値）は（0.68, 0.45, 0.238）となり，有意ではなかった．一方，小林らの場合には数量化II類（林，1952）を用いており，この場合は周辺度数に基づく解析のため，floorを併合しなくても解が求められる．

3.7　性別・学年別愁訴発現率

表1.11（再掲）は中学生の疲れに関する愁訴の，性別，学年別の出現率をまとめたものである．この表から，愁訴の出現が，性差，学年差，あるいは性別により学年の影響が異なるか（性と学年との交互作用があるか）という点について検討することを考えよう．

表1.11（再掲）　生理的愁訴（前日の疲れが回復しにくい）の出現率

	1年生	2年生	3年生
男子	2/20 = 10.0%	7/21 = 33.3%	3/20 = 15.0%
女子	9/21 = 42.9%	6/14 = 42.9%	6/21 = 28.6%

このような表をデータとして取り扱うときにはデータ形式として次のようなものを考える．結果変数は疲れの愁訴であり，説明変数として性差(sex)，学年(grade) がある．ここでの反応プロファイルは性差と学年の組合せであり，人数をウェイト(weight)として入力する方法もある（旧版）．データ形式としては3.8節で示すような表の頻度（訴えのあった人数 r と総数 n）をそのまま入力していくやり方もある．ここではデータ系列をこの方式に従って下記のように入力した．

〈データ系列〉　syuso2.dat

```
 sex   grade   r    n
  1      1     2   20
  1      2     7   21
  1      3     3   20
  0      1     9   21
  0      2     6   14
  0      3     6   21
```

(1) 解析の手順

ここでは LOGISTIC によるロジスティック回帰分析を行ってみよう.

> **SASでの指定の留意点**
>
> 反応別プロファイルを r/n 型で直接入力する形となる. データは DATALINES 文で呼び込む.
> 男女は男性＝1, 女性＝0とし, 学年は partial 法（表 3.1）に基づく2つのダミー変数 G2, G3 を作成する. 1年生を基準として
> 　2年生なら G2=1, その他は G2=0.
> 　3年生なら G3=1, その他は G3=0.

プログラム

P 14 性, 学年の主効果のみのロジスティック回帰分析

```
DATA D1;
INPUT sex grade r n;
  IF grade=2 THEN g2=1;ELSE g2=0;
  IF grade=3 THEN g3=1;ELSE g3=0;
DATALINES;
1 1 2 20
1 2 7 21
1 3 3 20
0 1 9 21
0 2 6 14
0 3 6 21
;
PROC LOGISTIC;
   MODEL r/n=sex g2 g3/ AGGREGATE SCALE=N PLRL ALPHA=0.05 LACKFIT RSQUARE;
   TEST g2=g3=0;
```

出力結果

O 14 結果（一部省略）

デビアンスと Pearson の適合度統計量

基準	値	自由度	値／自由度	Pr > ChiSq
①デビアンス	1.9858	2	0.9929	0.3705
Pearson	1.9032	2	0.9516	0.3861

一意のプロファイル数：6

モデルの適合度統計量

基準	切片のみ	切片と共変量
AIC	141.202	139.562
SC	143.964	150.611

```
-2 Log L        139.202           131.562
```

最尤推定値の分析

パラメータ	自由度	推定値	標準誤差	Wald カイ2乗	Pr > ChiSq
Intercept	1	-0.5748	0.3954	2.1137	0.1460
②sex	1	-0.9977	0.4370	5.2123	0.0224
g2	1	0.6194	0.5154	1.4444	0.2294
g3	1	-0.2768	0.5276	0.2753	0.5998

線形仮説検定の結果

ラベル	Wald カイ2乗	自由度	Pr > ChiSq
Test 1	③ 2.9985	2	0.2233

Hosmer と Lemeshow の適合度検定

カイ2乗	自由度	Pr > ChiSq
1.9032	4	0.7536

解説

C 14

項目の有意性を Wald χ^2 統計量に対する p 値でみると，性別が②より $p=0.02$，学年が③より $p=0.22$ となり，性差が大きいことがわかった．性差のオッズ比は②より 0.37 であり，男子が女子に比べて愁訴が少ない傾向があることがわかる．

モデルの適合度をデビアンス適合度統計量①でみると自由度2に対して χ^2 値$=1.99$ であり，$p=0.37$ とよく適合していることがわかる．Pearson 適合度統計量でみてもほとんど変りがない．したがって，ここでは交互作用項を考慮する必要はない．一意のプロファイル数は表 1.11 に示されているプロファイル（分割表のセル）の個数であり，これをもとにしてデビアンスが計算されている．

3.8 スペースシャトル事故予測の解析例

1.7 節で紹介した NASA スペースシャトル Challenger 号の爆発事故に関するデータ（表 1.13）を，SAS を利用して解析してみよう．

表 1.13（再掲）　過去 23 回のスペースシャトル打上げ時の温度の「O-ring」故障数

r	temp	r	temp	r	temp	r	temp	r	temp	r	temp	r	temp	r	temp	r	temp	r	temp
2	53	1	57	1	58	1	63	0	66	0	67	0	68	0	69	0	70	0	68
0	70	1	70	1	70	0	72	0	73	0	75	2	75	0	76	0	76	0	68
0	78	0	79	0	81														

r：故障数，　temp：温度(F)

問題は温度だけでどの程度の事故の予測ができるかという問題である．つまり，

$$p = F(温度)$$

という関数 F を推定する問題に帰着される．ここでは，まず，関数 F にロジスティック関数を用いたロジスティック回帰モデルを適用し，温度の 3 次多項式としたモデル

$$\log \frac{p}{1-p} = \alpha + \beta_1 t + \beta_2 t^2 + \beta_3 t^3$$

で考えてみよう．入力するデータ系列は次のようにする．

〈データ系列〉　glim.dat

```
 1  2 53      13 1 70
 2  1 57      14 0 72
 3  1 58      15 0 73
 4  1 63      16 0 75
 5  0 66      17 2 75
 6  0 67      18 0 76
 7  0 68      19 0 76
 8  0 69      20 0 68
 9  0 70      21 0 78
10  0 68      22 0 76
11  0 70      23 0 81
12  1 70
```

（2 つのブロックに分けてあるが，実際のデータは 1〜23 まで縦に並べる．）

実際の計算を LOGISTIC を用いて行ってみよう．

[SAS での指定の留意点]

　　LOGISTIC の指定において，このデータは 6 か所（弁の数，no=6）のうちの故障数（nf）がデータとして入力されているため，MODEL 文の左辺は

$$\frac{故障数}{弁の数}$$

として nf/no を指定する．右辺は説明変数の温度を指定する．ここではモデルの適合度をみるために AGGREGATE=(num) SCALE=N という指定を加えてある．これによりプロファイル数が num であることになり，モデルの適合度をデビアンスでみることができるようになる．1 次線形式の場合には，UNIT 文で連続変数の指定した単位当りの変化に対するオッズ比を計算する．また，COVB で分散共分散行列を出力する．さらに influential プロファイル検出のための Cook 型統計量，予測値と 95% 信頼区間の上限，下限を出力するための指定を OUTPUT 文で行い，Cook 型統計量のプロットと予測値と 95% 信頼区間の上限，下限のプロットを PLOT を利用して行う．

3.8 スペースシャトル事故予測の解析例

プログラム

P 15.1

```
DATA D1;
  INFILE "a:\glim.dat";
  INPUT num nf temp;
        no=6;
        t=temp; t2=t*t; t3=t2*t;
PROC LOGISTIC DATA=D1;
        MODEL nf/no=t t2 t3/AGGREGATE=(num) SCALE=N PLRL LACKFIT;
        OUTPUT OUT=O1 C=COOK PREDICTED=P LOWER=L UPPER=U;
PROC LOGISTIC DATA=D1;
        MODEL nf/no=t t2 /AGGREGATE=(num) SCALE=N PLRL LACKFIT;
        OUTPUT OUT=O1 C=COOK PREDICTED=P LOWER=L UPPER=U;
PROC LOGISTIC DATA=D1;
        MODEL nf/no=t /AGGREGATE=(num) SCALE=N PLRL LACKFIT COVB;
        OUTPUT OUT=O1 C=COOK PREDICTED=P LOWER=L UPPER=U;
PROC PLOT DATA=O1; PLOT COOK*t;
PROC PLOT DATA=O1; PLOT P*t='P' L*t='L' U*t='U'/OVERLAY;
```

出力結果

O 15.1 3次多項式

〈デビアンスのみ掲載〉

デビアンスと Pearson の適合度統計量

基準	値	自由度	値／自由度	Pr > ChiSq
① デビアンス	17.2247	19	0.9066	0.5747
Pearson	23.6199	19	1.2432	0.2111

一意のプロファイル数：23

O 15.1 2次多項式

〈デビアンスのみ掲載〉

デビアンスと Pearson の適合度統計量

基準	値	自由度	値／自由度	Pr > ChiSq
② デビアンス	17.5916	20	0.8796	0.6143
Pearson	26.8776	20	1.3439	0.1387

一意のプロファイル数：23

O 15.1 1次多項式

デビアンスと Pearson の適合度統計量

基準	値	自由度	値/自由度	Pr > ChiSq
③ デビアンス	18.0863	21	0.8613	0.6435
Pearson	29.9803	21	1.4276	0.0924

一意のプロファイル数：23

モデルの適合度統計量

基準	切片のみ	切片と共変量
AIC	68.540	64.396
SC	71.468	70.251
-2 Log L	66.540	60.396

包括帰無仮説：BETA=0 の検定

検定	カイ2乗	自由度	Pr > ChiSq
尤度比	6.1440	1	0.0132
スコア	6.7696	1	0.0093
Wald	6.0435	1	0.0140

最尤推定値の分析

パラメータ	自由度	推定値	標準誤差	Wald カイ2乗	Pr > ChiSq
④ Intercept	1	5.0850	3.0525	2.7751	0.0957
⑤ t	1	-0.1156	0.0470	6.0435	0.0140

オッズ比の推定値

効果	点推定値	95% Wald 信頼限界	
t	0.891	0.812	0.977

⑥推定共分散行列

パラメータ	Intercept	t
Intercept	9.317667	-0.14257
t	-0.14257	0.002211

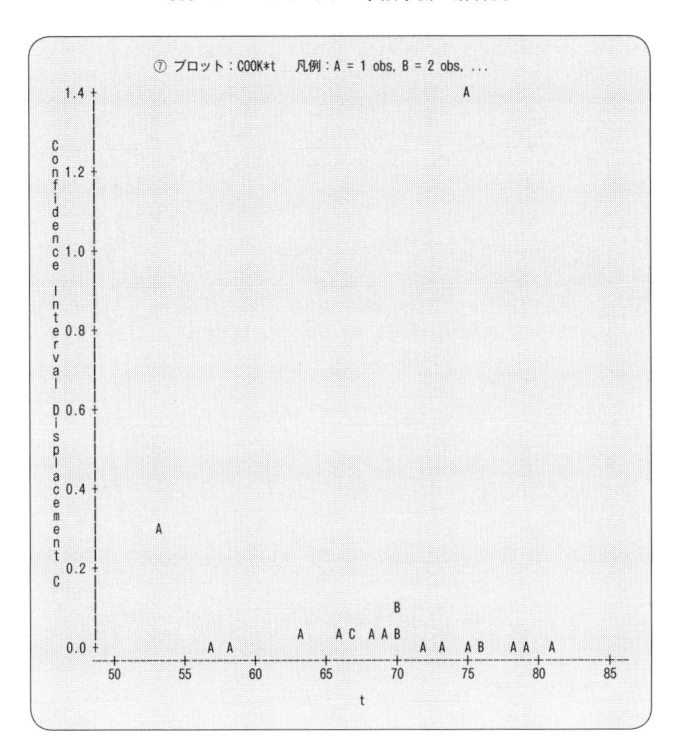

3.8 スペースシャトル事故予測の解析例

⑦ プロット：COOK*t　凡例：A = 1 obs, B = 2 obs, ...

```
                                           A
   1.4 +

C
o
n  1.2 +
f
i
d
e
n  1.0 +
c
e

I
n  0.8 +
t
e
r
v
a  0.6 +
l

D
i
s  0.4 +
p
l
a          A
c
e  0.2 +
m
e                              B
n
t  0.0 +         A A       A   AC AAB    A A   AB   AA  A
C       +-------+-------+-------+-------+-------+-------+-------+
        50      55      60      65      70      75      80      85
                                    t
```

C 15.1　解説

3次多項式，2次多項式，1次多項式の3つのモデルの適合度尤度比検定統計量①〜③をまとめると表3.17のようになる．

表3.17　3つのモデルの適合度尤度比検定統計量

モデル	デビアンス	d.f.	上位のモデル との差 $\Delta\chi^2$	項の p 値
3次多項式	17.22	19		
			0.367	0.545（3次）
2次多項式	17.59	20		
			0.495	0.481（2次）
1次線形	18.09	21		
			6.144*	0.013（1次）
定数	24.23	22		

*$y=t$ のモデルでの $-2\log L$ の χ^2 統計量

この結果から，1次線形モデル（④，⑤）

$$\hat{p}(t) = \frac{1}{1+\exp(-5.085+0.1156t)}$$

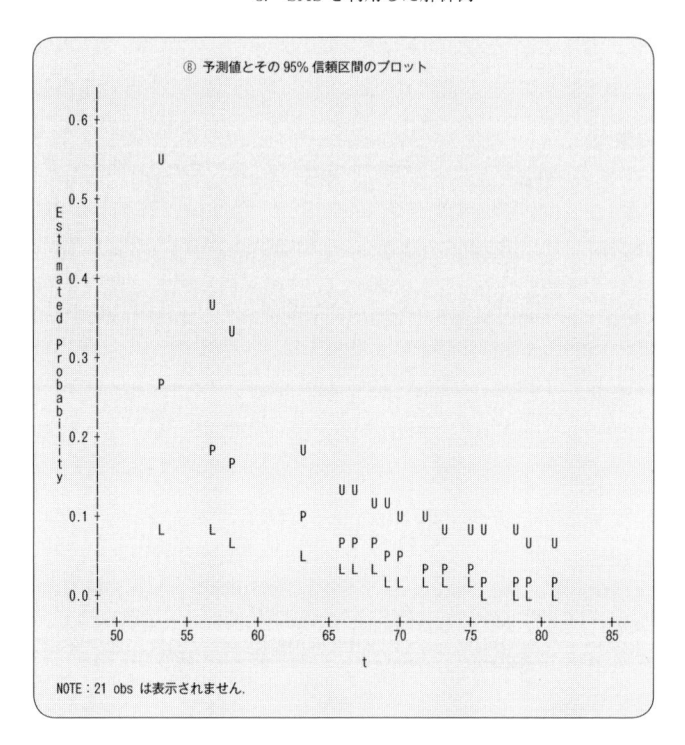

```
               ⑧ 予測値とその 95% 信頼区間のプロット
      |
  0.6 +
      |
      |        U
E     |
s 0.5 +
t     |
i     |
m     |
a 0.4 +        U
t     |        U
e     |
d     |
  0.3 +  P
P     |
r     |
o     |
b 0.2 +    P P      U
a     |
b     |
i     |              U U
l 0.1 +  L L        P   U U      U U       U  U
i     |      L L       P P     P     P         P
t     |          L    L L  P P  P  P    P P  P
y 0.0 +                  L L  L L  L P  L L  L
      +----+----+----+----+----+----+----+
          50   55   60   65   70   75   80   85
                             t
  NOTE: 21 obs は表示されません.
```

が最適となった．モデルの適合度は，デビアンス③ $\chi^2 = 18.1$，自由度 21，$p = 0.64$ より良好である．モデルの推定結果に大きな影響を与えるデータ (influential profile) を検索するための Cook 型統計量 (Cook's distance) を x 軸にとって⑦に示した（図 1.7 と同じ）．予想どおり，2 回の故障が生じた比較的高い温度 75°F で最も大きい値となっている．1.7 節でも述べたようにこのデータは温度と故障率との間に推定された負の関係式を弱める方向に働いている．もし除外すれば，負の関係をもっと強める傾向となる（解析者の都合の良い方向にバイアス）ので，ここではこのデータは除くことは適当ではない．

⑧に上の予測値と 95% 信頼区間

$$(\hat{p}_L(t), \hat{p}_U(t)) = \frac{1}{1+\exp\{-5.085+0.1156温度 \pm 1.96 \mathrm{SE}(\hat{\alpha}+\hat{\beta}t)\}}$$

をプロットした（図 1.8 と同じ）．ここで，⑥から

$$\mathrm{SE}(\hat{\alpha}+\hat{\beta}t) = \sqrt{\mathrm{Var}(\hat{\alpha})+2t\,\mathrm{Cov}(\hat{\alpha},\hat{\beta})+t^2\mathrm{Var}(\hat{\beta})}$$
$$= \sqrt{9.318-2\times 0.1426t+0.00221t^2}$$

である．この結果から，温度が31°Fでの故障確率の推定値は

$$\hat{p}(31) = 0.818(95\% \text{ CI}: 0.16-0.99)$$

となり，その95％信頼区間は

下限値：$1-(1-0.16)^6 = 0.65$
上限値：$1-(1-0.99)^6 = 1.00$

と推定される．

しかし，このように，温度のデータの範囲を越えた温度に関する予測を行う外挿（extrapolation）は，採用した関数 F に大きく依存して変化することが少なくない．選んだ関数の理論的根拠が希薄な場合はなおさらである．この例でもロジスティック関数でなければならない理由はなにもないのであるから，このような場合は他に考えられる関数を適用してみて，結果がどの程度異なるかという感度分析をすべきである．そこでこの場合に考えられる候補としては，プロビット回帰モデル

$$\hat{p}^{-1}(p) = \alpha + \beta_1 t + \beta_2 t^2 + \beta_3 t^3 \tag{3.2}$$

と

$$\log(-\log(1-p)) = \alpha + \beta_1 t + \beta_2 t^2 + \beta_3 t^3 \tag{3.3}$$

の complementary log-log 回帰モデルの2つであろう．これらの分析は GENMOD を利用することによりできる（LOGISTIC でも指定できる）．

SAS での指定の留意点

　　GENMOD では P 15.1 の LOGISTIC での指定と類似しており，MODEL 文のオプションを変えればよい．
　　　　　プロビットモデル：DIST=BINOMIAL LINK=PROBIT NOSCALE
　　　　　complementary log-log 回帰分析モデル：
　　　　　　　　　　DIST=BINOMIAL LINK=CLOGLOG NOSCALE
とする．ここではさらに LRCI, ALPHA=0.05 でパラメータ推定値の最尤推定に基づく95％信頼区間を求め，COVB で分散共分散行列を出力している．

プログラム

P 15.2 プロビット回帰モデルと complementary log-log 回帰モデル

```
PROC GENMOD DATA=D1; MODEL nf/no=t /DIST=BINOMIAL LINK=PROBIT
                    LRCL NOSCALE ALPHA=0.05 COVB;
PROC GENMOD DATA=D1; MODEL nf/no=t /DIST=BINOMIAL LINK=CLOGLOG
                    LRCL NOSCALE ALPHA=0.05 COVB;
```

出力結果

O 15.2 プロビット回帰モデル

```
GENMOD プロシジャ

        ② 推定共分散行列

          Prm1           Prm2

Prm1    2.43962        -0.03632
Prm2   -0.03632         0.0005475


           ① 最大尤度パラメータ推定値の分析

                                                      Wald
パラメータ  自由度  推定値  標準誤差  尤度比 95% 信頼限界  カイ 2 乗  Pr > ChiSq

Intercept    1    2.2345   1.5619   -0.8033   5.3433    2.05     0.1525
t            1   -0.0555   0.0234   -0.1027  -0.0106    5.63     0.0177
Scale        0    1.0000   0.0000    1.0000   1.0000
```

O 15.2 complementary log-log 回帰モデル

```
GENMOD プロシジャ

        ④ 推定共分散行列

          Prm1           Prm2

Prm1    7.87245        -0.12164
Prm2   -0.12164         0.001907


           ③ 最大尤度パラメータ推定値の分析

                                                      Wald
パラメータ  自由度  推定値  標準誤差  尤度比 95% 信頼限界  カイ 2 乗  Pr > ChiSq

Intercept    1    4.7142   2.8058   -1.0451  10.1626    2.82     0.0929
t            1   -0.1108   0.0437   -0.1989  -0.0244    6.43     0.0112
Scale        0    1.0000   0.0000    1.0000   1.0000
```

解説

C 15.2

これらのモデルでの推定値はいずれも線形モデルが最適となり，①，②より

$$\Phi^{-1}(\hat{p}(\mathrm{t})) = 2.234 - 0.0555t$$

3.9 LD50, ED50 の推定　　　　　　　　　　　　　191

$$\mathrm{Var}(\hat{\alpha}) = 2.440, \quad \mathrm{Cov}(\hat{\alpha}, \hat{\beta}) = -0.3632, \quad \mathrm{Var}(\hat{\beta}) = 0.0005475$$

と③, ④より

$$\log(-\log(1-\hat{p}(t))) = 4.714 - 0.1108 t$$
$$\mathrm{Var}(\hat{\alpha}) = 7.872, \quad \mathrm{Cov}(\hat{\alpha}, \hat{\beta}) = -0.1216, \quad \mathrm{Var}(\hat{\beta}) = 0.001907$$

と推定された．予測確率曲線とその95%信頼区間は逆関数を利用して同様に計算すればよい．問題は温度31°Fでの予測確率であるが，まとめると表3.18のようになる．これから，モデル間で多少の差はあるものの，6個のO-ringのうち少なくとも1つ故障する確率はいずれもほぼ1.00に近い答えを出している．

表 3.18　温度 31°F での予測確率

	logistic	probit	comp. log-log
p (31)	0.82	0.70	0.97
95% CI	0.16〜0.99	0.12〜0.99	0.19〜1.00
Pr {at least one | 6}	1.000	0.999	1.000
95% CI	0.65〜1.00	0.54〜1.00	0.71〜1.00

3.9　LD50, ED50 の推定

ここでは，1.6節で解説した LD50（median lethal dose, 50%致死量），ED50（50%有効量, median effective dose）の解析例をここで，SASを利用して再現してみよう．用いるのは，表1.12（再掲）の毒性試験データである．

表 1.12（再掲）　毒性試験データ

$\log_{10}$(用量)	標本数	死亡数
1.691	59	4
1.724	60	10
1.755	62	19
1.784	56	31
1.811	63	52
1.837	59	53
1.861	62	60
1.884	60	60

適用するモデルはロジスティック回帰モデル

$$\log \frac{p(d)}{1-p(d)} = \alpha + \beta \log(d)$$

であり，LD50，ED50 は

$$p(d) = 0.5$$

の用量として定義される．つまり，

$$\log \hat{d}_{50} = -\frac{\hat{\alpha}}{\hat{\beta}}$$

と推定される．その標準誤差は，デルタ法（delta method, Bishop, *et al.*, 1975）により

$$\mathrm{SE}(\log \hat{d}_{50}) = \frac{1}{\hat{\beta}^2}\sqrt{\hat{\beta}^2 \mathrm{Var}(\hat{\alpha}) - 2\hat{\alpha}\hat{\beta}\mathrm{Cov}(\hat{\alpha},\hat{\beta}) + \hat{\alpha}^2 \mathrm{Var}(\hat{\beta})} \tag{3.4}$$

となるので，95%信頼区間は近似的に

$$\log \hat{d}_{50} \pm 1.96 \mathrm{SE}(\log \hat{d}_{50}) \tag{3.5}$$

で与えられる．LD50 も全く同様である．一般に，100θ%の反応を与える指標 EDθ は

$$\log \hat{d}_{100\theta} = \frac{1}{\hat{\beta}}\left\{\log \frac{\theta}{1-\theta} - \hat{\alpha}\right\} \tag{3.6}$$

で与えられ，その分散は次式で与えられる．

$$\mathrm{SE}(\log \hat{d}_{100\theta}) = \frac{1}{\hat{\beta}^2}\sqrt{\hat{\beta}^2 \mathrm{Var}(\hat{\alpha}) + 2\hat{\beta}\left(\log \frac{\theta}{1-\theta} - \hat{\alpha}\right)\mathrm{Cov}(\hat{\alpha},\hat{\beta}) + \left(\log \frac{\theta}{1-\theta} - \hat{\alpha}\right)^2 \mathrm{Var}(\hat{\beta})} \tag{3.7}$$

〈データ系列〉 LD50.dat

```
LDOSE    N     d
1.691   59     4
1.724   60    10
1.755   62    19
1.784   56    31
1.811   63    52
1.837   59    53
1.861   62    60
1.884   60    60
```

（SAS での指定の留意点）

ここではデータ形式が各 dose のレベルごとの総数と反応数で与えられている．ロジスティック回帰モデルを LOGISTIC で，プロビット回帰モデルを GENMOD を利用してみよう．LOGISTIC の指定は P 15 と同様である．

プログラム

P 16.1 ロジスティック回帰モデルによる解析

```
DATA DA;
  INFILE "a:¥LD50.dat";
    INPUT ldose n d;
```

3.9 LD50, ED50 の推定

```
      o=d/n;
PROC LOGISTIC DATA=DA;
   MODEL d/n=ldose/LINK=LOGIT PLRL ALPHA=0.05 COVB
                   AGGREGATE SCALE=N PLRL LACKFIT;
```

出力結果

O 16.1 ロジスティック回帰モデルによる解析（主要結果のみ）

```
             ①最尤推定値の分析

                                      Wald
パラメータ    自由度   推定値   標準誤差  カイ2乗   Pr > ChiSq

Intercept      1    -64.7682   5.5138   137.9828    <.0001
ldose          1     36.5312   3.0990   138.9559    <.0001


             ②推定共分散行列
パラメータ     Intercept        ldose

Intercept      30.40178        -17.0823
ldose         -17.0823          9.603954
```

解説

C 16.1

推定された結果はパラメータ推定値①を読み取って

$$\log\frac{p(d)}{1-p(d)} = -64.77 + 36.53\log_{10}(d)$$

となる．この例では用量が常用対数に変換されていることに注意して，対数LD50は

$$\log\{\hat{d}_{50}\} = \frac{64.77}{36.53} = 1.773$$

つまり，

$$\hat{d}_{50} = 10^{1.773} = 59.29$$

と推定される．その標準誤差は式 (3.3) と出力結果の分散共分散行列の値②を読み取って

$\mathrm{SE}(\log\hat{d}_{50})$

$= \dfrac{1}{136.53^2}\sqrt{136.53^2 \times 36.53^2 \times 30.40 - 2\times(-64.77)\times 36.53\times(-17.08) + (-64.77)^2 \times 9.60}$

$= 0.003$

と計算できる．したがって，95%信頼区間は
$$10^{(1.773+1.96 \times 0.003)} = 58.50 - 60.10$$
と推定できる．ところで，この分野ではよく式 (1.12) のプロビット回帰分析
$$\Phi^{-1}(p(d)) = \alpha + \beta \log(d)$$
などが歴史的によく利用されているので，比較のために，この分析もしてみよう．

プログラム

P 16.2 プロビット回帰モデルによる解析

```
PROC GENMOD DATA=DA;
    MODEL D/N=ldose/DIST=BINOMIAL LINK=PROBIT NOSCALE LRCI ALPHA=0.05 COVB;
```

出力結果

O 16.2 GENMOD による解析（主要結果のみ）

① 推定共分散行列

	Prm1	Prm2
Prm1	7.65790	-4.30075
Prm2	-4.30075	2.41713

② 最大尤度パラメータ推定値の分析

パラメータ	自由度	推定値	標準誤差	尤度比 95% 信頼限界		Wald カイ2乗	Pr > ChiSq
Intercept	1	-36.9258	2.7673	-42.5533	-31.6914	178.05	<.0001
ldose	1	20.8311	1.5547	17.8916	23.9940	179.53	<.0001
Scale	0	1.0000	0.0000	1.0000	1.0000		

NOTE：尺度パラメータは固定されています．

解説

C 16.2

推定された結果はパラメータの推定値②を読み取って
$$\Phi^{-1}(p(d)) = -36.93 + 20.83 \log_{10}(d)$$
となる．モデルの適合度統計量 deviance = 3.65，自由度 6 で p 値 = 0.667（出力結果は省略）でこのモデルも十分適合している．この例では用量が常用対数に変換されていることに注意して，LD50 は

$$\log\{\hat{d}_{50}\} = \frac{36.93}{20.83} = 1.773$$

$$\hat{d}_{50} = 10^{1.773} = 59.29$$

とロジスティック回帰分析と同じ推定値が得られた．その標準誤差は式 (3.4) と出力結果の分散共分散行列の値①を読み取って

$$\mathrm{SE}(\log \hat{d}_{50})$$

$$= \frac{1}{20.83^2}\sqrt{20.83^2 \times 7.658 - 2 \times (-36.93) \times 20.83 \times (-4.301) + (-36.93)^2 \times 2.417}$$

$$= 0.0024$$

と計算できる．したがって，95％信頼区間は

$$10^{(1.773 \pm 1.96 \times 0.0036)} = 58.63 - 60.17$$

とロジスティック回帰分析に比べると少々広めに推定されている．

3.10 条件付き正確な推定・検定法の解析例

ここで取り上げるのは 2.3.3 項の表 2.8 のデータである．ここで，5.2.3 項に解説した最尤推定値の存在条件を示した Albert-Anderson 法を適用してみよう．

表 2.8 (再掲)　HIV positive 予測のための生後 6 カ月時点の小児 45 例の CD 4, CD 8 のデータと HIV(+) の割合 (LogXact-Turbo マニュアル, p.2-3 より)

プロファイル No.	プロファイル x_j CD 4*	CD 8*	HIV(+) d_j	標本数 n_j	HIV(+)の割合 d_j/n_j
1	0	2	1	1	100 %
2	1	2	2	2	100 %
3	0	0	4	7	57 %
4	1	1	4	12	33 %
5	2	2	1	3	33 %
6	1	0	2	7	29 %
7	2	0	0	2	0 %
8	2	1	0	13	0 %

＊　3 カテゴリーにコード化されている．

（1）CD4, CD8 とも連続変数の場合

データを 2 次元空間上（x 軸に CD4，y 軸に CD8）にプロットしてみると，図 3.9 のようになる．図上の記号の意味は，

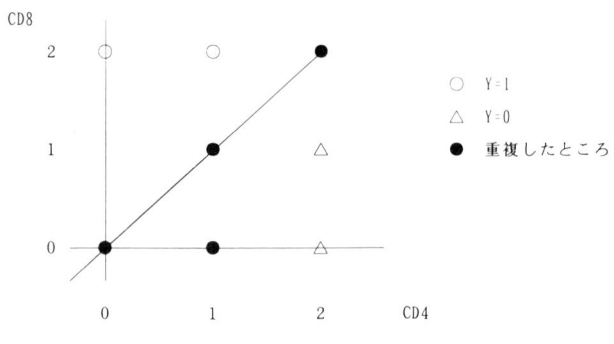

図3.9 連続変数の場合：重複する

○：$Y=1$（HIV positive）の症例のみ
△：$Y=0$（HIV negative）の症例のみ
●：$Y=1$，$Y=0$ 両方の症例が存在する

である．つまり，この空間上でどのような線を引いても $Y=1$ と $Y=0$ を完全に分離 (complete separation)，境界線上は除いた擬似的にも分離することはできない．つまり，どこで切っても両者が重なる（overlap）ので最尤推定値が存在することがわかる．

（2）CD4, CD8 ともカテゴリー変数の場合

この場合は，まず，カテゴリー変数からダミー変数を作成しなければならない．ここでは，CD4，CD8 とも要素 0，1，2 の 3 カテゴリーからなる変数であるので，たとえば，CD4 に関しては，partial 法（3.1.3 項）を利用して

$$CD40 = 1, \quad \text{for } CD4 = 0$$
$$= 0, \quad \text{その他}$$
$$CD41 = 1, \quad \text{for } CD4 = 1$$
$$= 0, \quad \text{その他}$$

の2つのダミー変数が必要になる．CD8 に関しても全く同様のダミー変数が必要となる．これらのダミー変数を利用すると計 4 個の変数となり，表 2.8 の各プロファイルは表 3.19 に示すダミー変数の組合せとして表現できる．ところで，4 次元上にデータをプロットして視覚的に観察することは容易でないので，試行錯誤的に

$$S = \sum_{i=1}^{4} b_i X_i$$

の値を検討する必要がある．その結果，$b_1 = 0$，$b_2 = -1$，$b_3 = 0$，$b_4 = 1$ と設定すると，

3.10 条件付き正確な推定・検定法の解析例

表 3.19 $b_1=0$, $b_2=-1$, $b_3=0$, $b_4=1$ と設定した場合のスコア S の値とデータの分離状況：quasicomplete separation

プロファイル No.	CD40	CD41	CD80	CD81	S	HIV+（％）	分離状態
1	0	0	0	1	1	100	○
2	1	0	0	1	1	100	○
3	0	0	0	0	0	57	●
4	1	0	1	0	0	33	●
5	0	1	0	1	0	33	●
6	1	0	0	0	0	29	●
7	0	1	0	0	-1	0	△
8	0	1	1	0	-1	0	△

$$S=1 \text{ or } 0, \quad \text{for } Y=1$$
$$0 \text{ or } -1, \quad \text{for } Y=0$$

となり，式 (5.18) の擬似完全分離（quasicomplete separation）に相当し，この結果，最尤推定値は存在しないことがわかる．

SAS でこれらの解析を実行すると次のようになる（指定の仕方は **P 15.1** と同様）．なお，ここでは表 2.9 (b) に対応したダミー変数 CD43, CD83 も作成している．

〈入力データ系列〉 hiv.dat

```
HIV   N    CD4   CD8
 4    7     0     0
 1    1     0     2
 2    7     1     0
 4   12     1     1
 2    2     1     2
 0    2     2     0
 0   13     2     1
 1    3     2     2
```

プログラム

P 17.0 データの入力と CD4, CD8 のコード化

```
DATA D1;
  INFILE "a:\hiv.dat" missover;
  INPUT hiv n cd4 cd8;

  IF cd4=0 THEN CD40=1;ELSE CD40=0;
  IF cd4=1 THEN CD41=1;ELSE CD41=0;
  IF cd8=0 THEN CD80=1;ELSE CD80=0;
  IF cd8=1 THEN CD81=1;ELSE CD81=0;
  IF 0<=cd4<=1 THEN CD43=1;ELSE CD43=0;
  IF 0<=cd8<=1 THEN CD83=1;ELSE CD83=0;
```

P 17.1 CD4, CD8 を連続変数として取り扱った場合

```
PROC LOGISTIC; MODEL hiv/N=CD4 CD8
              /AGGREGATE SCALE=N PLRL ALPHA=0.05 ;
```

P 17.2 CD4, CD8 をカテゴリー変数として取り扱った場合

```
PROC LOGISTIC; MODEL hiv/n=CD40 CD41 CD80 CD81        ←生データ
              /AGGREGATE SCALE=N PLRL ALPHA=0.05 ;
PROC LOGISTIC; MODEL hiv/n=CD43 CD83                  ←コード併合
              /AGGREGATE SCALE=N PLRL ALPHA=0.05 ;
```

出力結果

O 17.1 CD4, CD8 を連続変数として取り扱った場合

最尤推定値の分析

パラメータ	自由度	推定値	標準誤差	Wald カイ2乗	Pr > ChiSq
Intercept	1	0.5132	0.6809	0.5682	0.4510
cd4	1	-2.5416	0.8392	9.1723	0.0025
cd8	1	1.6585	0.8211	4.0799	0.0434

O 17.2 CD4, CD8 をカテゴリー変数として取り扱った場合

この結果では次のようなメッセージ

```
データ点の準完全分離が検出されました.

WARNING: 最尤推定量は存在していない可能性があります.
WARNING: LOGISTIC プロシジャは上記の警告にもかかわらず継続します.
         最尤反復に基づいて結果が表示されます. モデルの当てはめの妥当性は疑わし
         いです.
```

が出され,推定値が得られない.

解釈

C 17

さて,LogXact の exact 検定を利用してこのデータを解析すると表2.9のようになる.

CD4 のカテゴリー2に比してカテゴリー0, 1のリスクが有意に高い.CD8 に関しては,逆にカテゴリー2が0, 1に比して有意に高いことがわかる.

3.10 条件付き正確な推定・検定法の解析例

表2.9（再掲） 表2.8のexact推定・検定

(a) 生データ

項目・カテゴリー		係数	p値
CD4	0	2.935	0.0145
	1	2.446	0.0127
	2	0	
CD8	0	-2.247	0.058
	1	-2.319	0.048
	2	0	

(b) コードの場合

項目・カテゴリー		係数	p値
CD4	0+1	2.78	0.0019
	2	0	
CD8	0+1	-2.47	0.0261
	2	0	

SASでもexact検定が可能であり，次のようにEXACT文を加えればよい．

```
PROC LOGISTIC;
     MODEL hiv/n=CD40 CD41 CD80 CD81
              /AGGREGATE PLRL ALPHA=0.05 ;
          EXACT CD40 CD41 CD80 CD81/ ESTIMATE=BOTH;
PROC LOGISTIC; CLASS cd4 cd8;
     MODEL hiv/n=cd4 cd8
              /AGGREGATE PLRL ALPHA=0.05 ;
     EXACT cd43 cd83/ ESTIMATE=both;
```

結果は表2.9と同じ推定値が得られている．

```
             正確なパラメータ推定値

パラメータ     推定値    標準誤差     95% 信頼限界      p 値

CD40         2.9354*       .       0.8966    Infinity    0.0145
CD41         2.4456*       .       0.7345    Infinity    0.0127
CD80        -2.2473*       .      -Infinity  -0.2756     0.0580
CD81        -2.3193*       .      -Infinity  -0.3673     0.0483

             正確なパラメータ推定値

パラメータ     推定値    標準誤差     95% 信頼限界      p 値

CD43         2.7799*       .       1.1350    Infinity    0.0019
CD83        -2.4743*       .      -Infinity  -0.6019     0.0261

NOTE : * は中央値不偏推定量を示しています．
```

4. 他の関連した方法

本章では，ロジスティック回帰モデルと関連する他の手法について紹介する．そのなかで，いくつか重要と思われるものにしぼり，SAS を利用して分析していく手順について解説する．

4.1　Mantel-Haenszel 型の推測

ここでは疫学調査，臨床試験，動物実験などで，ロジスティック回帰分析に代ってよく利用される Mantel-Haenszel 型の推定・検査を紹介する．実は，これらの検定はロジスティック回帰モデルでのスコア検定から導かれるものである（5.2.10 項参照）．以下に示す方法は特に断らないかぎり，層ごとに比較指標が変化しても比較指標は共通と仮定している．ただ，各層の比較指標が共通と仮定できるか否かの判定は容易ではない．2×2 表では，そのための検定方法として Breslow-Day 検定がよく利用されるが，統一的な解析が容易ではない．一方，ロジスティック回帰モデルでは交互作用項を導入することにより統一的な解析が可能となる．

a. 推定値　　表 4.1 の記号を利用する．なお，特に断らないかぎり $\sum$ の意味は $k=1, \cdots, K$ の総和を意味するものとする．

表 4.1　ケース・コントロール，コホート研究（頻度，人年）における層別 2×2 分割表（$k=1, \cdots, K$）

		患者 (頻度)	対照 (頻度)	計 (頻度・人年)
リスク要因	曝露あり	a_k	b_k	M_{1k}
	曝露なし	c_k	d_k	M_{0k}
	計	N_{1k}	N_{0k}	T_k

注）M_{ik} が人年の場合は b_k, d_k は考えない．

(1) オッズ比（頻度，proportion）：
$$\hat{\psi} = \frac{\sum a_k d_k / T_k}{\sum b_k c_k / T_k} \tag{4.1}$$

(2) リスク比（頻度，proportion）：
$$\hat{\psi} = \frac{\sum a_k M_{0k} / T_k}{\sum c_k M_{1k} / T_k} \tag{4.2}$$

(3) 発症率比（人年，person-years）：
$$\hat{\psi} = \frac{\sum a_k M_{0k} / T_k}{\sum c_k M_{1k} / T_k} \tag{4.3}$$

b. 仮説検定

帰無仮説 $H_0: \psi = 1$

対立仮説 $H_1: \psi \neq 1$

は次の検定統計量で検定する．
$$\chi = \frac{\sum (a_k - M_{1k} N_1 / T_k)}{\sqrt{\sum w_k M_{1k} M_{0k} N_{1k} N_{0k} / T_k^2}} \sim N(0,1) \tag{4.4}$$

ここで，

$w_k = 1/(T_k - 1)$ ：オッズ比　（頻度，超幾何分布）

　　　$= 1/T_k$　　　：リスク比（頻度，2項分布）

　　　$= 1/N_{0k}$　　：発症率比（人年，Poisson分布）

である．なお，連続修正項（continuity correction term）を利用する場合は分子に± 0.5 を加える（統計量の絶対値が小さくなる符号を選ぶ）．

c. 95%信頼区間　　信頼区間の推定方法はいろいろと提案されているが，ここではロジスティック回帰モデルとの対応から，検定に基づく方法（test-based confidence interval）だけを紹介する．

$$(\hat{\psi}^{1-1.96/\chi}, \hat{\psi}^{1+1.96/\chi}) \tag{4.5}$$

この方法は厳密にいえば $\psi = 1$ の場合にのみ妥当であり，一般には狭く推定しがちである．しかし，その簡便性，検定と結果が一致すること，通常の場合には他のより精密な方法の結果とほとんど同じ推定値を与えることなどから，広く利用されている．なお，他の方法に関しては佐藤（1995）が参考になる．

d. 傾向性の検定　　表4.2の記号を利用する．曝露のない群に対する第 i 番目の曝露あり群のリスク比を ψ_i とすると，傾向性の仮説は

帰無仮説 $H_0: \psi_1 = \psi_2 = \cdots = \psi_m$

対立仮説 $H_1: \psi_1 \leq \psi_2 \leq \cdots \leq \psi_m$　または　$\psi_1 \geq \psi_2 \geq \cdots \geq \psi_m$

表4.2 ケースコントロール,コホート研究(頻度,人年)における $2\times(m+1)$ 分割表 $(k=1,\cdots,K)$

		スコア	患者	対照	計
リスク要因	曝露なし	c_0	a_{0k}	b_{0k}	M_{0k}
	1	c_1	a_{1k}	b_{1k}	M_{1k}
	2	c_2	a_{2k}	b_{2k}	M_{2k}
	⋮	⋮	⋮	⋮	⋮
	m	c_m	a_{mk}	b_{mk}	M_{mk}
計			N_{1k}	N_{0k}	T_k

スコア c_i は,1) 順番,2) Wilcoxon rank,3) 特性値などを利用.

となる.傾向性の検定(test for trend)は次の統計量

$$\chi = \frac{\sum_{k=1}^{K}\sum_{i=0}^{m} c_i \left(a_{ik} - \frac{M_{ik}N_{1k}}{T_k} \right)}{\sqrt{\sum_{k=1}^{k} w_k \left\{ T_k \left(\sum_{i=0}^{m} c_i^2 M_{ik} \right) - \left(\sum_{i=0}^{m} c_i M_{ik} \right)^2 \right\}}} \sim N(0,1) \quad (4.6)$$

で行う.ここで,

$w_k = N_{1k}(T_k - N_{1k})/(T_k^2(T_k-1))$:オッズ比(頻度,超幾何分布)

$\quad = N_{1k}(T_k - N_{1k})/T_k^3$:リスク比(頻度,2項分布)

$\quad = N_{1k}/T_k^2$:発症率比(人年,Poisson 分布)

である.超幾何分布の場合に拡張 Mantel 検定(Mantel-extension),2項分布の場合は Cochran-Armitage 検定,Poisson 分布の場合 Poisson 傾向性検定などとも呼ばれる.

e. 推定値——マッチド・ケースコントロール ケースコントロール研究などで,サンプリングの段階でマッチングにより交絡因子を調整した場合は以下に示す方法を利用する.ここでは 1:M マッチングの表4.3 の記号を利用する.

表4.3 マッチド・ケースコントロール研究における $2\times(M+1)$ 分割表

		対照(コントロール) 曝露ありの数			
		0	1	⋯	M
患者	曝露あり	n_{10}	n_{11}	⋯	n_{1M}
	曝露なし	n_{00}	n_{01}	⋯	n_{0M}

$$\text{オッズ比}\quad \hat{\phi} = \frac{\sum_{j=1}^{M}(M-j+1)n_{1(j-1)}}{\sum_{j=1}^{M} j n_{0j}} \tag{4.7}$$

f. 仮説検定——マッチド・ケースコントロール

　　帰無仮説 $H_0 : \phi = 1$

　　対立仮説 $H_1 : \phi \neq 1$

は次の検定統計量で検定する．

$$\chi = \frac{\sum_{j=1}^{M}\{n_{1(j-1)} - jT_j/(M+1)\}}{\sqrt{\sum_{j=1}^{M} jT_j(M-j+1)/(M+1)^2}} \sim N(0,1) \tag{4.8}$$

ここで，

$$T_j = n_{1(j-1)} + n_{0j}, \quad j = 1, 2, \cdots, M$$

である．なお，連続修正項（continuity correction term）を利用する場合は分子に ± 0.5 を加える（統計量の絶対値が小さくなる符号を選ぶ）．

g. 傾向性の検定——マッチド・ケースコントロール　　オッズ比が曝露水準（x_1, x_2, $\cdots$, x_m）で増加（減少）傾向を示すか否かの傾向性の検定に興味があるとしよう．曝露水準ごとに表 4.3 を作成し，第 i 水準で $n_{1(j-1)}$ の期待値と分散を計算する．

$$E_i = \sum_{j=1}^{M} E_i\left(n_{1(j-1)}^{(i)}\right) = \sum_{j=1}^{M} \frac{jT_j^{(i)}\phi}{j\phi + M - j + 1} \tag{4.9}$$

$$V_i = \sum_{j=1}^{M} \text{Var}_i\left(n_{1(j-1)}^{(i)}\right) = \sum_{j=1}^{M} \frac{jT_j^{(i)}\phi(M-j+1)}{(j\phi + M - j + 1)^2} \tag{4.10}$$

ここで，ϕ は式 (4.7) で計算される全体のオッズ比の推定値である．検定統計量は

$$\chi = \frac{\sum_{i=1}^{m} x_i\left\{\sum_{j=1}^{M} n_{1(j-1)}^{(i)} - E_i\right\}}{\sqrt{\sum_{i=1}^{m} x_i^2 V_i - \left(\sum_{i=1}^{m} x_i V_i\right)^2 / \left(\sum_{i=1}^{m} V_i\right)}} \sim N(0,1) \tag{4.11}$$

で与えられる．

4.2　比例オッズモデル

　ロジスティック回帰モデルは，結果変数が 2 値（疾病発生，なし）の場合に適用される．しかし，結果変数が順序あるカテゴリー変数（ordinal scale）で分類されていることが少なくない．たとえば，冠状動脈生疾患（CHD, coronary heart disease）が，

0：no CHD
1：angina pectoris grade Ⅰ
2：angina pectoris grade Ⅱ
3：myocardial infarction（MI）

などの4つのカテゴリーに分類されている現状がある．このようなとき，ロジスティック回帰モデルを適用しようとすると，どこかで分割して2カテゴリーに変換しなければならない．医学的にどこで分割したらよいかわからない研究者は，4カテゴリーの場合には3通りの2値化が考えられるので，3通りのロジスティック回帰モデルを適用し，3通りのオッズ比を推定，解釈してしまうかもしれない．このような問題において，もし「3通りのオッズ比が等しい」という条件が成立するならば，この4カテゴリーをそのまま生かした比例オッズモデル（POM：proportional odds model）が利用できる．詳細は McCullagh and Nelder（1989）参照．

4.2.1 モデルの概要

まず，表4.4のように結果変数が $K(=4)$ カテゴリーの順序尺度である場合を考えよう．

$$p_k(\boldsymbol{x}) = \Pr\{k\text{ 番目以降のカテゴリーに属す} \mid \boldsymbol{x}\} \quad (4.12)$$

と定義する．表4.4の例では説明変数 $\boldsymbol{x}$ が1つの場合（$x=1$：positive，$x=0$：negative）であるから，$p_k(x)$ の観察値は

$$p_1(x) = (a_1+a_2+a_3)/(a_0+a_1+a_2+a_3), \quad x=1$$
$$(b_1+b_2+b_3)/(b_0+b_1+b_2+b_3), \quad x=0$$
$$p_2(x) = (a_2+a_3)/(a_0+a_1+a_2+a_3), \quad x=1$$
$$(b_2+b_3)/(b_0+b_1+b_2+b_3), \quad x=0$$

などとなる．一般には，確率

$$q_k(\boldsymbol{x}) = \Pr\{k\text{ 番目のカテゴリーに属す} \mid \boldsymbol{x}\}$$

を用いて

$$p_k(\boldsymbol{x}) = q_k(\boldsymbol{x}) + q_{k+1}(\boldsymbol{x}) + \cdots + q_{K-1}(\boldsymbol{x}), \quad k=1,\cdots,K-1 \quad (4.13)$$

と表現できる．この累積の意味で，累積オッズモデル（cumulative odds model）とも呼ばれる．そこで，この $p_k(\boldsymbol{x})$ に対してロジスティック回帰モデル

$$\operatorname{logit} p_k(\boldsymbol{x}) = \theta_0^{(k)} + \beta_1 x_1 + \beta_2 x_2 + \cdots + \beta_r x_r, \quad k=1,\cdots,K-1 \quad (4.14)$$

を適用してみよう．ここで，注意したいのは，定数項だけが異なり，説明変数の係数は共通と仮定したモデルである．また，説明変数 x_1 に関して，$x_1=1$ の $x_1=0$（他の説明変数の値は同じ）に対するオッズの関係をみてみると，

4.2 比例オッズモデル   205

表 4.4 結果変数が $K(=4)$ カテゴリーの順序尺度である場合の 3 種類の 2×2 分割表

TABLE 1
Breakdown of the original 2×4 table of CHD outcome category by risk factor status into 2×2 tables†

Original table

	\multicolumn{4}{c}{Category}			
	C_0, no CHD	C_1, angina I	C_2, angina II	C_3, MI
Risk factor positive	a_0	a_1	a_2	a_3
Risk factor negative	b_0	b_1	b_2	b_3

Table 1

	C_0, no CHD	$_1C_3$, angina or MI
Positive	a_0	$a_1 + a_2 + a_3$
Negative	b_0	$b_1 + b_2 + b_3$

$$\Psi_1 = \frac{(a_1 + a_2 + a_3)b_0}{(b_1 + b_2 + b_3)a_0}$$

Table 2

	$_0C_1$, no CHD or angina I	$_2C_3$, angina II or MI
Positive	$a_0 + a_1$	$a_2 + a_3$
Negative	$b_0 + b_1$	$b_2 + b_3$

$$\Psi_2 = \frac{(a_2 + a_3)(b_0 + b_1)}{(b_2 + b_3)(a_0 + a_1)}$$

Table 3

	$_0C_2$, no CHD or angina	C_3, MI
Positive	$a_0 + a_1 + a_2$	a_3
Negative	$b_0 + b_1 + b_2$	b_3

$$\Psi_3 = \frac{a_3(b_0 + b_1 + b_2)}{b_3(a_0 + a_1 + a_2)}$$

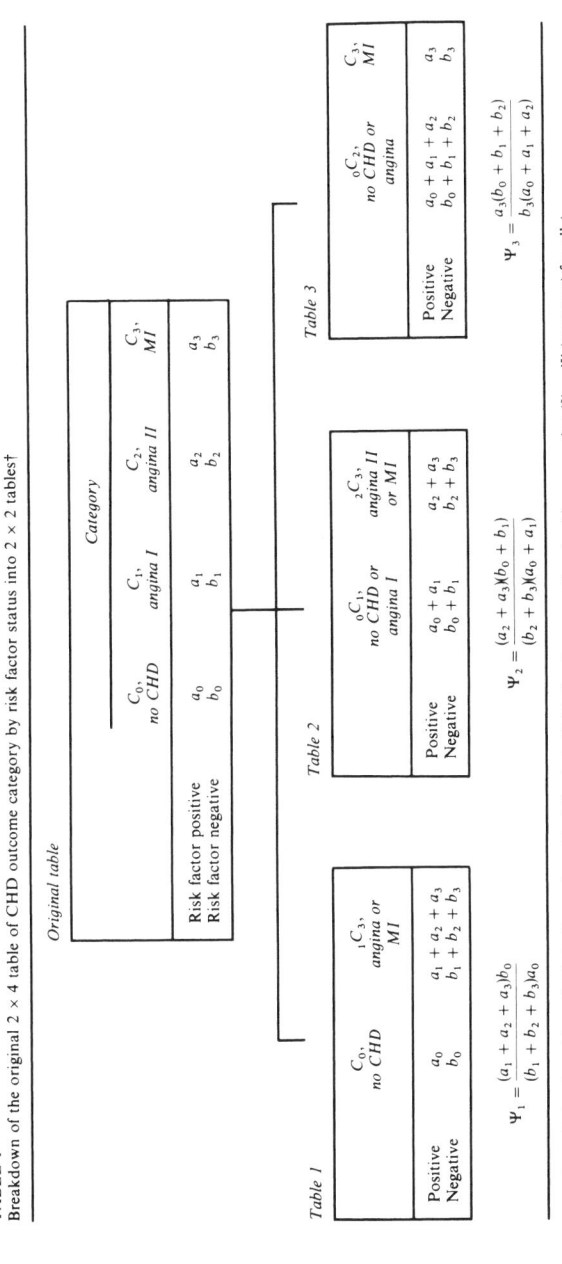

† The formula for the odds ratio Ψ_i is shown for table i ($i = 1, 2, 3$). Under the proportional odds assumption $\Psi_i = \Psi$ (constant) for all i.

$$\frac{p_k(\boldsymbol{x}_1=1)}{1-p_k(\boldsymbol{x}_1=1)} = e^{\beta_1}\frac{p_k(\boldsymbol{x}_1=0)}{1-p_k(\boldsymbol{x}_1=0)}$$

という比例関係が成立することが容易にわかる．つまり比例オッズの名前がついた由来である．さらに，モデルの係数 β は k に依存せず一定であるので，各分割表で定義されるオッズ比 ϕ_1, ϕ_2, ϕ_3 の間には，

$$\phi_1 = \phi_2 = \phi_3 \qquad (4.15)$$

が成立する．したがって，この比例オッズモデルを適用して解釈する場合，オッズ比が2値化の区分にかかわらず等しいことのチェックが重要となる．つまり，式(4.14)の係数列 $\{\beta_i\}$, $i=1, \cdots, r$ が分割表の種類, k に依存せず等しいことを検討することである．それは，係数 β_i が k に依存したモデルとの自由度の差，$\Delta df = Kr - r = (K-1)r$, を自由度としたスコア検定で行うのが通例である．

4.2.2 文献例：Woodward らの冠状動脈性疾患に関する研究

スコットランド心疾患研究（Scottish heart health study）はアンケートと健康診断からなる大規模クロスセクショナル研究で，1984～1986 年に実施され，スコットランドの 22 区域の 40～59 歳の住民から無作為に抽出された 10359 例からなる (Smith, et al., 1989)．CHD の分類は，本節のはじめのところで述べたように，4 カテゴリーに分類されていた．Woodward, et al. (1995) は比例オッズモデルの適用例としてこのデータを紹介し，適用結果から比例オッズモデルの紹介をしている．ここではその結果の一部を表 4.5～4.9 に引用した．

まず，表 4.5 でオッズ比が等しいことの検討を推定値の大きさで行っている．性に関して比例オッズが成立しそうもないこと，年齢も少々問題であること，しかし，残

表 4.5 スコットランド心疾患研究への比例オッズモデルの適用例
(Woodward, et al., 1995)

Observed odds ratios Ψ_i for all the binary risk factors investigated†

Risk factor	Odds ratio		
	Ψ_1	Ψ_2	Ψ_3
Sex (male: female)	1.12	2.03	2.86
Age (≥ 50: <50 years)	2.11	2.73	3.07
Marital status (single: married)	1.34	1.12	0.94
Parental history of CHD (yes: no)	1.72	1.92	1.96
Smoking status (smoker: non-smoker)	1.35	1.69	2.04
Social class (manual: non-manual)	1.75	1.89	1.67
Education level (professional or degree: school)	1.75	1.96	1.72
Education years (≥ 10: <10)	1.75	1.95	1.72
Housing tenure (renter: owner-occupier)	2.22	2.44	2.04

りの説明変数はほぼ等しいことなどが理解できる.

そこで,男女別に解析を行った結果から男性の結果を表4.6,女性の結果を表4.7に示した.3種類の2値化に関してそれぞれロジスティック回帰分析を適用した結果と比例オッズモデルを適用した結果を比べたものである.男性の結果では推定値がほぼ一定を示し,比例オッズの仮定が満足されていることが理解できる.しかし,女性の結果では,年齢とParental CHDに関して比例オッズ性が崩れている(スコア検定 $p=0.004$).最終的な女性に関する結果を表4.8に示した.Parental CHDと年齢の交互作用項を導入している点に注目したい.

表4.6 スコットランド心疾患研究への比例オッズモデルの適用例(Woodward, et al., 1995):3種類の2値化に関してそれぞれロジスティック回帰分析を適用した結果と比例オッズモデルを適用した結果の比較(男性)

Parameter estimates from logistic regression models and the POM (denoted 'overall') for men by using all risk factors

Risk factor	Estimates of regression parameters			
	Table 1	Table 2	Table 3	Overall
Age	0.79	0.85	0.93	0.90
HDL-cholesterol	-0.93	-1.05	-1.10	-1.00
Housing tenure	0.63	0.69	0.56	0.69
Parental CHD	0.60	0.78	0.79	0.72
Fibrinogen	0.28	0.32	0.33	0.37
Total cholesterol	0.18	0.26	0.27	0.18
Smoking status	0.40	0.51	0.54	0.43

表4.7 スコットランド心疾患研究への比例オッズモデルの適用例(Woodward, et al., 1995):3種類の2値化に関してそれぞれロジスティック回帰分析を適用した結果と比例オッズモデルを適用した結果の比較(女性)

Parameter estimates from logistic regression models and the POM (denoted 'overall') for women by using all risk factors

Risk factor	Estimates of regression parameters			
	Table 1	Table 2	Table 3	Overall
Housing tenure	0.56	0.73	0.70	0.59
Body mass index	0.03	0.01	0.02	0.05
Parental CHD	0.06	0.59	0.83	0.13
Age	0.10	0.70	0.91	0.30
HDL-cholesterol	-0.46	-0.57	-0.95	-0.55
Fibrinogen	0.20	0.34	0.38	0.23
Occupational social class	0.30	0.59	0.57	0.36
Marital status	0.28	0.15	0.07	0.35
Parental CHD by age interaction	0.55	0.08	0.11	0.57

表 4.8 スコットランド心疾患研究への比例オッズモデルの適用例 (Woodward, et al., 1995):最終的な女性に関する結果.Parental CHD と年齢の交互作用項を導入している.
Predicted odds ratios, adjusted for all other variables in the table, with 95% confidence intervals (CIs) for women†

Risk factor	Value (%)	Odds ratio (95% CI)
Housing tenure (renter: owner-occupier)		1.81 (1.39, 2.33)
Body mass index (kg m^{-2})	20.00 (6)	2.70 (1.85, 4.00)
	30.00 (86)	4.55 (2.50, 8.33)
	35.00 (96)	5.88 (2.86, 11.11)
Parental CHD by age interaction		
(yes, <50 years: no, <50 years)		1.14 (0.78, 1.64)
(no, $\geqslant 50$ years: no, <50 years)		1.35 (1.03, 1.79)
(yes, $\geqslant 50$ years: no, <50 years)		2.70 (0.85, 8.33)
HDL-cholesterol	1.00 (19)	0.58 (0.42, 0.74)
	2.00 (84)	0.33 (0.18, 0.53)
	3.00 (99)	0.19 (0.08, 0.39)
Fibrinogen	1.00 (18)	1.26 (1.08, 1.47)
	3.00 (89)	2.00 (1.25, 3.23)
	5.00 (99)	3.17 (1.45, 7.14)
Social class (manual: non-manual)		1.43 (1.11, 1.85)
Marital status (single: married)		1.42 (1.08, 1.87)

† The risk factors are listed in the order in which they entered the POM (parental CHD entered just before age). For other notes see Table 4.

表 4.9 スコットランド心疾患研究への比例オッズモデルの適用例 (Woodward, et al., 1995):適切なカテゴリー数に関するモデルの有意性の Wald 検定統計量による検討
Values of the within-category mean square for all possible amalgamations of adjacent categories†

Amalgamation	Men			Women		
	Mean square	Wald statistic	Δ	Mean square	Wald statistic	Δ
Four categories						
No CHD/angina I/angina II/MI	0.711	1565		0.498	1620	
Three categories						
No CHD + angina I/angina II/MI	0.895			0.932		
No CHD/angina/MI	0.707	1561	4	0.481	1575	45
No CHD/angina I/angina II + MI	0.713			0.490		
Two categories						
No CHD + angina/MI	0.895			1.178		
No CHD/angina + MI	0.692	1324	241	0.932	1288	287

† For the 'best' model with a fixed number of categories the Wald statistic is shown, together with the difference Δ from the four-category model (where appropriate).

　最後に,4 カテゴリーが良いのか,3 カテゴリー,2 カテゴリーが良いのかについて,モデルの有意性の Wald 検定統計量で検討した結果が表 4.9 である.男性,女性とも 4 カテゴリーモデルから 3 カテゴリーモデルへの Wald 統計量の減少 Δ は小さく,3 カ

テゴリーモデルから2カテゴリーモデルへの減少が大きいので3カテゴリーモデルが適切であることを示している．通常のロジスティック回帰モデルを適用する2カテゴリーモデルは最適とはならないことを示した例である．

4.2.3 LOGISTIC を利用したチーズの官能検査データの解析
（1）データ構造

表4.10に示すデータは，McCullagh and Nelder（1989）の4種のチーズの味覚の相違に関する官能検査の実験結果である．このデータは52名の被験者がチーズに対する好みの度合いをI（全く嫌い）からIX（とても好き）までの9段階で評価したものである．解析に用いる変数名は表4.11に示すとおりである．

表4.10 チーズの味覚の実験

チーズ	味覚に対する反応									Total
	I [*1]	II	III	IV	V	VI	VII	VIII	IX [*2]	
A	0	0	1	7	8	8	19	8	1	52
B	6	9	12	11	7	6	1	0	0	52
C	1	1	6	8	23	7	5	1	0	52
D	0	0	0	1	3	7	14	16	11	52
Total	7	10	19	27	41	28	39	25	12	208

[*1] I＝全く嫌い： [*2] IX＝とても好き

表4.11 解析で用いる変数

	変数名
結果変数　味覚（1～9）	taste
説明変数　チーズの添加物（4種）	x_1, x_2, x_3

〈データ系列〉　cheese.dat，$n=52$

```
0  0  1  7  8  8 19  8  1
6  9 12 11  7  6  1  0  0
1  1  6  8 23  7  5  1  0
0  0  0  1  3  7 14 16 11
```

（2）解析の方針

ここでは次のモデル：
$$\text{logit } p_k(j) = \theta_k + \beta_j, \qquad k=1,\cdots,8 \quad j=1,\cdots,4$$
を想定し，チーズの効果 β_j，つまり，好みの程度をチーズDを基準にして，各チーズの「好みオッズ比」を推定してみよう．そのために，$\beta_4=0$ として β_j を推定する．

4. 他の関連した方法

▷ SAS での指定の留意点 ◁

比例オッズモデルは LOGISTIC を利用する．ここでは結果変数 taste が 9 カテゴリーの変数となっている．

ところで，LOGISTIC では累積確率 $p_k(j)$ が $k_1(j)+q_2(j)+\cdots+q_k(j)$ と式 (4.13) と逆に設定されている（これは自然な累積の形である）ので「好みオッズ比」を推定するには「$p_k(j) \to 1 - p_k(j)$」と変更する必要がある．この場合，モデルは

$$\text{logit } p_k(j) = -\theta_k - \beta_j, \quad k=1,\cdots,8, \quad j=1,\cdots,4$$

となることに注意したい．つまり，推定値の符号が逆になるわけで，チーズ D を基準にして各チーズがどの位嫌われているかの「嫌われオッズ比」を推定することになる．好みオッズはその逆数となる．プログラムではデータ入力，次に 1～9 のカテゴリーをもつ結果変数 taste，チーズの種類を示すダミー変数 x_1, x_2, x_3 を作成している．

プログラム

P 18

```
DATA D1;
  INFILE "a:¥cheese.dat";
  INPUT z1-z9;
    x1=0; x2=0; x3=0;
    IF _N_=1 THEN x1=1;
    IF _N_=2 THEN x2=1;
    IF _N_=3 THEN x3=1;
    ARRAY Z z1-z9;
    DO OVER z;
        taste=_i_;
        weight=z;
        OUTPUT;
    END;
  DROP z1-z9;
PROC LOGISTIC;WEIGHT weight;
  MODEL taste=x1 x2 x3 / AGGREGATE SCALE=N ALPHA=0.05 PLRL COVB;
```

出力結果

O 18

① 比例オッズ条件のスコア検定

カイ 2 乗	自由度	Pr > ChiSq
17.2866	21	0.6936

② デビアンスと Pearson の適合度統計量

基準	値	自由度	値/自由度	Pr > ChiSq
デビアンス	20.3082	21	0.9671	0.5018
Pearson	20.9372	21	0.9970	0.4628

一意のプロファイル数：4
　　モデルの適合度統計量

4.2 比例オッズモデル

基準	切片のみ	切片と共変量
AIC	875.802	733.348
SC	886.459	748.002
-2 Log L	859.802	711.348

包括帰無仮説：BETA=0 の検定

検定	カイ 2 乗	自由度	Pr > ChiSq
尤度比	148.4539	3	<.0001
スコア	111.2670	3	<.0001
Wald	115.1504	3	<.0001

最尤推定値の分析

パラメータ	自由度	推定値	標準誤差	Wald カイ 2 乗	Pr > ChiSq
Intercept 1	1	-7.0801	0.5624	158.4851	<.0001
Intercept 2	1	-6.0249	0.4755	160.5500	<.0001
Intercept 3	1	-4.9254	0.4272	132.9484	<.0001
Intercept 4	1	-3.8568	0.3902	97.7087	<.0001
Intercept 5	1	-2.5205	0.3431	53.9704	<.0001
Intercept 6	1	-1.5685	0.3086	25.8374	<.0001
Intercept 7	1	-0.0669	0.2658	0.0633	0.8013
Intercept 8	1	1.4930	0.3310	20.3439	<.0001
③ x1	1	1.6128	0.3778	18.2265	<.0001
④ x2	1	4.9645	0.4741	109.6427	<.0001
⑤ x3	1	3.3227	0.4251	61.0931	<.0001

⑥ オッズ比推定とプロファイル尤度による信頼区間

効果	単位	推定値	95% 信頼限界	
x1	1.0000	5.017	2.409	10.747
x2	1.0000	143.241	57.594	374.078
x3	1.0000	27.734	12.365	64.797

解説

C 18

比例オッズ性は①のスコア検定より $p=0.70$，自由度 $=(K-2)r=(9-2)\times 3=21$ と満足していることがわかる．また，モデルの適合度も良いことがわかる（② Deviance p-value $=0.50$）．パラメータの推定値は③〜⑤，その「嫌われオッズ比」と信頼区間は⑥に示した．

(3) 結果のまとめ

これらをまとめたのが表 4.12 である．チーズ B，C，A，D の順に好まれていくことがわかる．

表 4.12 嫌われオッズ比の推定値

チーズ	パラメータ	推定値	SE	オッズ比	95%信頼区間
A	β_1	1.613	0.378	5.02	2.41～ 10.75
B	β_2	4.965	0.474	143.26	57.59～374.08
C	β_3	3.323	0.425	27.74	12.37～ 64.80
D	β_4	0.0	—	1.00	

4.3 Cox の比例ハザードモデル

治療効果を検討する臨床試験は，その study design が開いたコホートであるので，症例により治療開始時期，観察期間が異なり，さらに観測途中の症例が脱落することが多い．観測途中で追跡できなくなった症例，打切りデータ（censored data），については生存期間 y は観測期間より長いということしかわからない．このようなとき一定期間観察されたケースのみを用いると情報の損失が大きくなってしまう．また観測された生存期間を従属変数として通常の重回帰分析を当てはめることは明らかに適切ではない．このような問題に対して，Cox（1972）は生存期間の分布にパラメトリック分布を想定する必要のない比例ハザードモデル（proportional hazard model）を提案した．今日の生存期間研究ではこのモデルは必須の道具となっている．Cox のモデルは Flemming and Harrington (1991)，Andersen, et al. (1993) の Counting process としての再定式化によりそのモデルの拡張を含めた展開が容易となり，新しい統計量が開発されてきている．

4.3.1 モデルの概要

ロジスティック回帰モデルでは追跡期間内での疾病の発生割合を結果変数としていたが，Cox の比例ハザードモデルでは発生（死亡）までの時間（time to event），「生存時間」を問題にしてそのハザード関数 $\lambda(t, \boldsymbol{x})$ をモデル化したもので，

$$\begin{aligned}\lambda(t, \boldsymbol{x}) &= \lambda_0(t)\exp(\beta_1 x_1 + \beta_2 x_2 + \cdots + \beta_r x_r)\\ &= \lambda_0(t)\exp\{\boldsymbol{x}^t\boldsymbol{\beta}\}\end{aligned} \tag{4.16}$$

または，

$$\log\frac{\lambda(t, \boldsymbol{x})}{\lambda_0(t)} = \boldsymbol{x}^t\boldsymbol{\beta} \tag{4.17}$$

となる。ここに，$x^t = (x_1, \cdots, x_r)$，$\beta^t = (\beta_1, \cdots, \beta_r)$ であり，$\lambda_0(t)$ は未知の基準ハザード関数（baseline hazard function）であるが特にその形は特定しない。基準ハザード関数はノンパラメトリックに推定し，共変量の係数はパラメトリックに推定するという意味で，このモデルをセミパラメトリックモデル（semi-parametric）ということがある。

a. 相対ハザード　このモデルでは，説明変数 x をもつ個体のハザード関数が，比例定数を $\exp\{x^t\beta\}$ として，基準ハザード関数 $\lambda_0(t)$ と比例すると仮定している。したがって，平均的な説明変数がそれぞれ x_A，x_B と異なる2群のハザード関数も時点 t に関係なく比例すると仮定され，比例定数が

$$\frac{\lambda(t, x_A)}{\lambda(t, x_B)} = \exp\{(x_A^t - x_B^t)\beta\}：時間に無関係に一定 \tag{4.18}$$

となるモデルである。この比例定数をハザード比（hazard ratio），相対ハザード（relative hazard）などと呼び，層または群間の生存関数の差を評価するための重要な評価指標となる。これは，ロジスティック回帰モデルに基づくオッズ比，相対危険度と並んで重要な指標である。したがって，Cox 比例ハザードモデルではこの相対ハザードが意味をもつ基本的条件である比例ハザード性（proportional hazard）のチェックがその結果の妥当性を左右する重要なポイントとなる。ここにハザード関数 $\lambda(t)$ は生存時間を表す確率変数を T として

$$\lambda(t) = \lim_{\delta \to 0} \frac{\Pr\{t \leq T < t+\delta | T \geq t\}}{\delta} = 時点 t での瞬間死亡率（発生率） \tag{4.19}$$

で定義される。つまり，時間 t まで「生存」していた個体が次の瞬間に「死亡」する確率を意味する。ここで注意したいのは，「時間 t での」が重要であり，率の単位が「時間」の逆数であり，incidence rate, mortality rate などの rate に対応する単位時間当りの強度（intensity）を意味するからである。したがって，その値域は，$[0, \infty]$ である。式 (4.19) より時間 t での生存率（割合を意味する，proportional surviving）$S(t)$ は

$$\begin{aligned} S(t, x) &= \exp\left(-\int_0^t \lambda(u, x) du\right) = \exp\left(-\exp(x^t\beta) \int_0^t \lambda_0(u) du\right) \\ &= S_0(t)^{\exp(\beta_1 x_1 + \beta_2 x_2 + \cdots + \beta_r x_r)} \end{aligned} \tag{4.20}$$

と表現できる。ここに $S_0(t)$ は基準生存曲線（baseline survival curve）である。この形で共変量の調整を行って生存曲線の比較と推定を行おうというわけである。たとえば，2つの治療効果の比較

　　帰無仮説 $H_0: S_A(t) = S_B(t)$,

$$\text{対立仮説 } H_1 : S_A(t) \neq S_B(t) \tag{4.21}$$

において交絡因子を調整して行うには，独立変数 x_1 を治療群を表す変数として，{A群は $x_1=1$，B群は $x_1=0$} とし，$\{x_2, \cdots, x_r\}$ を交絡因子として x_1 の係数の有意性検定

$$\begin{aligned}\text{帰無仮説 } & H_0 : \beta_1 = 0, \\ \text{対立仮説 } & H_1 : \beta_1 \neq 0\end{aligned} \tag{4.22}$$

を行えばよい．なぜなら，合成変量の共通部分を $C = \beta_2 x_2 + \cdots + \beta_r x_r$ とすれば

$$\frac{S(t, \boldsymbol{x}_A)}{S(t, \boldsymbol{x}_B)} = S_0(t)^{\exp(C)(\exp(\beta_1)-1)} \tag{4.23}$$

となり，仮説 (4.21) と (4.22) が対応するからである．それには次の Wald 検定

$$\chi^2 = \left(\frac{\beta_1}{\mathrm{SE}(\beta_1)}\right)^2 \sim \text{自由度 1 の } \chi^2 \text{ 分布} \tag{4.24}$$

が簡単である．また治療効果の差を評価する指標としては相対ハザード

$$\phi = \frac{\lambda(t, \boldsymbol{x}_A)}{\lambda(t, \boldsymbol{x}_B)} = \frac{\lambda_0(t)\exp(\beta_1+C)}{\lambda_0(t)\exp(0+C)} = \exp(\beta_1) \tag{4.25}$$

を利用する．この Wald 検定に基づく 95% 信頼区間は近似的に

$$\exp\{\beta_1 \pm 1.96 \mathrm{SE}(\beta_1)\} = \phi^{1 \pm 1.96/\chi} \tag{4.26}$$

で計算できる．3 群以上の比較も同様に基準となる群に対する相対ハザードの大きさで評価することになる．

b. 比例ハザード性の点検 比例ハザード性の点検には，まずハザード関数の変化を把握する必要がある．比較したい群ごとのハザードの時間変化を直接プロットして検討することも可能であるが，ハザード関数自体不安定な統計量であるので累積ハザード関数 (cumulative hazard function)

$$\Lambda(t) = \int_0^t \lambda(u)du = -\log S(t) \tag{4.27}$$

をプロットすることによりその傾きでハザードの大きさが容易に把握できる．勾配が急であればハザードは大きく，勾配がゆるやかであればハザードが小さいことになる．そこで，比例ハザード性をチェックするには，累積ハザード関数の対数をとった関数

$$\log \Lambda(t) = \log(-\log S(t)) = \boldsymbol{x}^t \boldsymbol{\beta} + \log(-\log S_0(t)) \tag{4.28}$$

を y 軸に，時間を x 軸にして群ごとにプロットすればよい．その差が上の例でいえば

$$\log \Lambda_A(t) - \log \Lambda_B(t) = (\boldsymbol{x}_A^t - \boldsymbol{x}_B^t)\boldsymbol{\beta} = \beta_1 \tag{4.29}$$

となるので，ほぼ平行でその差がほぼ推定値 β_1 となれば比例ハザード性が成立したものと見なせる．比例ハザード性を含めたモデルのより一般的な適合度の検討は残差をプロットすることになる．

Cox 比例ハザードモデルで比例ハザード性を検討するためには，比例ハザード性をみたい層を表す層別変数（層が $i=1,\cdots,I$）を用いた層別比例ハザードモデル

$$\lambda(t,\boldsymbol{x}) = \lambda_{i0}(t)\exp(\beta_1 x_1 + \beta_2 x_2 + \cdots + \beta_r x_r)$$
$$= \lambda_{i0}(t)\exp\{\boldsymbol{x}^t\boldsymbol{\beta}\}, \qquad i=1,\cdots,I$$

を適用し推定された $\lambda_{i0}(t)$，つまり，累積ハザード関数 $\Lambda_{i0}(t)$ について同様のプロットをして検討すればよい．

これ以外の比例ハザード性を検証する方法としていくつかの残差が提案されているがその多くは解釈が容易でない．その代表的なものとして，Cox-Snell 残差

$$e = -\log S(t) = \Lambda(t)$$

がある．モデルが正しいとき指数分布（期待値1）に従うものであった．最近，counting process に基づいて Schoenfeld（1982）が提案した Schoenfeld 残差が有用な道具となりつつある．それは，比例ハザード性の仮定のもとでは，時間にそって平均0でランダムに散布し，時間的傾向変動がみられない性質があり，重回帰残差に似て視覚的に判断しやすい．また，Harrel（1986）は残差と死亡時間との順位相関係数（基本的には直線的傾向の検討）を計算して比例ハザード性の検定統計量を提案した．これらの機能は **PHREG** で利用できる．もし，残差の平滑化曲線（smoothing curve）をプロットできればより詳細な傾向性の検討が可能であろう．この意味では **S-PLUS** が便利である．

なお，式（4.29）より「生存曲線がクロスしない」モデルであるので，群ごとの生存曲線が Kaplan-Meier 法などでプロットしたとき，明らかにクロスしていればそのままでは Cox 比例ハザードモデルは適用できないことになる．

c. 個体ごとの生存曲線の推定　　ある個体の変数を x_i とすると，その個体の生存曲線の推定値は比例ハザードのもとで

$$S_i(t) = S_0(t)^{\exp(\boldsymbol{x}^t\beta)} \tag{4.30}$$

となる．ここで，$\boldsymbol{x}^t\beta$ は個体の予後指数（prognostic index）とも呼ばれている．さて，ある治療を受けた群の平均的な生存曲線の推定は？という問題になると

$$\text{変数の平均化法：} S_{\text{AV}}(t) = S_0(t)^{\exp(\bar{\boldsymbol{x}}^t\beta)} \quad (\bar{\boldsymbol{x}} \text{ は平均値})$$

$$\text{直接平均法　　：} S_{\text{D}}(t) = \frac{1}{n}\sum_{i=1}^{n} S_i(t) \quad (n \text{ は個体数})$$

の2通りがある．前者の利用例は Christensen, et al.（1985）であり，後者は Markus, et al.（1989）などがある．前者は明らかに「平均」ではなく，後者は打切りが独立であるという仮定が必要となるが，その差は小さい．Thomsen, et al.（1991）は両者を比較し，基本的には後者を推薦している．

d. ロジスティック回帰モデルによる近似 もし，コホート調査で，追跡期間中の対象疾患の基準ハザード関数がほぼ一定，$\lambda_0(t) = p_0$，でかつ稀な疾患であれば，追跡開始を時間 0 として，説明変数 x をもつ個体の追跡期間 $[0, \Delta]$ での死亡（発症）割合は式 (4.20) より

$$1 - S(\Delta, x) = 1 - \exp(-p_0 \Delta \exp(x^t\beta)) \sim p_0 \Delta \exp(x^t\beta) \qquad (4.31)$$

となる．つまり，この式の対数をとると，

$$\log(\text{稀な発症割合}) = \log p_0 \Delta + x^t\beta \qquad (4.32)$$

となり定数項を $\beta_0 = \log p_0 \Delta$ と置いたロジスティック回帰モデルの結果とほぼ一致することがわかる．したがって，当然であるが，稀な疾患でない，または，Δ が大きい，追跡期間中にハザード関数が大きく変化する場合には一致しない．

Brenn and Arnesen (1985) は Tromso heart study のデータ（年齢20〜49, 6569名を9年間追跡）を利用して線形判別関数，ロジスティック回帰モデル，Cox 比例ハザードモデルを適用してリスクファクターの選択と係数の比較を行ったところ，表

表 4.13 線形判別関数，ロジスティック回帰モデル，Cox 比例ハザードモデルを適用したリスクファクターの選択と係数の比較．Brenn and Arnesen (1985) による Tromso heart study のデータの解析例．後者二つのモデルではほとんど同じ推定値が得られている．

	Age	Smoking	Cholesterol	Triglycerides	Physical activity	Blood pressure Diastolic	Blood pressure Systolic	Family risk Male	Family risk Female	Haemo-globin
Deaths from all causes										
All subjects (6526, of whom 111 dead)										
Discriminant analysis	0·47	0·33	0·38		−0·28	0·28				
Logistic regression	0·46	0·35	0·30		−0·33	0·23				
Cox's regression method	0·45	0·34	0·29		−0·33	0·23				
Group C (6012, of whom 80 dead)										
Discriminant analysis	0·53	0·45			−0·40	0·34			−0·19*	
Logistic regression	0·38	0·41			−0·40	0·26			−1·32*	
Cox's regression method	0·37	0·41			−0·39	0·25			−1·28*	
Group A (215, of whom 20 dead) (Male and female family risk scores grouped into deciles.)										
Discriminant analysis	0·98								0·99	
Logistic regression	1·07								0·75	
Cox's regression method	0·95								0·64	
CHD deaths, age 30 years or more.										
All subjects (4160, of whom 36 CHD dead) (Male and female family risk scores grouped into deciles.)										
Discriminant analysis	0·53		0·62		−0·25			0·44	0·25	
Logistic regression	0·86		0·74		−0·58			0·44	0·38	
Cox's regression method	0·84		0·63		−0·59			0·39	0·35	
Group C (3785, of whom 17 CHD dead)										
Discriminant analysis	0·27*		0·54		−0·56				0·34	
Logistic regression	0·54		0·69		−1·27				0·51	
Cox's regression method	0·55		0·67		−1·27				0·52	
Group A (185, of whom 15 CHD dead) (Male and female family risk scores grouped into deciles.)										
Discriminant analysis	0·58	0·42*							0·96	
Logistic regression	0·83	0·74							1·01	
Cox's regression method	0·64	0·57*							0·84	

4.13 に示すように，ロジスティック回帰モデルと Cox 比例ハザードモデルではほとんど同じ推定値が得られたことを報告している．ここで解析対象とした死因の死亡率は 1000 人当り 5～93 人程度であり稀な疾患に相当していた．

e. **時間依存型の変数の扱い** 時間によって変化する説明変数，検査値など，を取り込んだモデルはその解釈が困難であり，一部の簡単な場合（たとえば，治療効果が時間によって一定か否かなどを検証する場合）を除くと，実際の解析では推薦できない．

4.3.2 文献例：Jacobson らのエイズに関する研究

米国 4 都市で登録された 2647 人の HIV-1 抗体陽性の男性同性愛者のうち 1984 年～1992 年の間に 891 人がエイズの発症をみた．Jacobson, et al.（1993）はエイズ発症後の各合併症診断別による生存曲線の傾きを検討するため，診断時の免疫力低下度，年齢，人種，地域を Cox の比例ハザードモデルで調整したうえで検討した．1984～1985 年に比べ 1988～1989 年では平均生存期間の延長が認められ，カリニ肺炎では死亡危険率が 10 分の 1 にまで低下していた．一方，カポジ肉腫の場合には顕著な改善は認められなかった，という結果を導き出している．

単変量分析として診断名別および診断年度別生存期間を Kaplan-Meier の生存分析

表 4.14 診断名別および診断年度別生存期間の Kaplan-Meier の生存分析による推定
(Jacobson, et al., 1993)

TABLE 2. Overall survival probabilities† by presenting diagnosis and year of diagnosis for Multicenter AIDS Cohort Study participants diagnosed with acquired immunodeficiency syndrome (AIDS), 1984–1991

Category	No.	No. who died	Median survival time (months)	Cumulative probability of survival	
				1 year	2 years
Presenting diagnosis					
Pneumocystis carinii pneumonia	356	279	19.1	0.72 (0.67–0.77)‡	0.39 (0.34–0.45)
Kaposi's sarcoma	193	145	18.8	0.69 (0.62–0.76)	0.40 (0.33–0.48)
Esophageal candidiasis	52	36	15.9	0.60 (0.48–0.76)	0.38 (0.25–0.56)
Cytomegaloviral infection	43	38	8.8	0.39 (0.27–0.58)	0.20 (0.10–0.38)
Mycobacterial infections	33	26	8.3	0.42 (0.28–0.63)	0.10 (0.02–0.50)
Lymphoma	34	33	3.3	0.18 (0.09–0.37)	0.04 (0.01–0.26)
Wasting syndrome	26	17	16.1	0.65 (0.49–0.87)	0.29 (0.15–0.58)
Other single	101	77	14.1	0.55 (0.46–0.65)	0.30 (0.21–0.41)
Multiple	53	48	11.5	0.49 (0.37–0.65)	0.22 (0.13–0.37)
Year of diagnosis*					
1984–1985	93	91	11.6	0.49 (0.40–0.61)	0.13 (0.08–0.22)
1986–1987	247	239	15.7	0.59 (0.53–0.65)	0.32 (0.26–0.38)
1988–1989	284	229	19.5	0.69 (0.64–0.75)	0.41 (0.35–0.47)
1990–1991	267	140	17.2	0.63 (0.57–0.69)	0.35 (0.28–0.44)

* $p < 0.0001$.
† Probabilities were obtained by univariate Kaplan-Meier survival analyses.
‡ 95% confidence interval in parentheses.

[図: 診断年別 HIV-1 抗体陽性の男性同性愛者のエイズでの生存期間を示すカプラン・マイヤー曲線。縦軸 % Surviving After AIDS、横軸 Years After Diagnosis]

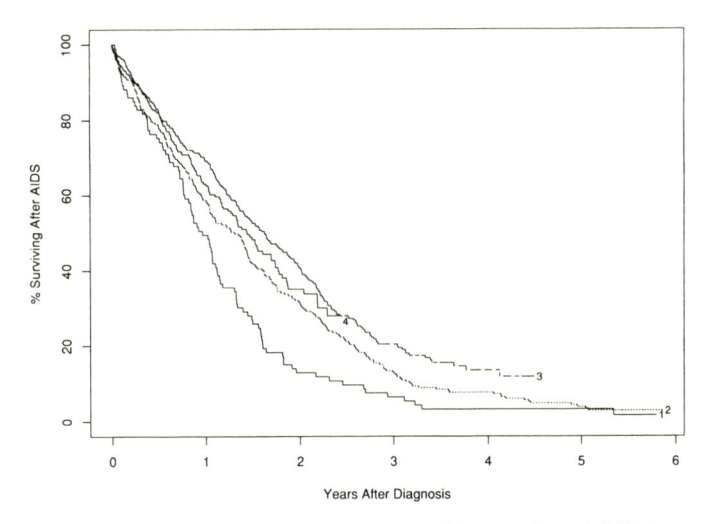

図4.1 診断年別 HIV-1 抗体陽性の男性同性愛者のエイズでの生存期間 (Jacobson, et al.,1993). カテゴリー1の1984〜1985年での生存率が際立って低いことがうかがえる.

により推定し, median-survival time を観察したのが表4.14である. 表中には累積生存確率とその95%信頼区間がともに示されている. 図4.1は診断年からの生存率を診断年度別にグラフに示している. カテゴリー1の1984〜1985年での生存率が際だって低いことがうかがえる. log-rank 検定により表4.14のように層の間の生存期間の差の検定がなされる. この結果では診断年 (year of diagnosis) が $p<0.0001$ で有意となっている. さらに, CD4+lynphocyte という要因に着目し, 交絡要因として診断年, 人種, 年齢, 地域を取り上げ, これらを独立変数としてモデルに含めた場合の生存期間に及ぼす影響についての検討を, Cox の比例ハザードモデルにより行っている. ここでは図4.2にみられるように, 最初の4カ月間に生存曲線が重なり合っていたことから, この期間では比例ハザード性が保証されないと判断し, 4カ月以上経過したもののみを解析に用いている. 比例ハザード性の検討としては, このようにグラフで観察して検討する方法と, 検定で検討する場合とがある. 表4.15では診断名別および診断年別に表中の共変量を調整した場合の相対ハザード (relative hazard ; RH) と95%信頼区間が示されている. この結果からカリニ肺炎では診断年と CD4+lymphocytes が強く関連し, 特に診断年では1984〜1985年の RH が1.0に対し1990〜1991年では0.1と10分の1まで低下していることが示されている. 一方, カポジ肉腫では CD4+lymphocytes と race が関連を示し, その他では特に強い関連はみられていない. この研究の解析手順を図4.3に, また, 論文中での解析方法の記載を図4.4に示す.

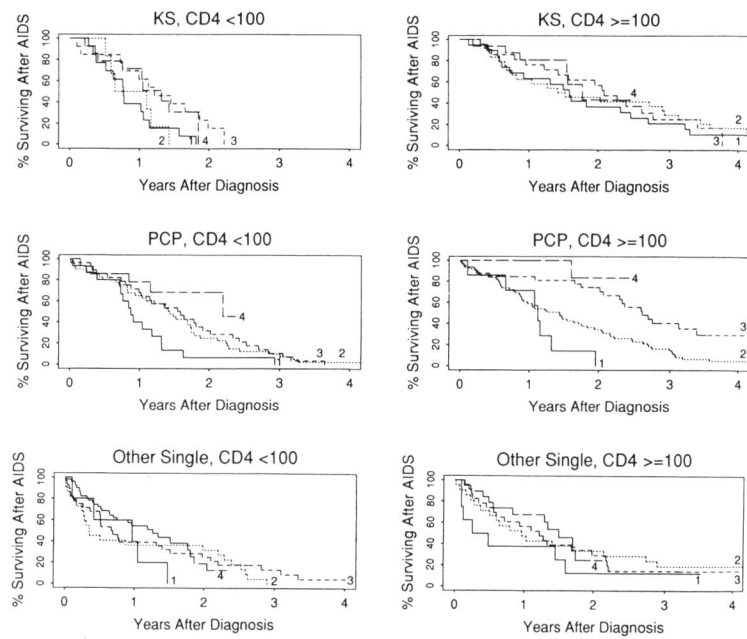

FIGURE 2. Percent of Multicenter AIDS Cohort Study participants surviving after acquired immunodeficiency syndrome (AIDS), by year of diagnosis, 1984–1991, stratified by presenting diagnosis and CD4+ cell count at time of diagnosis. 1 = men diagnosed in 1984–1985, 2 = men diagnosed in 1986–1987, 3 = men diagnosed in 1988–1989, and 4 = men diagnosed in 1990–1991. KS, presenting with Kaposi's sarcoma; PCP, presenting with *Pneumocystis carinii* pneumonia; Other Single, all other opportunistic infections.

図4.2 治療群・プラセボ群別治療前収縮期血圧別生存率：比例ハザード性の検討
(Jacobson, *et al.*, 1993)

表4.15 診断名および診断年別に表中の共変量を調整した場合の相対ハザードと95%信頼区間 (Jacobson, et al., 1993)

TABLE 4. Relative hazards* (95% confidence intervals (CI)) of dying after acquired immunodeficiency syndrome (AIDS) for Multicenter AIDS Cohort Study participants, 1984–1991

Model covariate	Presenting AIDS condition					
	P. carinii pneumonia		Kaposi's sarcoma		Other opportunistic infections	
	Relative hazard	95% CI	Relative hazard	95% CI	Relative hazard	95% CI
Year of diagnosis						
1984–1985	1.0		1.0		1.0	
1986–1987	0.5	0.28–0.81	0.8	0.48–1.45	0.7	0.24–2.21
1988–1989	0.3	0.15–0.48	0.6	0.33–1.11	0.8	0.25–2.74
1990–1991	0.1	0.04–0.34	0.6	0.30–1.20	0.9	0.26–2.79
CD4+ lymphocytes (per mm^3)						
≥100	1.0		1.0		1.0	
<100	1.6	1.16–2.28	3.2	1.94–5.21	1.2	0.68–2.10
Race						
White	1.0		1.0		1.0	
Nonwhite	1.7	0.93–3.24	2.0	1.08–3.64	0.7	0.28–1.66
Age (years)						
≤30	1.0		1.0		1.0	
31–39	0.7	0.45–1.03	1.2	0.58–2.41	1.0	0.44–2.16
≥40	1.0	0.60–1.60	0.8	0.39–1.71	1.0	0.42–2.37
Study site						
Baltimore	1.0		1.0		1.0	
Chicago	1.2	0.72–1.94	1.0	0.43–2.52	1.1	0.47–2.58
Los Angeles	1.1	0.69–1.74	1.1	0.64–1.96	1.1	0.60–2.16
Pittsburgh	1.5	0.86–2.72	1.0	0.41–2.49	1.1	0.46–2.89

* Relative hazards were obtained using separate multivariate Cox proportional hazards models for each diagnosis.

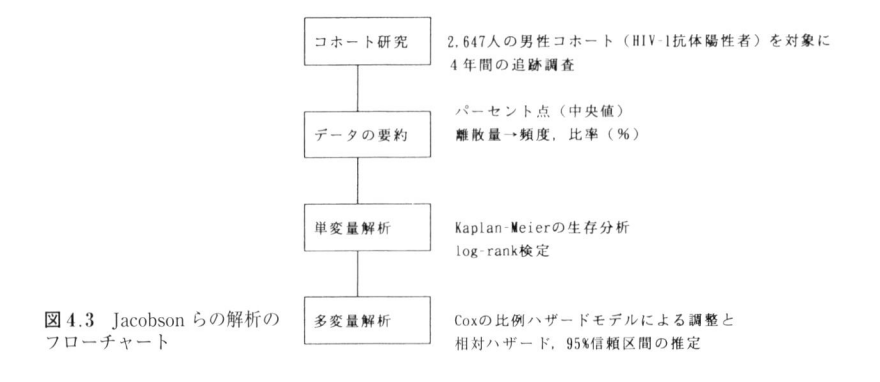

図4.3 Jacobsonらの解析のフローチャート

コホート研究	2,647人の男性コホート（HIV-1抗体陽性者）を対象に4年間の追跡調査
データの要約	パーセント点（中央値） 離散量→頻度，比率（%）
単変量解析	Kaplan-Meierの生存分析 log-rank検定
多変量解析	Coxの比例ハザードモデルによる調整と相対ハザード，95%信頼区間の推定

Statistical methods

Survival was defined as the time from the first AIDS diagnosis to death if the death was prior to July 1992. Men who died subsequently were censored at July 1, 1992, as were those men who were still alive at July 1, 1992, determined by subsequent contact ($n = 168$). Otherwise, they were censored at the date of last visit ($n = 14$). The vital status of 98.4 percent of the men with AIDS was known as of July 1992. AIDS diagnoses were examined individually or grouped according to agent or pathogenesis of disease. Year of diagnosis was categorized into four groups for examining temporal trends prior to and post-licensing of zidovudine and pentamidine: 1984–1985 and 1986–1987, corresponding to times when the availability of effective therapy was limited, and 1988–1989 and 1990–1991, representing times when zidovudine and anti-*Pneumocystis carinii* pneumonia therapies were available and used. To avoid assuming a linear effect of age on survival with AIDS, age at the time of presenting AIDS diagnosis was categorized into three groups: ≤30 years, 31–39 years, and ≥40 years. The number of helper T-lymphocytes (CD4+ cells) at the time of diagnosis was first categorized as <50 cells/mm^3, 51–100 cells/mm^3, 101–200 cells/mm^3, and >200 cells/mm^3 for examination by univariate methods, and then dichotomized into <100 cells/mm^3 and ≥100 cells/mm^3 when incorporated into the multivariate models.

For each covariate, time from AIDS to death was first examined univariately using Kaplan-Meier product-limit survival analyses. The log-rank test was used to test for significant differences in survival between groups. Cox proportional hazards models were used to examine time to death temporally while controlling for immunosuppression and demographic characteristics (12). Separate multivariate models were developed for Kaposi's sarcoma, for *P. carinii* pneumonia, and for other opportunistic infections; wasting syndrome, HIV-1-related encephalopathy, and lymphoma were excluded from this category since survival after these diagnoses differed from diseases with known infectious agents. Relative hazards of dying after AIDS with corresponding 95 percent confidence intervals were calculated using the results from the regression models.

図 4.4　Jacobson, *et al.*（1993）の論文での統計解析に関する記述

4.3.3　PHREG を利用した肺がんの臨床試験データの解析例

（1）データ構造

このデータは米国の退役軍人の肺がんに関する臨床試験データである．治療法による予後の相違に関する研究であり，標準とテストの2種類の治療法について比較したものである（Prentice, 1973; Kalbfeisch and Prentice, 1980）．予後因子として，腫瘍のタイプ（squamous tumor cell type; ctype），活動度（performance status; pstatus），初診断からの月数（months from diagnosis; diag），年齢（age in years; age），以前の治療法（prior therapy; prior）を取り上げて検討している．ここでは特に治療法（st）に着目し，比例ハザード性の検討を行い，他の要因を調整したうえでの治療法の効果について Cox の比例ハザードモデルによる相対ハザードの検討を行う．

データ形式を表 4.16 に示す．

表 4.16　退役軍人の肺がんに関する臨床試験データ (valc.dat)

データの種類	入力変数名	PHREG
結果変数		
生存時間	days（連続変数）	days
説明変数		
治療法	st（標準=1, テスト=2）	st(0, 1)
腫瘍のタイプ	ctype	ctype
	(squamous=1, small=2, adeno=3, large=4)	
打切り	cen（打切り=1, なし=0）	cen
活動度	pstatus（連続変数）	pstatus
初診断からの月数	diag（連続変数）	diag
年齢	age（連続変数）	age
以前の治療法	prior（なし=0, 治療経験あり=10）	prior(0, 1)

PHREG での分析においては「治療法」の「標準」の 1 を 0, 「テスト」の 2 を 1 に, 「以前の治療法」の「治療経験あり」の 10 を 1 とコード変換した.

〈データ系列〉　valc.dat, $n = 137$

```
st  ctype days cen pstatus diag age prior
1    1     72   0    60     7   69    0
1    1    411   0    70     5   64   10
1    1    228   0    60     3   38    0
:                                      :
```

（2）目標とする解析結果

　表 4.17 は最終的な解析結果の治療効果の部分をまとめたものである. データからは治療法の効果は腫瘍のタイプによって有意に異なっていた（交互作用が認められた）ため, 結果表では腫瘍タイプ squamous で標準治療の群を基準として治療法の効果を腫瘍タイプ別に検討している. この表からわかるように腫瘍のタイプの間で一貫した治療法の効果が認められず, small のテスト治療群と adeno の成績が有意に悪かった. テスト治療は標準治療に比べて squamous, adeno では相対ハザード 0.757 と若干の

表 4.17　治療効果の相対ハザード

腫瘍タイプ 治療法	squamous	small	adeno	large	患者数
（1）　標準治療で squamous を基準とした相対ハザード					
標　準	1.000	1.487	3.530	0.900	69
テスト	0.757	2.956	2.672	1.789	68
（2）　腫瘍タイプごとに標準治療を基準とした相対ハザード					
標　準	1.000	1.000	1.000	1.000	69
テスト	0.757	1.988	0.757	1.988	68
患者数	35	48	27	27	137

効果は観察されたが small, large では相対ハザードが1.988と成績が悪い. いずれにしてもテスト治療群の効果が標準薬に比べて優れているとはいえない.

(3) 解析の手順

プログラム

P 19.0　データの入力と必要な変数作成

```
DATA d1; INFILE "a:¥valc.dat";
   INPUT st ctype days cen pstatus diag age prior;
   LABEL days='days of survival'
         cen='0=alive 1=censored';
   LABEL st='0=standard 1=test';
   LABEL  ld='days of survival Log days';
   ld=LOG(days);
st=st-1;            ←「治療法」の「標準」の1を0,「テスト」の2を1にコード変換
   IF prior=10 THEN prior=1;  ←「以前の治療法」の「治療経験あり」の10を1とコード変換
```

P 19.1　Kaplan-Meier と log-rank 検定

変数別の生存曲線から生存曲線が群間で交差していないか, どちらで高いかなどについて検討する. また, 群間での打切りパターンに大きな違いがないことを確認する.

(SASでの指定の留意点)

LIFETEST を用いて st と ctype について変数別の生存曲線のプロットを求める. オプションの plots=(s) で STRATA で指定する. 生存期間の検定では log-rank 検定の他, 一般化 Wilcoxon 検定, 指数分布を仮定した場合の尤度比検定のカイ2乗検定統計量が出力される.

```
PROC LIFETEST DATA=d1 PLOTS=S;
    STRATA st;                         ←群をstに指定
    TIME  days*cen(1);

PROC LIFETEST DATA=d1 PLOTS=S;
    STRATA ctype;                      ←群をctypeに指定
    TIME  days*cen(1);
```

P 19.2　a. 無調整での比例ハザードモデルを用いた検討

無調整での比例ハザードモデルは次に示すとおり.

$$\lambda(t, x) = \lambda_0(t)\exp(\beta_{st}\text{st})$$

(SASでの指定の留意点)

PHREG を利用して指定する. PHREG の指定は MODEL 文に続けて
　　　生存期間の変数＊打切り変数（打切りの数値）＝説明変数/オプション
と指定する. オプションで RL を指定するとリスク比の default で95%信頼区間を求める. 他の信頼区間を求めたい場合には ALPHA=で指定する.

> **P 19.2**　b. Schoenfeld 残差による検討

比例ハザード性の仮定のもとでは Schoenfeld 残差が時間に対してランダムになるという性質を利用して，生存時間との相関係数またはそのプロットを打ち出して視覚的な検討を行う．

(SAS での指定の留意点)

　　OUTPUT 文で出力先を OUT＝の後に示し，RESSCH＝で Schoenfeld 残差に与える変数名を指定する．さらに RANK を利用して生存期間の変数を順序変数に変更し，CORR で相関係数を求める．

```
PROC PHREG DATA=d1;
    MODEL   days*cen(1)=st /RL;
    OUTPUT OUT=out1 LOGSURV=logs RESSCH=sch;   ← Schoenfeld 残差を sch として保存
PROC RANK DATA=out1 OUT=r1;
    VAR days; RANKS rankdays; WHERE sch NE .;
PROC CORR; VAR sch rankdays;
DATA out1; SET out1; logs=-logs;
PROC PLOT DATA=out1; PLOT sch*logs/VREF=0;
```

> **P 19.3**　a. 多変量での比例ハザードモデル

多変量調整での比例ハザードモデル：

$$\lambda(t, \boldsymbol{x}) = \lambda_0(t)\exp(\beta_{st}\text{st} + \beta_{ctype}\text{ctype} + \cdots + \beta_{prior}\text{prior})$$

(SAS での指定の留意点)

　　pstatus, ctype, prior, age を調整変数として変数選択はせずに解析する．PHREG の指定で説明変数にこれらの変数を加えればよい．なお，PHREG での説明変数は 3.3 節でも述べたように連続変数を仮定しているため，カテゴリー変数 ctype は CLASS 指定で最初のカテゴリーをリファレントに指定する．

```
PROC PHREG DATA=d1;
    CLASS ctype(REF=FIRST);
    MODEL   days*cen(1)= st ctype pstatus diag age prior/RL ;
```

> **P 19.3**　b. 変数選択（ステップワイズ法）と生存関数のプロット

(SAS での指定の留意点)

　　pstatus, ctype, prior, age を調整変数として変数選択（ステップワイズ法）により解析する．PHREG の指定で説明変数は(a)と同じでさらに SELECTION＝S，SLS＝0.2，SLE＝0.2 のオプションを加える．この指定は条件付きロジスティックモデルの場合と同じである．Schoenfeld 残差による比例ハザード性の検討として生存日数との相関係数とプロットを出力する．

```
ROC PHREG DATA=d1;
     CLASS ctype(REF=FIRST);
     MODEL days*cen(1)=st ctype pstatus diag age prior
            / RL INCLUDE=1 SELECTION=S SLS=0.2 SLE=0.2;   ←ステップワイズ法の指定
     OUTPUT OUT=out1 LOGSURV=logs RESSCH=sch;
PROC RANK DATA=out1 OUT=r1;
     VAR days; RANKS rankdays; WHERE sch NE .;
PROC CORR; VAR sch rankdays;
DATA out1; SET out1; logs=-logs;
PROC PLOT DATA=out1; PLOT sch*logs/VREF=0;
```

P 19.3 **c. 最終モデルの層別モデルでの2重対数プロット**

層別モデルを適用して，横軸を時間とした生存関数の2重対数プロットが各層により平行になるかを視覚的に検討する．

(SASでの指定の留意点)

ctype, pstatus を調整変数として PHREG を行う．Schoenfeld 残差による比例ハザード性の検討として生存日数との相関係数とプロットを出力する．また，2重対数プロットは st で層別した層別モデルと ctype で層別した層別モデルの両方を PHREG で行う．層別変数の指定はSTRATA 文で指定する．

治療法（st）で層別した層別モデル：

```
PROC PHREG DATA=d1;STRATA st;
     CLASS ctype(REF=FIRST);
     MODEL days*cen(1)=st ctype pstatus/RL;
     BASELINE  OUT=out1 SURVIVAL=s LOGLOGS=lls ;
PROC PLOT DATA=out1; PLOT (s lls)* days =st;
```

腫瘍のタイプ（ctype）で層別した層別モデル：

```
PROC PHREG DATA=d1;STRATA ctype;
     CLASS ctype(REF=FIRST);
     MODEL days*cen(1)=st ctype pstatus/ RL;
     BASELINE  OUT=out1 SURVIVAL=s LOGLOGS=lls ;
PROC PLOT DATA=out1; PLOT (s lls)* days =ctype;
```

出力結果

O 19.1 Kaplan-Meier と log-rank 検定

〈治療法別の Kaplan-Meier による生存関数の推定〉

LIFETEST プロシジャ

打ち切りと非打ち切り値の数の要約

層	st	全体	死亡	打ち切り	パーセント打ち切り
1	0	69	64	5	7.25
2	1	68	64	4	5.88
Total		137	128	9	6.57

〈治療法の差に関する log-rank 検定〉

層に対しての同等性の検定

検定	カイ2乗	自由度	Pr > Chi-Square
① ログランク	0.0082	1	0.9277
Wilcoxon	0.9608	1	0.3270
-2Log(LR)	0.2758	1	0.5995

〈腫瘍タイプ別 Kaplan-Meier による生存関数の推定〉

打ち切りと非打ち切り値の数の要約

層	ctype	全体	死亡	打ち切り	パーセント打ち切り
1	1	35	31	4	11.43
2	2	48	45	3	6.25
3	3	27	26	1	3.70
4	4	27	26	1	3.70
Total		137	128	9	6.57

〈腫瘍タイプの差に関する log-rank 検定〉

層に対しての同等性の検定

検定	カイ2乗値	自由度	Pr > Chi-Square
ログランク	25.4037	3	<.0001
Wilcoxon	19.4331	3	0.0002
-2Log(LR)	33.9343	3	<.0001

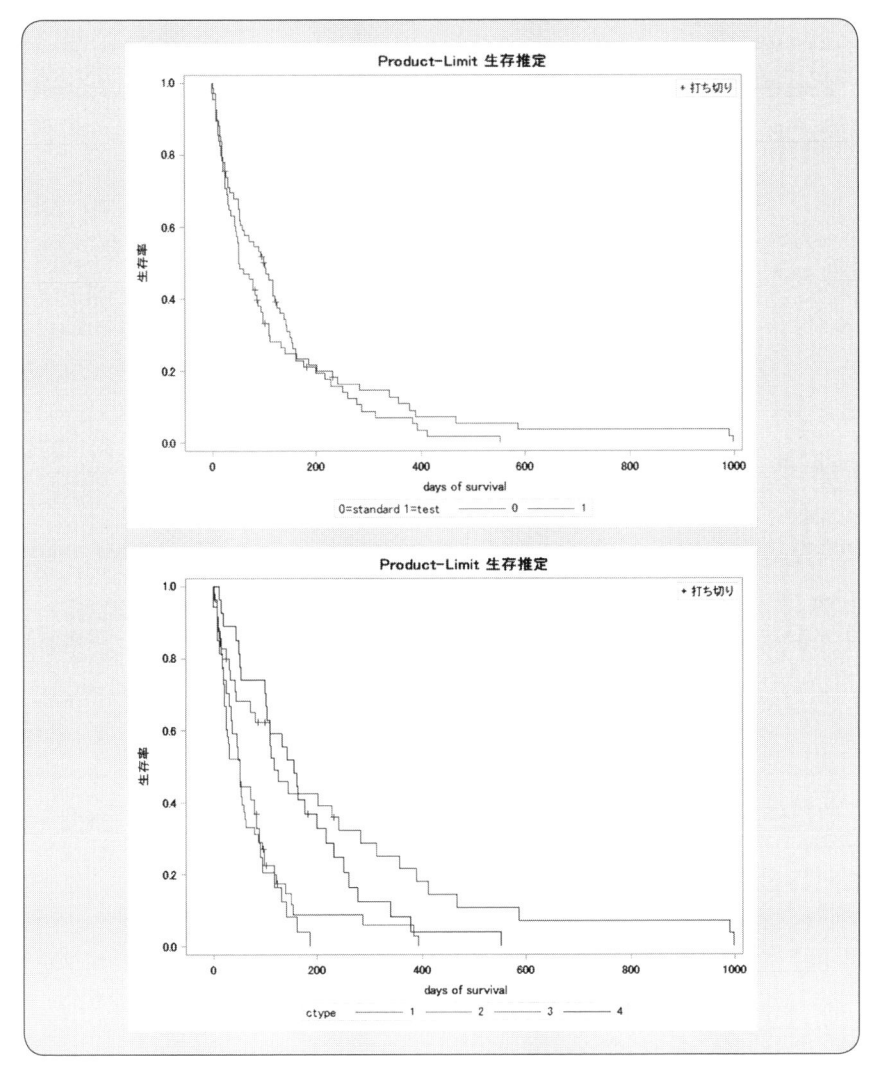

4.3 Cox の比例ハザードモデル

Product-Limit 生存推定

(グラフ: 0=standard 1=test)

Product-Limit 生存推定

(グラフ: ctype 1, 2, 3, 4)

○ 19.2 a. 無調整での比例ハザードモデルを用いた検討

```
PHREG プロシジャ

                    モデルの情報

データセット         WORK.D1
従属変数             days        days of survival
打ち切り変数         cen         0=alive 1=censored
```

```
打ち切り値の数        1
タイデータの処理      BRESLOW


読み込んだオブザベーション数    137
使用されたオブザベーション数    137
```

イベントと打ち切り値の数の要約

全体	イベント	打ち切り	パーセント打ち切り
137	128	9	6.57

収束状態

収束基準 (GCONV=1E-8) は満たされました.

モデルの適合度統計量

基準	共変量なし	共変量あり
-2 LOG L	1011.768	1011.760
AIC	1011.768	1013.760
SBC	1011.768	1016.612

包括帰無仮説：BETA=0 の検定

検定	カイ 2 乗	自由度	Pr > ChiSq
尤度比	0.0082	1	0.9280
Score	0.0082	1	0.9280
Wald	0.0082	1	0.9280

最尤推定量の分析

パラメータ		自由度	パラメータ推定値	標準誤差	カイ2乗	Pr>ChiSq	ハザード比	95% ハザード比信頼限界		ラベル
②	st	1	0.01633	0.18065	0.0082	0.9280	1.016	0.713	1.448	0=standard 1=test

○ 19.2 b. Schoenfeld 残差による検討

```
CORR プロシジャ

        Pearson の相関係数, N = 128
        H0: Rho=0 に対する Prob > |r|

                        SCH        RANKDAYS

SCH                  1.00000    ③ -0.15478
```

Schoenfeld Residual for st	0.0811

〈Schoenfeld 残差と生存日数とのプロット〉

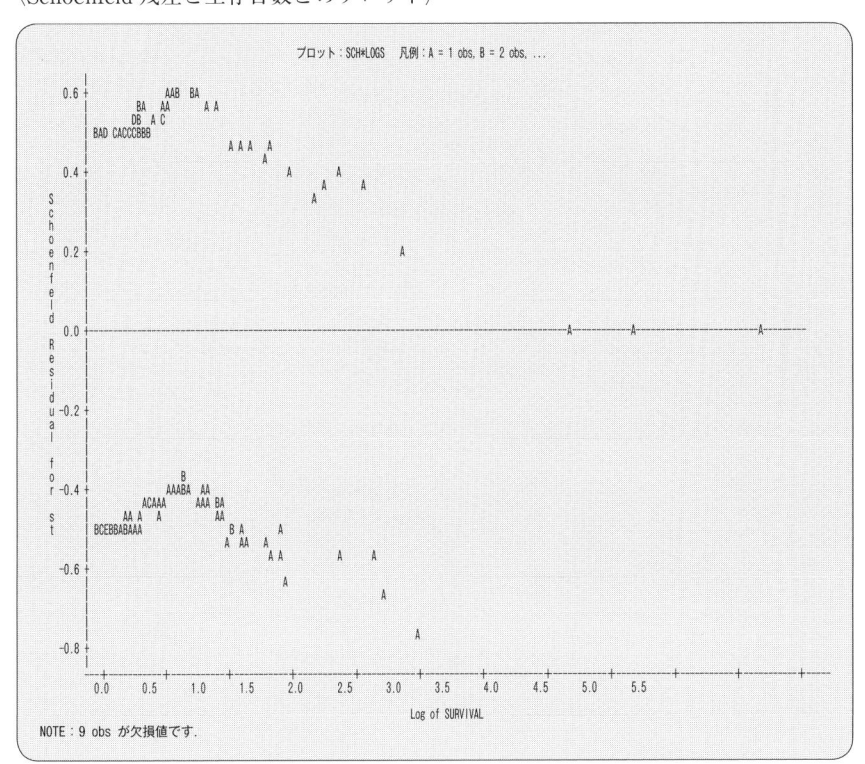

```
                  プロット：SCH*LOGS   凡例：A = 1 obs, B = 2 obs, ...
   0.6 +
              AAB  BA
          BA  AA   A
          DB  A C
       BAD CACCCBBB
   0.4 +          A A A
S                      A
c                         A   A
h                             A
o  0.2 +
e
n
f                              A
e
l
d  0.0 +                                        A       A       A
R
e
s -0.2 +
i
d
u
a -0.4 +        B
l            AAABA  AA
           ACAAA   AAA BA
f          AA A    AA
o       BCEBBABAAA       B A
r                        A AA    A  A
  -0.6 +                   A A
s                               A
t                            A
                                   A
  -0.8 +
         +----+----+----+----+----+----+----+----+----+----+----+----+
         0.0  0.5  1.0  1.5  2.0  2.5  3.0  3.5  4.0  4.5  5.0  5.5
                                Log of SURVIVAL
NOTE : 9 obs が欠損値です．
```

O 19.3 a. 多変量調整比例ハザードモデル

```
PHREG プロシジャ
       モデルの適合度統計量

基準         共変量なし      共変量あり

-2 LOG L     1011.768        950.359
AIC          1011.768        966.359
SBC          1011.768        989.175


           包括帰無仮説：BETA=0 の検定

検定              カイ 2 乗     自由度     Pr > ChiSq
```

```
尤度比        61.4091      8      <.0001
Score        65.9173      8      <.0001
Wald         61.6475      8      <.0001
```

最尤推定値の分析

パラメータ		自由度	パラメータ推定値	標準誤差	カイ 2 乗値	Pr > ChiSq
④st		1	0.28994	0.20721	1.9579	0.1617
ctype	2	1	0.85649	0.27519	9.6866	0.0019
ctype	3	1	1.18830	0.30076	15.6101	<.0001
ctype	4	1	0.39963	0.28266	1.9988	0.1574
⑤pstatus		1	-0.03262	0.00551	35.1124	<.0001
diag		1	-0.0000916	0.00913	0.0001	0.9920
age		1	-0.00855	0.00930	0.8443	0.3582
prior		1	0.07232	0.23213	0.0971	0.7554

最尤推定値の分析

パラメータ		ハザード比	95% ハザード比信頼限界		ラベル
st		1.336	0.890	2.006	0=standard 1=test
ctype	2	2.355	1.373	4.038	ctype 2
ctype	3	3.281	1.820	5.917	ctype 3
ctype	4	1.491	0.857	2.595	ctype 4
pstatus		0.968	0.958	0.978	
diag		1.000	0.982	1.018	
age		0.991	0.974	1.010	
prior		1.075	0.682	1.694	

○ 19.3 b. 変数選択（ステップワイズ法）：最終ステップまとめ

⑥ 最尤推定量の分析

パラメータ		自由度	パラメータ推定値	標準誤差	カイ 2 乗値	Pr > ChiSq
st		1	0.25731	0.20063	1.6449	0.1997
ctype	2	1	0.81962	0.26881	9.2968	0.0023
ctype	3	1	1.14768	0.29493	15.1425	<.0001
ctype	4	1	0.39296	0.28223	1.9386	0.1638
pstatus		1	-0.03111	0.00517	36.2597	<.0001

最尤推定値の分析

パラメータ　　　ハザード比　95% ハザード比信頼限界　　ラベル

st		1.293	0.873	1.917	0=standard 1=test
ctype	2	2.270	1.340	3.844	ctype 2
ctype	3	3.151	1.768	5.617	ctype 3
ctype	4	1.481	0.852	2.576	ctype 4
pstatus		0.969	0.960	0.979	

〈Schoenfeld 残差と生存日数の相関分析〉

```
          Pearson の相関係数, N = 128
          H0: Rho=0 に対する Prob > |r|

                         SCH       RANKDAYS

SCH                    1.00000   ⑦ 0.03915
Schoenfeld Residual for st        0.6608
```

〈Schoenfeld 残差と生存日数とのプロット〉

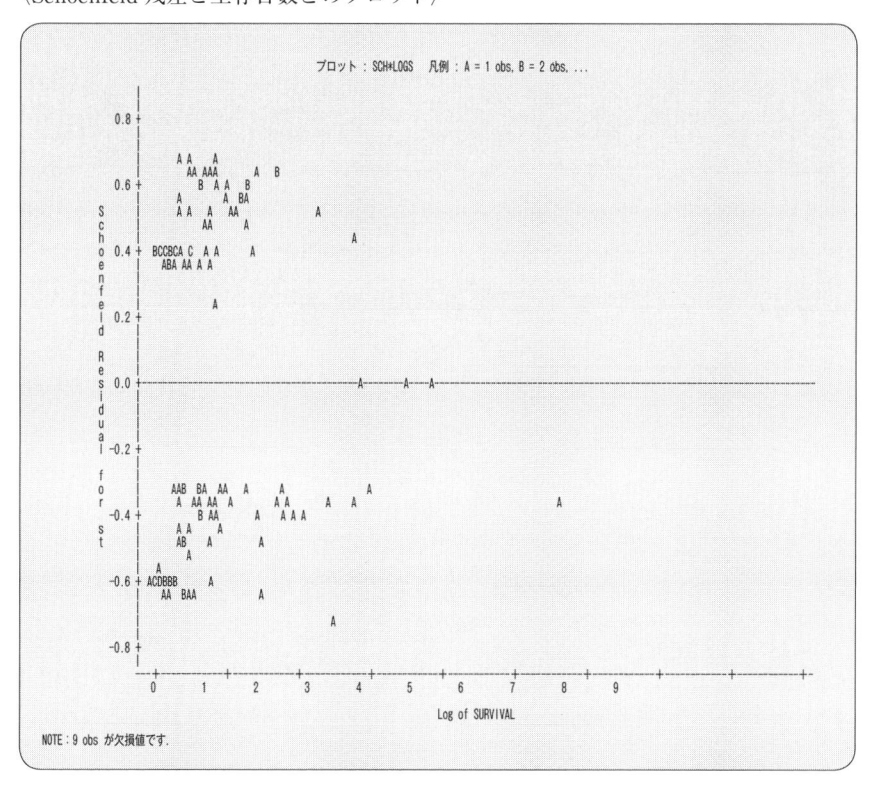

プロット：SCH*LOGS　凡例：A = 1 obs, B = 2 obs, …

NOTE：9 obs が欠損値です。

>[O 19.3] **c. 最終モデルと生存関数のプロット**

ステップワイズの結果と同じため省略.

>[O 19.3] **d. 最終モデルの層別モデルでの2重対数プロット**

〈推定生存関数のプロット〉

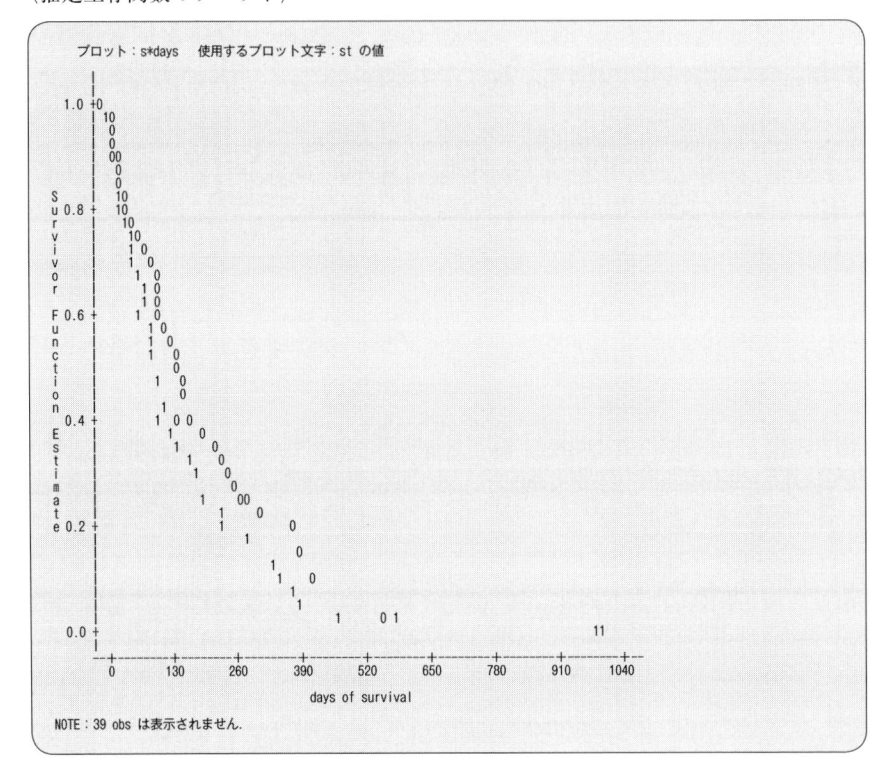

```
         プロット：s*days    使用するプロット文字：st の値
   |
1.0 +0
   | 10
   | 0
   | 00
   | 0
S  | 0
u  | 10
r 0.8 + 10
v  | 10
i  | 1 0
v  | 1 0
o  | 1 0
r  | 1 0
F 0.6 + 1 0
u  | 1 0
n  | 1 0
c  | 1 0
t  | 1 0
i  | 1 0
o  | 1  0
n 0.4 + 1 0 0
   | 1 0
E  | 1 0 0
s  | 1  0
t  | 1  0
i  | 1   00 0
m  | 1  0
a 0.2 + 1   0
t  | 1   0
e  | 1  0
   | 1 1
   | 1
   | 1      0 1           11
0.0+-+--------+--------+--------+--------+--------+--------+--------+
   0       130      260      390      520      650      780     1040
                         days of survival

NOTE：39 obs は表示されません．
```

〈2重対数プロットのグラフによる比例ハザード性の検討〉

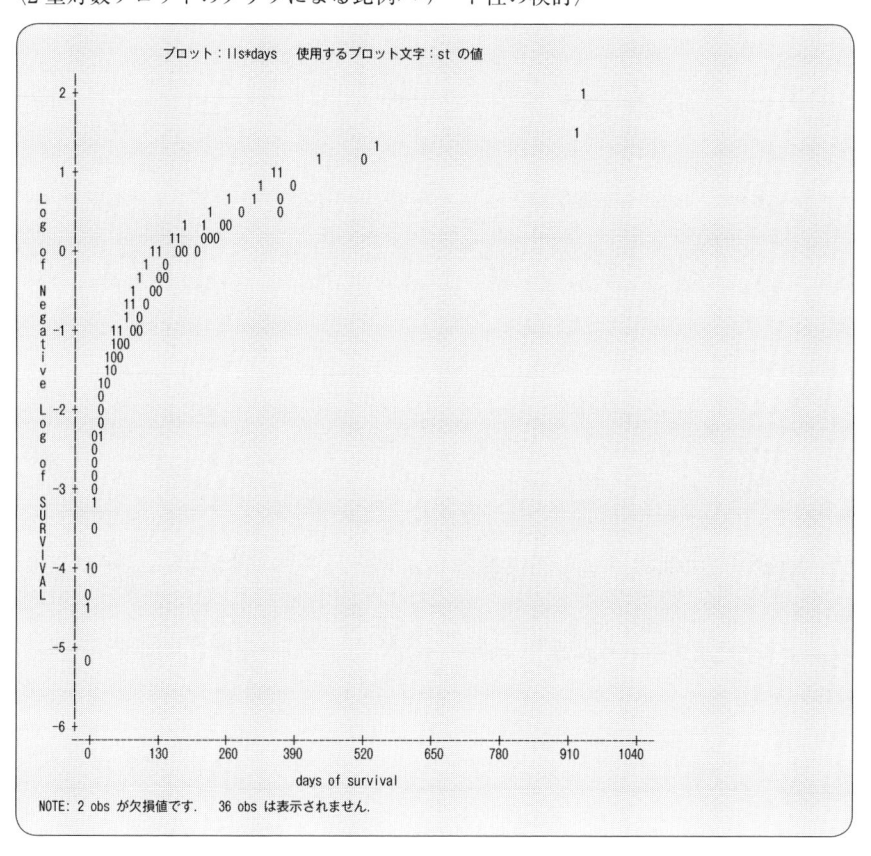

```
          プロット：lls*days    使用するプロット文字：st の値

  2 +                                                    1
    |                                                 1
    |                                       1    1
  1 +                                  11  0
    |                               11  0
L   |                           1 1 1 0 0
o 0 +                        1 1  000
g   |                       11  00 0
    |                     1 0
o   |                   1 00
f   |                  11 0
 -1 +                11 00
N   |               100
e   |              100
g   |              10
a -2 +             0
t   |            0
i   |            01
v   |            0
e   |            0
L -3 +            0
o   |            1
g   |            0
    |
o -4 +         10
f   |          0
    |          1
S   |
U -5 +
R   |          0
V   |
I   |
V   |
A -6 +
L   +----+----+----+----+----+----+----+----+
       0  130  260  390  520  650  780  910 1040
                       days of survival
NOTE: 2 obs が欠損値です．  36 obs は表示されません．
```

〈推定生存関数のプロット〉

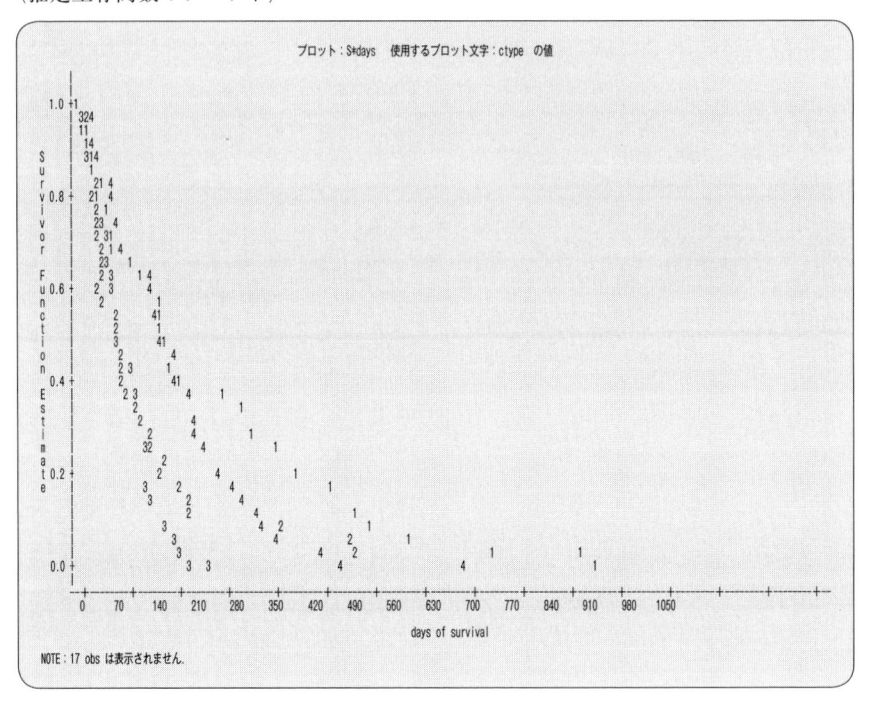

```
                    プロット：S*days    使用するプロット文字：ctype の値

      1.0 +1
         | 324
         | 11
         | 14
    S    | 314
    u    | 1
    r    | 21 4
    v 0.8+ 21 4
    i    | 2 1
    v    | 23 4
    o    | 2 31
    r    | 2 23
         | 23
    F    |  2 3   1 4
    u 0.6+  2 3   4
    n    |  2 2
    c    |  2 2
    t    |  2  41
    i    |   2   1
    o    |   2  41
    n    |   2   4
      0.4+   2    1
    E    |  2 3   41    1
    s    |   2      1
    t    |   2
    i    |    2     4
    m    |    2    4
    a 0.2+   32    4        1
    t    |   3   2  2    4
    e    |    3     4 4        1
         |    3    4 2      1  1
         |    3       4    2 2     1
      0.0+    3    3       4            1       1    1
         +----+----+----+----+----+----+----+----+----+----+----+----+----+----+----+
         0   70  140  210  280  350  420  490  560  630  700  770  840  910  980 1050
                                    days of survival
```

NOTE : 17 obs は表示されません。

〈2重対数プロットのグラフによる比例ハザード性の検討〉

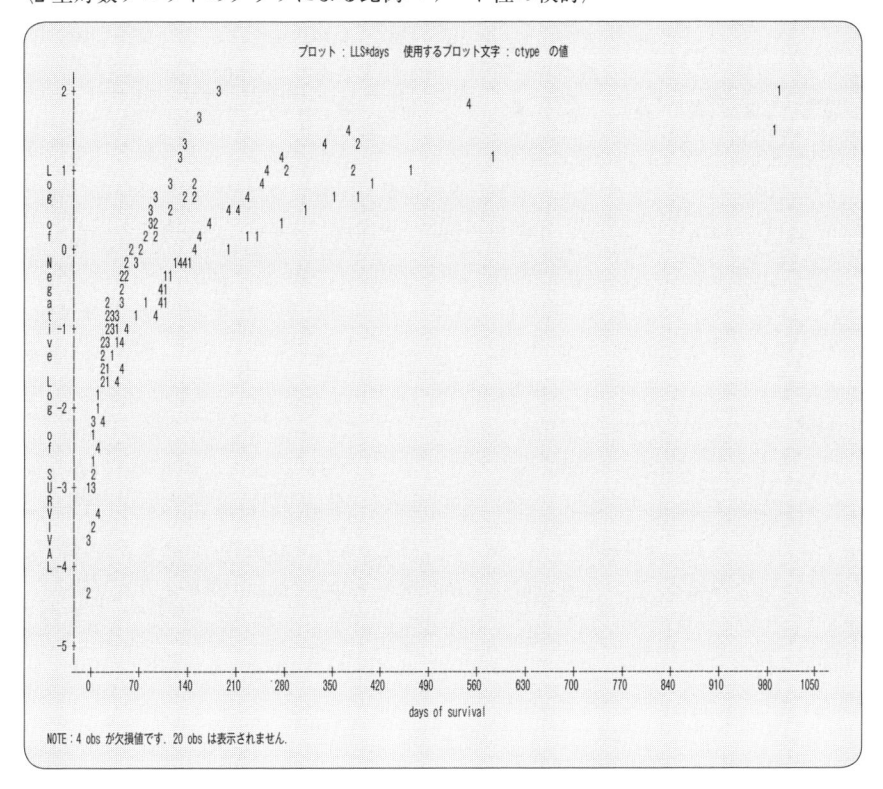

```
                プロット：LLS*days    使用するプロット文字：ctype の値

    2 +                 3                           4                                        1
                        3
L   1 +              3           4       4
o                 3        4   4    4  2          1
g                    3  2    4 2      2    1
                  3  2 2           1
o   0 +         32 2        4 4        1
f              2 2    4    1 1
               2 3     1441
N              22    11
e  -1 +       2 3    41
g             2 3  1  41
a            233   1  4
t            231 4
i            23 14
v            2 1
e  -2 +      21 4
               1
L           3 4
o           1
g           1
   -3 +     13
o
f           4
            2
S
U  -4 +
R
V           2
I
V
A  -5 +
L   |
    +----+----+----+----+----+----+----+----+----+----+----+----+----+----+----+
    0   70  140  210  280  350  420  490  560  630  700  770  840  910  980 1050
                              days of survival

NOTE：4 obs が欠損値です．20 obs は表示されません．
```

解説

C 19

PHREG での出力結果は条件付きロジスティック回帰モデルと類似した点が多いが比例ハザードモデルで特に関連する出力結果については出力結果の中で示した．

〈解析プロセスの解説〉

ステップ1： 治療群で層別して Kaplan-Meier 生存曲線をみると明らかに曲線が交差しており，比例ハザード性は満足していないことがわかる．同様に腫瘍のタイプ別に層別して生存曲線をみると squamous(A) と large(D) が交差を繰り返していて，small(B) と adeno(C) がほぼ同程度であることがわかる．

ステップ2： log-rank 検定①で治療群間の比較をすると有意ではない（$p=0.928$）．

ステップ3： 以上の情報から無調整で治療間比較を Cox 比例ハザードで検討することは適切ではないが，結果がどうなるかを検討するために適用してみた．治療効果

（治療間の差）を表す変数 st の係数が② 0.0163，推定誤差が 0.181 と推定され，有意ではない（Wald $\chi^2 = 0.008$, $df = 1$, $p = 0.928$）．この結果はモデルの有意性を検討するために容易されている3種類の統計量と同じ結果である．Schoenfeld 残差プロットをみると，時間軸に対称とはいえず，また，死亡時間との相関係数は③ -0.155（$p = 0.081$）と有意ではないものの，負の傾向がある．この結果は生存曲線で試験初期にはテスト治療群のハザードが高く，試験後期では標準治療群のハザードが高いことと一致している．いずれにしても，比例ハザード性が満足されていないと考えるべきであろう．

ステップ4： 用意した説明変数をすべて取り込んで，多変量で調整した結果でも，治療効果④は有意ではない（$p = 0.162$）が無調整の結果よりはわずかに標準治療のほうが成績が良いことを示唆している．performance status ⑤が最も有意である（$p < 0.0001$）．

ステップ5： そこで，主効果モデルでのステップワイズ法により変数選択を行った．治療変数は強制取込み変数として，腫瘍タイプ，performance status が選ばれた．結果は同様である．層別解析により層ごとに推定された生存関数 $S_{j0}(t)$ とその2重対数プロットをみると，テスト治療群の生存関数が一定して標準治療群よりも下側に位置していることがわかり，比例ハザード性も Schoenfeld 残差プロットをみるとほぼ，ランダムに散布しており，かつ相関係数⑦は 0.039（$p = 0.661$）と無相関であり，ほぼ満足される．腫瘍タイプでの層別解析では，small と adeno 群はほぼ同様で最もハザードが大きく，large，squamous の順でハザードが小さくなっている．しかし，2重対数プロットでみるかぎり比例ハザード性はあまり良くない．

ステップ6： これまでの成績（⑥のハザード比）を表の形にまとめると，表 4.18 になる．

表 4.18　主効果のみの解析結果

	標準グループ	リスク比 テストグループ（95%信頼区間）
治療法	標準	1.00
	テスト	1.29（0.87〜1.92）
腫瘍のタイプ	squamous	1.00
	small	2.27（1.34〜3.84）
	adeno	3.15（1.77〜5.62）
	large	1.48（0.85〜2.58）
活動度	10 単位	0.74（0.66〜0.81）

注）活動度は 10 単位増加に対する相対ハザードを表示している．つまり $0.969^{10} = 0.74$ となる．

P 19.3 e. 交互作用の検討とそのプロセス

これまでの解析は主効果だけのモデルであった．比例ハザードモデルはロジスティック回帰モデルと異なり，モデルの適合度の評価が容易ではなく，実際，適合度統計量は残差分析のための統計量を除いて妥当なものはまだ存在しない．また，提案されている残差分析も，重回帰分析の残差分析ほど完成されたものではなく，その適用の解釈には問題が残っている．つまり，モデルの良さを評価する妥当な基準がないので，モデルの有意性，比例ハザード性の満足度と適用分野での選ばれた変数の妥当性から総合的に判断する必要がある．したがって，潜在的に可能性のある交互作用の検討は積極的に行うべきであろう．

そこで，ここでは，「標準治療で squamous」の群と基準群（reference group）として治療法と腫瘍のタイプの交互作用項を表す3つの変数 in1, in2, in3 を表 4.19 のように設定する．なぜ3つかというと交互作用の自由度は（治療法のカテゴリー数 − 1）×（治療のタイプのカテゴリー数 − 1）となるから $(2-1) \times (4-1) = 3$，最大3つの変数が必要になるからである．

表 4.19 治療法と腫瘍のタイプの交互作用項を表すダミー変数

			腫瘍のサイズ			
			squamous	small	adeno	large
治療法	標準	st = 0	in1 = 1	in2 = 1	in3 = 1	0
	テスト	st = 1	0	0	0	0

注）0のところは in1, in2, in3 がすべて0となることを示す

```
IF st=1 AND ctype=2 THEN in1=1;   ELSE in1=0;
IF st=1 AND ctype=3 THEN in2=1;   ELSE in2=0;
IF st=1 AND ctype=4 THEN in3=1;   ELSE in3=0;
```

```
PROC PHREG DATA=d1;
    CLASS ctype(REF=FIRST);
    MODEL   days*cen(1)=st ctype in1 in2 in3  pstatus /RL;
    TEST in1=in2=in3=0 ;
```

O 19.3 e. 交互作用の検討とそのプロセス

最尤推定値の分析

パラメータ		自由度	パラメータ推定値	標準誤差	カイ2乗値	Pr > ChiSq
st		1	−0.33545	0.39489	0.7216	0.3956
ctype	2	1	0.32900	0.33768	0.9493	0.3299
ctype	3	1	1.19660	0.45065	7.0504	0.0079
ctype	4	1	−0.05325	0.39355	0.0183	0.8924
⑧IN1		1	1.14159	0.51723	4.8715	0.0273
⑨IN2		1	0.12466	0.58938	0.0447	0.8325
⑩IN3		1	0.85116	0.56565	2.2643	0.1324
pstatus		1	−0.03151	0.00539	34.2038	<.0001

最尤推定値の分析

パラメータ		ハザード比	95% ハザード比信頼限界		ラベル
st		0.715	0.330	1.550	0=standard 1=test
ctype	2	1.390	0.717	2.694	ctype 2
ctype	3	3.309	1.368	8.003	ctype 3
ctype	4	0.948	0.438	2.051	ctype 4
IN1		3.132	1.136	8.631	
IN2		1.133	0.357	3.596	
IN3		2.342	0.773	7.098	
pstatus		0.969	0.959	0.979	

線形仮説検定の結果

ラベル	Wald カイ2乗	自由度	Pr > ChiSq
⑪ Test 1	6.6878	3	0.0825

O 19.3 e. 交互作用の検討とそのプロセス

Test 文で実施した交互作用の有意性の検定結果⑪は p 値 = 0.08 よりそれほど強くはないものの,その存在が示唆されている.そこで,交互作用項のパラメータの推定値をみると,in1 と in3 の p 値はそれぞれ⑧ 0.027,⑩ 0.132 であり,推定値もほぼ同等と考えられること,他方,変数 in2 はほぼ 0 と見なされた(⑨ p = 0.833).つまり,交互作用を表す変数として 1 変数で十分である可能性が大きい.

P 19.3 f. 交互作用の検討とそのプロセス

したがって,次のステップとしては,in1 = in3 = in, in2 = 0, として,交互作用を表す変数として,1 つの変数 in を入れたモデルを適用した解析を行う.こうすることにより,交互作用項の自由度が小さくなり,検出力が高まる.

```
IF st=1 AND ctype=2 THEN in =1;ELSE in=0;
IF st=1 AND ctype=4 THEN in =1;
```

```
PROC PHREG DATA=d1;
  CLASS ctype(REF=FIRST);
  MODEL  days*cen(1)=st ctype in pstatus /RL;
```

O 19.3　f. 交互作用の検討とそのプロセス

最尤推定値の分析

パラメータ		自由度	パラメータ推定値	標準誤差	カイ2乗値	Pr > ChiSq
st		1	-0.27792	0.28359	0.9604	0.3271
ctype	2	1	0.39679	0.30434	1.6999	0.1923
ctype	3	1	1.26128	0.29759	17.9633	<.0001
ctype	4	1	-0.10548	0.33844	0.0971	0.7553
⑫IN		1	0.96532	0.38491	6.2897	0.0121
pstatus		1	-0.03174	0.00522	37.0208	<.0001

最尤推定値の分析

パラメータ		ハザード比	95% ハザード比信頼限界		ラベル
st		0.757	0.434	1.320	0=standard 1=test
ctype	2	1.487	0.819	2.700	ctype 2
ctype	3	3.530	1.970	6.325	ctype 3
ctype	4	0.900	0.464	1.747	ctype 4
IN		2.626	1.235	5.583	
pstatus		0.969	0.959	0.979	

C 19.3　f. 交互作用の検討とそのプロセス

この結果，交互作用項⑫ in が有意となっている（$p=0.012$）．比例ハザード性もほぼ満足されていた（結果省略）．活動度（performance status）の推定値は交互作用項の有無にかかわらずほとんど変化がない．そこで，解析の最終ステップとして，治療効果を腫瘍タイプ別に相対ハザードで推定してみよう．たとえば，腫瘍タイプが small で標準治療の群の相対ハザードは

$$\exp(\hat{\beta}_{st}\times 0 + \hat{\beta}_{ctype(2)}\times 1 + \hat{\beta}_{in}\times 0) = \exp(\hat{\beta}_{ctype(2)}) = 1.487$$

と計算され，small でテスト治療群は

$$\exp(\hat{\beta}_{st}\times 1 + \hat{\beta}_{ctype(2)}\times 1 + \hat{\beta}_{in}\times 1) = \exp(\hat{\beta}_{st})\exp(\hat{\beta}_{ctype(2)})\exp(\hat{\beta}_{in}) = 2.956$$

と計算できる．次にテスト治療の効果をみるために，標準治療を基準とした相対ハザ

ードを計算すると,

$$\frac{\exp(\hat{\beta}_{st}+\hat{\beta}_{ctype(2)}+\hat{\beta}_{in})}{\exp(\hat{\beta}_{ctype(2)})}=\exp(\hat{\beta}_{st}+\hat{\beta}_{in})=1.988$$

となる.治療と腫瘍タイプの各組合せの相対ハザードをパラメータ β の関数で表現したのが表 4.20 である.この結果から腫瘍タイプ(squamous, adeno)と(small, large)とで治療効果が異なる(つまり,この差が,治療効果と腫瘍タイプとの交互作用である)ことがわかる.当然のことであるが, $\beta_{in}=0$(交互作用がない)であれば,腫瘍タイプによって変ることなく,テスト治療の効果が一様に $\exp(\hat{\beta}_{st})$ で推定できることがわかる.この結果の具体的推定値が表 4.17 に示したものである.

表 4.20 交互作用項を含めた最終モデルの相対ハザードの計算

治療法	squamous	small	adeno	large
(1) 標準治療で squamous を基準とした相対ハザード				
標 準	$\exp(0)=1$	$\exp(\hat{\beta}_{ctype(2)})$	$\exp(\hat{\beta}_{ctype(3)})$	$\exp(\hat{\beta}_{ctype(4)})$
テスト	$\exp(\hat{\beta}_{st})$	$\exp(\hat{\beta}_{st}+\hat{\beta}_{ct2}+\hat{\beta}_{in})$	$\exp(\hat{\beta}_{st}+\hat{\beta}_{ct3})$	$\exp(\hat{\beta}_{st}+\hat{\beta}_{ct4}+\hat{\beta}_{in})$
(2) 腫瘍タイプごとに標準治療を基準とした相対ハザード				
標 準	1.000	1.000	1.000	1.000
テスト	$\exp(\hat{\beta}_{st})$	$\exp(\hat{\beta}_{st}+\hat{\beta}_{in})$	$\exp(\hat{\beta}_{st})$	$\exp(\hat{\beta}_{st}+\hat{\beta}_{in})$

(表頭:腫瘍タイプ)

5. 統計的推測

本章では,結果変数がすべて互いに独立な場合のロジスティック回帰モデルに関する数理を解説し,2.7節の「階層構造,クラスター構造をもつデータの解析」に関する数理は割愛する.ただし,広い読者層を考慮して数学的な定理・証明の形式はとらない.

5.1 一般モデルと尤度の構成法

2値の確率変数を Y とし,$p = \Pr\{Y=1\}$,$1-p = \Pr\{Y=0\}$ としよう.ロジスティック回帰モデルでは,確率 p を説明する q 個の変数群 $\{z_1, z_2, \cdots, z_q\}$ の線形結合のロジスティック関数

$$p(z) = \frac{\exp(z^t \theta)}{1 + \exp(z^t \theta)} \tag{5.1}$$

で表現したものである.ここで,

$$\begin{aligned} z^t &= (z_1, z_2, \cdots, z_q) \\ \theta^t &= (\theta_1, \theta_2, \cdots, \theta_q) \end{aligned} \tag{5.2}$$

である.表現を変形すると,

$$\log \frac{p(z)}{1-p(z)} = z^t \theta = z_1 \theta_1 + \cdots + z_q \theta_q \tag{5.3}$$

と一般モデルの形が得られる.左辺を $\operatorname{logit} p(z)$ と表す.

さて,θ を推定するために,n 個の独立な標本(independent sample)を収集したとしよう.必要な記号とその意味を以下に示す.

(1) 2値の確率変数 Y のベクトル : $Y = (Y_1, Y_2, \cdots, Y_n)^t$ $n \times 1$
(2) 確率変数 Y の観測値ベクトル : $y = (y_1, y_2, \cdots, y_n)^t$ $n \times 1$
(3) 説明変数の行列 : $Z = (z_1, z_2, \cdots, z_n)^t$ $n \times q$
(4) 第 i 標本の説明変数ベクトル : $z_i = (z_{i1}, z_{i2}, \cdots, z_{iq})^t$ $q \times 1$

一般モデルのもとで,確率変数 Y の観測値が y となる確率は

$$\Pr\{Y=y|\theta\}=\prod_{i=1}^{n}p(z_i)^{yi}(1-p(z_i))^{1-yi} \tag{5.4}$$

となる．この確率を観測値 y が与えられた条件のもとでパラメータ θ の関数として

$$\text{like}(\theta)=\prod_{i=1}^{n}p(z_i)^{yi}(1-p(z_i))^{1-yi} \tag{5.5}$$

としたものを尤度（likelihood），または，尤度関数（likelihood function）という．モデルに含まれるパラメータ数 q に比較して標本数 n が十分に大きい場合には，この尤度を最大にする最尤法（maximum likelihood method）が最良な方法としてよく利用される．その最尤推定値 θ_{ML}（maximum likelihood estimate）には，漸近的に真のパラメータ θ に一致する漸近的一致性（asymptotic consistency）の性質

$$\theta_{\text{ML}} \xrightarrow[(n-q)\to 十分に大]{} N(\theta,\Sigma(\theta)):多変量正規分布$$

がある．ここで「$(n-q)$ が十分に大きい場合」とは，状況によっても変化するが，少なくとも n が q の4〜5倍以上と考えるべきであろう．したがって，それ以下の場合は推定値に無視できないバイアスが存在することを認識すべきである．

しかし，マッチド・ケースコントロール研究のように，ケースひとりひとりに対してマッチングをする個人マッチング（individual matching）によって標本を層別した層別解析のモデル（2.3.2項参照）

$$\text{logit}\,p(x_{kj})=\gamma_k+x_{kj}^t\beta$$

$\gamma_k:k$ 番目の層（マッチング）化パラメータ，$k=1,\cdots,K$

では，標本数が増大するにつれてパラメータの数も増大してしまい，漸近性の条件が満足されず，したがって一致性の保証が得られず，かなり偏った推定値となってしまう．このような場合には，θ を，推定に興味ある β と興味のない局外パラメータ γ（nuisance parameter，マッチド・ケースコントロール研究では層化パラメータ）に分割して，γ の十分統計量 s（マッチド・ケースコントロール研究では各層のケースの数）が観測されたという条件付き尤度（conditional likelihood，詳細は5.3節参照）

$$\text{Clike}(\beta|s)=\frac{c(t,s)\exp(t^t\beta)}{\sum_{u\in\Omega}c(u,s)\exp(u^t\beta)}$$

を構成することにより，尤度関数から γ が消去され，しかもこの尤度を最大にする推定値 β_{MCL}（maximum conditional likelihood estimate）は漸近的に一致性をもつ：

$$\beta_{\text{MCL}} \xrightarrow[(n-r)\to 十分に大]{} N(\beta,\Sigma(\beta))$$

この場合のモデルを条件付きロジスティック回帰モデル（conditional logistic regression model）という．しかし，もともと**標本数が小さい，モデルのデザインが高**

度にアンバランス（unbalanced design，分散分析で水準間のケース数が異なる場合のように，プロファイルごとの標本数が異なる）である場合には上記の漸近的性質が破綻するばかりか，最尤推定値の存在（一意性）さえも怪しくなる．このような場合には，推測に興味のあるパラメータ β_j ごとに，それ以外はすべて消去する完全な条件付き尤度（full conditional likelihood，詳細は 5.4 節参照）

$$\text{FClike}(\beta_j | s) = \frac{C(t, s)\exp(t\beta_j)}{\sum_{u=t_{\min}}^{t_{\max}} C(u, s)\exp(u\beta_j)}$$

を構成することにより，この尤度を最大にする推定値 $\beta_{j,\text{MAX}}$（maximum exact conditional likelihood estimate）を計算する．最近では専用のソフト，たとえば LogXact（Mehta, *et al.*, 1993）が利用できる．ただし，膨大な計算時間を要するので標本数を考えて適用したい．

5.2 最 尤 法

5.2.1 モデルと尤度

ここでは，説明変数に，パラメータのすべてが推定することに興味がある r 個のリスクファクター $\boldsymbol{x}^t = (x_1, x_2, \cdots, x_r)$ を考える．つまり，式 (2.12) と同じ

$$\text{logit } p(\boldsymbol{x}) = \beta_0 + \beta_1 x_1 + \beta_2 x_2 + \cdots + \beta_r x_r = (1, \boldsymbol{x}^t)\boldsymbol{\beta} \tag{5.6}$$

と表現する回帰モデルを考えよう．ここに，$\boldsymbol{\beta}^t = (\beta_0, \beta_1, \cdots, \beta_r)$ である．ここで，$\boldsymbol{z}^t = (1, \boldsymbol{x}^t)$，$\boldsymbol{\theta} = \boldsymbol{\beta}$ と置き換えることにより一般モデル式 (5.2) の形となることに注意する．このモデルの表現では，説明変数としては連続変数と 2 値変数だけを考えている．もし説明変数の中にカテゴリー変数（カテゴリー数 $=K$）がある場合は，ダミー変数（3.1.3 項参照）を利用して $(K-1)$ 個の 2 値変数に変換してあるものとする．2.2.3 項では，標本 n 例の説明変数 $\boldsymbol{x}$ の観測値の中から，相異なるパターンを抽出し，それらに番号をつけたものを $\boldsymbol{x}_j = (x_{j1}, \cdots, x_{jr})$，$j = 1, \cdots, J$ とプロファイルと呼んだ．すると，プロファイル $\boldsymbol{x}_j$ が観測されたグループでの尤度は

$$p(\boldsymbol{x}_j)^{d_j}(1 - p(\boldsymbol{x}_j))^{n_j - d_j}$$

である．したがって，全体の尤度は式 (5.5) の形式から次式のようになる．

$$\text{like}(\beta) = \prod_{j=1}^{J} p(\boldsymbol{x}_j)^{d_j}(1 - p(\boldsymbol{x}_j))^{n_j - d_j} \tag{5.7}$$

【ソフトウェア情報】SAS **CATMOD** ではプロファイルの数 J を「POPULATION =」と表示している．SAS **LOGISTIC**（Version 6.10）では「number of unique profiles＝」と表示している．

5.2.2 最尤推定値

尤度関数 $\mathrm{like}(\boldsymbol{\beta})$ を最大にする最尤推定値 $\boldsymbol{\beta}_{\mathrm{ML}}$ の計算には，対数尤度関数

$$L(\boldsymbol{\beta})=\log\{\mathrm{like}(\boldsymbol{\beta})\}=\sum_{j=1}^{J}\{d_j\log(p(\boldsymbol{x}_j))+(n_j-d_j)\log(1-p(\boldsymbol{x}_j))\}$$
$$=\sum_{j=1}^{J}\{d_j(1,\boldsymbol{x}^t)\boldsymbol{\beta}+n_j\log(1-p(\boldsymbol{x}_j))\} \tag{5.8}$$

を β で偏微分して 0 と置いた連立方程式を解けばよい．つまり，

$$dL/d\beta_0=\sum_{j=1}^{J}(d_j-n_jp(\boldsymbol{x}_j))=0$$
$$dL/d\beta_s=\sum_{j=1}^{J}x_{js}(d_j-n_jp(\boldsymbol{x}_j))=0,\qquad s=1,\cdots,r \tag{5.9}$$

この連立方程式はパラメータ β に関して非線形であるが，Taylor 展開の線形近似により Newton-Raphson 法などの繰り返し収束法が利用できる．対数尤度関数が1つのパラメータ θ の関数 $L(\theta)$ である場合について，Newton-Raphson 法の概略を図 5.1 に示した．この場合の最尤推定値は方程式

$$g(\theta)=\frac{dL(\theta)}{d\theta}=0$$

の解である．真の解に近い値 θ_0 を初期値として，座標 $(\theta_0, g(\theta_0))$ での接線を考える．接線と x 軸との交点は

$$\theta_1=\theta_0-\left[\frac{dg(\theta)}{d\theta}\bigg|_{\theta=\theta_0}\right]^{-1}g(\theta_0)$$

となり，この点が真値により近い点となる．この手続きを繰り返すことにより解が求められる．次式は多変量への拡張である．たとえば，初期値を $\boldsymbol{\beta}^{(0)}$ として，

図 5.1 下に凸な関数 $g(\theta)=0$ の解を求めるための Newton-Raphson 法の概略図．対数尤度関数が1つのパラメータ θ の関数 $L(\theta)$ である場合，接線と x 軸との交点は $\hat{\theta}_0, \hat{\theta}_1, \hat{\theta}_2, \cdots$ と，真値により近い点となっていき，この手続きを繰り返すことにより解が求められる．

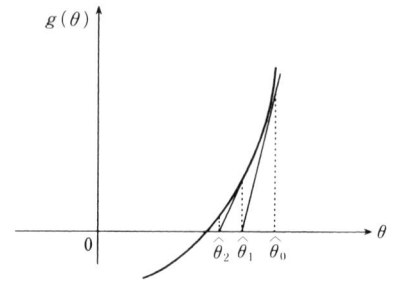

$$\begin{bmatrix} \beta_0^{(k+1)} \\ \beta_1^{(k+1)} \\ \vdots \\ \beta_r^{(k+1)} \end{bmatrix} = \begin{bmatrix} \beta_0^{(k)} \\ \beta_1^{(k)} \\ \vdots \\ \beta_r^{(k)} \end{bmatrix} - \begin{bmatrix} w_{00} & w_{01} & \cdots & w_{0r} \\ w_{10} & w_{11} & \cdots & w_{1r} \\ \vdots & \vdots & & \vdots \\ w_{r0} & w_{r1} & \cdots & w_{rr} \end{bmatrix}^{-1} \begin{bmatrix} dL/d\beta_0^{(k)} \\ dL/d\beta_1^{(k)} \\ \vdots \\ dL/d\beta_r^{(k)} \end{bmatrix} \tag{5.10}$$

の計算を収束するまで繰り返す．右辺はすべて k 回目の繰り返し時点の値で評価する．ここで，

$$S(\beta) = (dL/d\beta_0, dL/d\beta_1, \cdots, dL/d\beta_r)^t \tag{5.11}$$

はエフィシェントスコア（efficient score）と呼ばれ後述のスコア検定で活躍する．$(r+1) \times (r+1)$ 行列の要素 w_{st} は，$x_{j0}=1$ として，

$$\begin{aligned} w_{ss} &= \frac{d^2 L}{d^2 \beta_s} = -\sum_{j=1}^{J} n_j x_{js}^2 p(\boldsymbol{x}_j)(1-p(\boldsymbol{x}_j)) \\ w_{st} &= \frac{d^2 L}{d\beta_s \beta_t} = -\sum_{j=1}^{J} n_j x_{js} x_{jt} p(\boldsymbol{x}_j)(1-p(\boldsymbol{x}_j)) \end{aligned} \tag{5.12}$$

である．この要素の**符号**を変えた $(r+1) \times (r+1)$ 行列

$$I(\beta) = (-w_{st}) = X^t V X \tag{5.13}$$

を β の（漸近）Fisher 情報行列（asymptotic Fisher information matrix）と呼ぶ．ここで，$J \times (r+1)$ 行列 X はプロファイルの行列で，

$$X = \begin{bmatrix} 1 & x_{11} & \cdots & x_{1r} \\ 1 & x_{21} & \cdots & x_{2r} \\ \vdots & \vdots & & \vdots \\ 1 & x_{J1} & \cdots & x_{Jr} \end{bmatrix} \tag{5.14}$$

であり，$J \times J$ 行列 V は対角行列

$$V = \begin{bmatrix} n_1 \hat{p}(\boldsymbol{x}_1)(1-\hat{p}(\boldsymbol{x}_1)) & 0 & \cdots & 0 \\ 0 & n_2 \hat{p}(\boldsymbol{x}_2)(1-\hat{p}(\boldsymbol{x}_2)) & \vdots & \vdots \\ \vdots & 0 & \vdots & \vdots \\ \vdots & \vdots & \vdots & 0 \\ 0 & 0 & \cdots & n_J \hat{p}(\boldsymbol{x}_J)(1-\hat{p}(\boldsymbol{x}_J)) \end{bmatrix} \tag{5.15}$$

である．推定値 β の分散・共分散行列 $\Sigma(\beta)$ は Fisher 情報行列の逆行列

$$\Sigma(\beta) = I^{-1}(\beta) = (X^t V X)^{-1} \tag{5.16}$$

で与えられる．

> （注） 一般にパラメータ β の最尤推定値の解は
> $$\beta^{(k+1)} = \beta^{(k)} + I^{-1}(\beta^{(k)})S(\beta^{(k)})$$
> を
> $$|\{L(\beta^{(k+1)}) - L(\beta^{(k)})\}/L(\beta^{(k)})| < \varepsilon \quad (=0.00001\, 程度)$$
> となるまで繰り返し計算する．

5.2.3　最尤推定値の存在条件

標本数が小さく，アンバランスなデザインの場合には最尤推定値が存在しない（一意に定まらない）ことが起こりうる．Albert and Anderson（1984）はその条件を検討し，図5.2に示すとおり，次の2種類の場合に存在しないことを示した．

（1）完全分離（complete separation）

図5.2(a)に示すとおり，プロファイルが完全に分離される場合．このとき，すべての標本 x_i に対して

$$\begin{aligned}\beta' x_i &> 0 \text{ for } Y_i = 1 \\ \beta' x_{ii} &< 0 \text{ for } Y_i = 0\end{aligned} \quad (5.17)$$

を満足するパラメータ β が存在する．

（2）擬似完全分離（quasi-complete separation）

図5.2(b), (b')に示すとおり，プロファイルが境界上は除いて完全に分離される場合で，同様に

$$\begin{aligned}\beta' x_i &\geq 0 \text{ for } Y_i = 1 \\ \beta' x_i &\leq 0 \text{ for } Y_i = 0\end{aligned} \quad (5.18)$$

となるパラメータ β が存在する．等号は少なくとも1つのプロファイルで成立する．

直感的にはデータからある程度完全に $Y=1$ か $Y=0$ かが予測できる（データが分離できる）場合である．これ以外の図5.2(c)に示されるように分離できない場合（overlap）には最尤推定値は存在する．Santner and Duffy（1986）は，実際の標本がそのいずれかであることを検出する線形計画法を提案している．なお，推定法には最尤推定以外に最小2乗法があるが，一般に最尤法に比較して性質が劣るので，その説明は省略した．

5.2.4　信 頼 区 間

最尤法による信頼区間の構成法はいくつか考えられるが，ここでは最尤推定値のもつ漸近正規性の性質を利用したWaldの信頼区間と，対数尤度のprofileから尤度比検

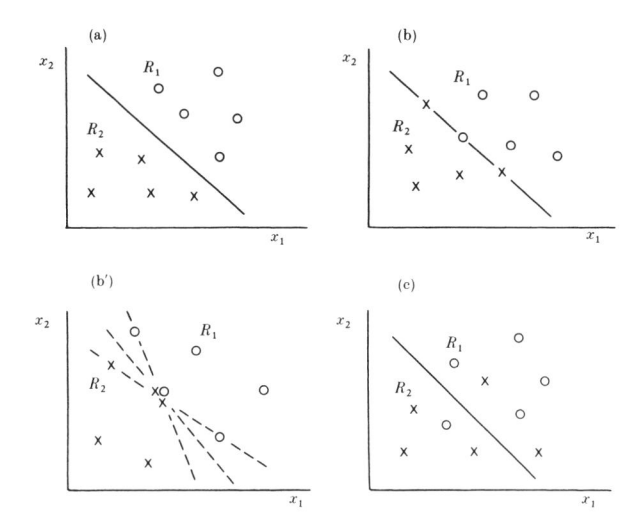

図 5.2 最尤推定量が存在しない条件の例(Albert and Anderson, 1984).その条件は,(a) プロファイルが完全に分離される場合,(b),(b′) に示すとおり,プロファイルが境界上は除いて完全に分離される場合の 2 つである.これ以外の (c) に示されるように分離できない場合には最尤推定値は存在する.

定に基づく profile 尤度信頼区間(Venzon and Moolgavkar, 1988)を紹介しよう.

a. Wald 信頼区間 説明変数 x_k ($k=1, \cdots, r$) の係数 β_k の 95% 信頼区間は,β_k の漸近正規性を利用して

$$\hat{\beta}_k \pm 1.96 \, \mathrm{SE}(\hat{\beta}_k) \tag{5.19}$$

で計算できる.ここで,$\mathrm{SE}(\hat{\beta}_k)$ は共分散行列 $\Sigma(\hat{\beta})$ の $k+1$ 番目の対角成分の平方根である.$100(1-\alpha)$% 信頼区間を求めるのであれば,係数 1.96 を標準正規分布の上側 $100(\alpha/2)$% 点 $Z(\alpha/2)$ に置き換えればよい.

b. profile 尤度による信頼区間 尤度比検定を利用する方法である.尤度比として

$$\lambda = \frac{\max \mathrm{like}(\beta)}{\max \mathrm{like}(\beta \mid \beta_k = b_k)}$$

を考えよう.帰無仮説 $H_0 : \beta_k = b_k$ のもとでは $-2\log\lambda$ が漸近的に自由度 1 の χ^2 分布に従う.つまり,

$$-2\log\lambda = -2\{L(\hat{\beta}) - L(\hat{\beta} \mid \beta_k = b_k)\} \sim \chi_1^2 \text{ 分布}$$

となる.したがって,帰無仮説 H_0 のもとで,統計量 $-2\log\lambda$ がばらつく 95% の領域は自由度 1 の χ^2 分布の上側 5% 点 $\chi_1^2(0.05)$ 以下であるから,

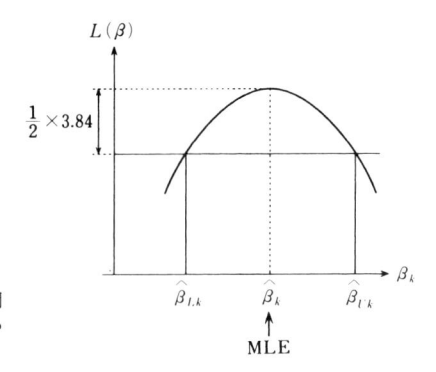

図 5.3 profile 尤度に基づく 95％信頼区間構成法. $\hat{\beta}_k$ は最尤推定値 $[\hat{\beta}_{Lk}, \hat{\beta}_{Uk}]$ が 95％信頼区間

$$2\{L(\hat{\beta}) - L(\hat{\beta}|\beta_k = b_k)\} \leq \chi_1^2(0.05) = 3.84 \tag{5.20}$$

となる b_k の範囲を β_k の信頼区間と定義する. $100(1-\alpha)$％信頼区間を求めるのであれば, 3.84 を $\chi_1^2(\alpha)$ と置き換えればよい. 図5.3にその概念図を示した.

5.2.5 モデルの適合度

モデルを評価するプロセスを大きく分けると, モデルの適合度 (goodness-of-fit) の評価とモデル (変数) の有意性 (significance of model) の 2 つがある. 前者はモデルがどの程度データに適合しているかを, データと推定値との差で定義される残差などを用いて評価することであり, 程良く小さければモデルが適合していると判断する. 後者はモデルが適合している, いないにかかわらず適用したモデル (変数) が全く意味のないものであるか, 少しは有意なものであるか, つまり, 次の仮説検定

$H_0: \beta_k = 0$　　(ある変数の意味がない)

$H_1: \beta_k \neq 0$　　(ある変数の意味がある)

$H_0: \beta_1 = \beta_2 = \cdots = \beta_r = 0$　　(モデルは意味がない)

$H_1: \beta_1 = \beta_2 = \cdots = \beta_r = 0$ ではない　　(モデルは意味がある)

に対応する. したがって, モデルがデータによく適合し, モデル自体も有意であることが最も望ましいのであるが, 現実にはモデルがデータにあまり適合していない状況でもモデル (変数) の有意性を議論することが多い. そのような場合には, 残差をプロットして系統的なパターンの有無を検討したり, influential profile (5.2.7 項) を探索したり, または, 解析に取り込んでいない要因についても再検討するなどきめ細かい解析が必要である. 最終的に適合度が改善されず, しかも, 残差などに系統的なパターンが認められない場合には, 後述する overdispersion (5.2.6 項) を考慮した解析を行うことも意味がある.

a. 重回帰モデル　　まず，被説明変数 y が連続量の重回帰モデル

$$y = \beta_0 + \beta_1 x_1 + \beta_2 x_2 + \cdots + \beta_r x_r + \varepsilon, \qquad \varepsilon \sim N(0, \sigma^2) \tag{5.21}$$

の場合について考えてみよう．観測値 y_i, $i = 1, 2, \cdots, n$ の変動の大きさは，偏差 (deviation)

$$y_i - \bar{y}$$

の平方和

$$SS = \sum_{i=1}^{n} (y_i - \bar{y})^2$$

である．重回帰モデルによる予測値を $\hat{y}_i$ とすると，回帰で説明されない変動の大きさは残差平方和 (residual sum of squares)

$$SSE = \sum_{i=1}^{n} (y_i - \hat{y}_i)^2$$

である．つまり，y の誤差分散が

$$\sigma^2 = \frac{SSE}{n - r - 1} \tag{5.22}$$

で推定される．この誤差分散が小さければ小さいほどモデルの適合度が高くなる．その極端は誤差分散が 0 となる場合であるが，この場合には，モデルの予測値 y がデータと完全に一致（フィット）した場合であり，通常このようなモデルには興味はない．したがって，誤差の大きさが程良く小さければ適合度が良いと判断できるが，残念ながら，重回帰モデルではそのための要約的指標はないので，系統的な残差のパターンの存在の有無のチェックが主な適合度の検討項目となる．

これに対して，モデルの有意性は次のようにして議論できる．結果変数 y の変動のうち，重回帰モデルで説明される部分の大きさは

$$SSR = SS - SSE = \sum_{i=1}^{n} (y_i - \bar{y})^2 - \sum_{i=1}^{n} (y_i - \hat{y}_i)^2 = \sum_{i=1}^{n} (\hat{y}_i - \bar{y})^2 \tag{5.23}$$

と計算できるから，この大きさが大きければ重回帰モデル，すなわちモデルに取り込んだ説明変数が意味をもち，この大きさが小さければ説明変数は役に立たないということになる．これら 2 つの平方和の比

$$R^2 = \frac{SSR}{SS} = 1 - \frac{SSE}{SS} \tag{5.24}$$

を決定係数（coefficient of determination），といい，結果変数の変動のうちの何パーセントが説明変数によって説明されるかを示している．また，R は重相関係数 (multiple correlation coefficient) と呼ばれる．もし，観測値 y_i が説明変数が与えられたもとで正規分布に従う場合には SSE の自由度が $n - r - 1$ であり，SSR の自由度は r

であるから

$$F = \frac{SSR/r}{SSE/(n-r-1)} \sim \text{自由度} (r, n-r-1) \text{の} F \text{分布} \quad (5.25)$$

を利用してモデル全体が意味あるか否かの検定，つまり次の帰無仮説

$$H_0 : \beta_1 = \beta_2 = \cdots = \beta_r = 0 \quad (5.26)$$

を検定できる．ところで，q 個の説明変数 $\{x_{r-q+1}, x_{r-q+2}, \cdots, x_r\}$ の有意性の検定，つまり帰無仮説

$$H_0 : \beta_{r-q+1} = \beta_{r-q+2} = \cdots = \beta_r = 0 \quad (5.27)$$

を検定するには，r 個の説明変数の重回帰モデルによる予測値を $\hat{y}_i(r)$，q 個の変数を除去したモデルでの予測値を $\hat{y}_i(r-q)$ とすると，r 個の変数による重回帰モデルと，$r-q$ 個の変数による重回帰モデルそれぞれによる残差平方和 SSE（自由度はそれぞれ $n-r-1$, $n-r+q-1$）を求める．そして除去された説明変数によって説明できていた部分の大きさ SSR（自由度 q）：

$$SSR_q = \sum_{i=1}^{n} (y_i - \hat{y}_i(r-q))^2 - \sum_{i=1}^{n} (y_i - \hat{y}_i(r))^2 \quad (5.28)$$

を計算することにより，式 (5.25) と同様の F 検定

$$F = \frac{SSR_q/q}{SSE/(n-r-1)} \sim \text{自由度} (q, n-r-1) \text{の} F \text{分布} \quad (5.29)$$

で行える．これらの分析を分散分析（analysis of variance）という．これらの推論は標本数，パラメータ数（もちろん，$n-r-1>0$）に関係なく適用できる．

b. デビアンス 最尤推定に基づくロジスティック回帰モデルでは次に示す尤度比（likelihood ratio）の対数の -2 倍の量

$$D = -2\log\left(\frac{\text{モデルの尤度}}{\text{完全にフィットしたモデルの尤度}}\right)$$

$$= 2\sum_{j=1}^{J} \left[d_j \log(d_j/(n_j \hat{p}(\boldsymbol{x}_j))) + (n_j - d_j)\log\{(n_j - d_j)/(n_j - n_j \hat{p}(\boldsymbol{x}_j))\} \right] \quad (5.30)$$

を利用する．これはデビアンス（deviance）と呼ばれ，モデルの適合度を総合的に要約して評価する尤度比検定統計量（likelihood ratio test statistic）である．この呼び方は McCullagh and Nelder (1989) が提案したものである．完全にフィットしたモデルとは推定値とデータが完全に一致したモデルである．デビアンスを重回帰モデルで計算すると残差平方和 SSE に一致することから，残差平方和の自然な拡張になっている．さて，デビアンスは現在のモデルが正しいという仮説のもとで漸近的（J が fixed で $\min\{n_j\} \to$ 十分に大，の意味）に

$$D \sim \text{自由度} J-r-1 \text{の} \chi^2 \text{分布}$$

5.2 最尤法

となることを利用できる．つまり，

$$D < \chi^2(\alpha : J-r-1) \tag{5.31}$$

となれば有意水準 α で適合度が良くないと判断する根拠が乏しい．より積極的にはデビアンス D のモデルのもとでの期待値が自由度に等しいことから，「$D \sim J-r-1$」となれば積極的に適合度がほぼ良いと判断できる．

c. Pearson 残差

一方，Pearson 残差（Pearson residuals）

$$\text{Res}_j = \frac{d_j - n_j p(\boldsymbol{x}_j)}{\sqrt{n_j p(\boldsymbol{x}_j)(1-p(\boldsymbol{x}_j))}} \tag{5.32}$$

に基づく Pearson χ^2 統計量（Pearson chi-squared statistic）

$$X^2 = \sum_{j=1}^{J} \frac{(d_j - n_j \hat{p}(\boldsymbol{x}_j))^2}{n_j \hat{p}(\boldsymbol{x}_j)(1-\hat{p}(\boldsymbol{x}_j))} \tag{5.33}$$

もモデルの適合度を総合的に評価する尺度であり，その分布はモデルが正しいという仮説のもとで，漸近的にデビアンスと同じ自由度 $J-r-1$ の χ^2 分布に従うのでデビアンスと同様の推論が可能である．ただし，ほとんどの n_j が小さい（たとえば，1, 2, 3 など）場合にはこの漸近性が成立せず，特にデビアンスの性質が悪くなることが知られている．いずれにしても，そのような場合には，これら式 (5.30)，(5.33) の 2 つの要約統計量を用いた適合度検定は使用すべきではない．

完全にフィットしたモデルとは？

完全にフィットしたモデル（saturated model）の推定値 β は，モデルに含まれるパラメータの数とプロファイルの数 J が一致するモデルの推定値を意味し，フルモデル（full model）と呼ばれる．たとえば下の 2×2 分割表

		j	x_j	d_j	$n_j - d_j$	n_j
喫煙	yes	1	1	a	b	$a+b$
	no	2	0	c	d	$c+d$

に対して，ロジスティックモデル

$$\log \frac{p_j}{1-p_j} = \beta_0 + \beta_1 x_j$$

を適用してみよう．ここに，説明変数 x は喫煙の有無であり，

$$x_j = 1 \text{（あり）}, \quad x_j = 0 \text{（なし）}$$

である．すると，パラメータ数 $r+1=2$，プロファイルの数 $J=2$ となりフルモデルとなる．完全にデータに適合しているのであるから，

$$\hat{p}_1 = a/(a+b) \qquad \hat{p}_2 = c/(c+d)$$

となり，次の連立方程式が成立する．

$$\log \frac{c}{d} = \beta_0$$

> $$\log \frac{a}{b} = \beta_0 + \beta_1$$
>
> これより，喫煙の「yes」の「no」に対するオッズ比は
>
> $$\hat{\phi} = \exp(\hat{\beta}_1) = \frac{ad}{bc}$$
>
> となり，通常のオッズ比と一致することが理解できる．また，いま適用しようとしているモデルがフルモデルであれば，式 (5.30) よりデビアンスは 0 となることに注意したい．

d. Hosmer-Lemeshow 検定　　これに対して，確率 $p(x_j)$ の推定値で事前に決めたいくつかの群（たとえば 10）に分割する χ^2 検定は，各群の例数がプロファイルに基づく検定ほどは小さくならないので，実用的な適合度の検定方法としてよく利用されている．Cornfield はすでに最初の論文で発症確率 $\hat{p}(x_j)$ の推定値を小さい順に並べて，標本をほぼ 10 分の 1 ずつに分類し（deciles），各グループでの観測発症数，期待発症数を表にしてモデルの良さを視覚的に検討している（表 1.3）．さて，分割の方法には同じ発症確率の標本を同一群に分類する方法とそれをしない方法があるが，その性質の違いはあまりよく知られていない．いずれにしても，10 に分割した状況を考えよう．その表に基づく検定方法として直感的には

$$\chi^2 = \sum \frac{(O_k - E_k)^2}{\mathrm{Var}_k} = \sum_{k=1}^{10} \frac{(O_k - N_k \hat{\pi}_k)^2}{N_k \hat{\pi}_k (1 - \hat{\pi}_k)} \tag{5.34}$$

ここに

　　N_k = 第 k グループに含まれるプロファイルの n_j の和
　　O_k = 第 k グループに含まれるプロファイルの d_j の和
　　$\hat{\pi}_k$ = 第 k グループに含まれるプロファイルの $\hat{p}(x_j)$ の平均値

として計算される χ^2 検定が思いつく．しかし，確率 $p(x_j)$ の値が独立でないため自由度の計算が簡単ではない．この問題に関して，Hosmer and Lemeshow (1989) はシミュレーションによりほぼ $10-2=8$ が適当であるとしている．一般に自由度を（分割した群の数）-2 とした検定を Hosmer-Lemeshow 検定 (test) と呼んでいる．

　【ソフトウェア情報】SAS **CATMOD** では Deviance は出力されるが，Pearson χ^2 統計量は出力されない．SAS **LOGISTIC** では **AGGREEGATE** を指定することにより，両方が出力される．BMDPLR では Hosmer-Lemeshow 検定が利用できるが，SAS にはそのオプションは Ver. 6.11 から **LOGISTIC** に加えられた．

5.2.6 overdispersion

ロジスティック回帰モデルでは，プロファイル x_j を共通にもつ個体の標本数が n_j であるとき，その中で疾病の発生数を表現する確率変数を D_j とすると，それは2項分布 (binomial distribution)

$$\Pr\{D_j = d_j \mid x_j\} = \binom{n_j}{d_j} p(x_j)^{d_j}(1-p(x_j))^{n_j-d_j}$$

を仮定している．そこでは，

$$E(D_j \mid x_j) = n_j p(x_j)$$
$$\mathrm{Var}(D_j \mid x_j) = n_j p(x_j)(1-p(x_j))$$

となり分散 V が期待値だけの関数となっていることがわかる．これは同じプロファイル x_j をもつ個体すべてが同じ反応確率 $p(x_j)$ をもつというかなり強い条件である．しかし実際には，プロファイル x_j が同じだったとしても種差，同腹差 (litter)，個体差，地域差，などのコントロールできない要因により $p(x_j)$ が変化する（$p(x_j)$ が確率変数と仮定できる）ことが少なくない．このような場合には，**D_j の分散が2項分布のそれより大きくなる**．つまり overdispersion となり，程良く適合しているモデルでも式 (5.30)，(5.33) で示したデビアンス，Pearson χ^2 統計量がかなり大きくなり，高度に有意となってしまうのである．いま，$p(x_j)$ が平均 π，分散 σ^2 の確率変数であると仮定すると，

$$\begin{aligned}
E(D_j) &= E_p(E(D \mid p(x_j))) = n_j \pi \\
\mathrm{Var}(D_j) &= \mathrm{Var}[E(D_j \mid p(x_j))] + E_p[\mathrm{Var}(D_j \mid p(x_j))] \\
&= n_j^2 \sigma^2 + n_j E_p[p(x_j)(1-p(x_j))] \\
&= n_j \pi(1-\pi) + n_j(n_j-1)\sigma^2 \\
&> n_j \pi(1-\pi)
\end{aligned}$$

となる．ベータ2項分布はこの種の overdispersion を積極的にモデル化するために使われてきたが（例，Crowder, 1978）一般の問題に適用できるほどの柔軟性はない．この問題に対して，Williams (1982) は $p(x_j)$ の分散に

$$\sigma^2 = \phi \pi(1-\pi)$$

となる確率構造を提案した．そうすると，分散は

$$\mathrm{Var}(D_j) = \{1 + (n_j-1)\phi\} n_j \pi(1-\pi) = \phi^2 n_j \pi(1-\pi) \quad (5.35)$$

の形で表現されることになる．この方式を擬似尤度法 (quasi-likelihood approach) という．そこでは，すべてのパラメータ β に関する推測において，その共分散行列を

$$\Sigma(\beta) \longrightarrow \hat{\phi}^2 \Sigma(\beta) \quad (5.36)$$

と変更しておくだけで，他への影響はない．ここで，ϕ^2の推定値として，次の2種類が考えられる．

$$\hat{\phi}^2 = D/(J-r-1) \tag{5.37}$$

$$\bar{\phi}^2 = X^2/(J-r-1) \tag{5.38}$$

しかし，ほとんどのn_jが小さい（たとえば，1, 2, 3など）となるスパース（sparse）な場合などには，5.2.5項のb., c.で述べたようにこれらの統計量の漸近性がくずれ，特に，Pearson残差に基づいた推定値に比較すると，デビアンスに基づく方法は一致性が悪いので一般にPearson残差が推薦できる．

【ソフトウェア情報】SAS **LOGISTIC** ではDevianceとPearson χ^2に基づくover-dispersionを導入した推定値を求めることができる．

5.2.7 influentialプロファイル検索のための診断統計量

プロファイルx_jをもつグループをデータから除くとパラメータβの推定値が大きく変化したり，モデルの適合度が大きく改善することがよくある．このような特異な，モデルにフィットしないプロファイルをinfluential profileと呼ぶ．この特異なプロファイルを診断する統計量を診断統計量（diagnostic statistic）と呼ぶ．代表的な診断統計量はプロファイルx_jを除いた場合の推定値$\hat{\beta}_{(-j)}$ともとの推定値$\hat{\beta}$との差（距離）を示すCook型統計量$\Delta\hat{\beta}_j$と，モデルの適合度の変化の大きさを示すPearson χ^2統計量の変化量ΔX_j^2の2つである．その準備として基準化Pearson残差R_jを式(5.32)を用いて

$$R_j = \frac{\text{Res}_j}{\sqrt{(1-h_j)}} \tag{5.39}$$

と定義しておこう．ここに，h_jはてこ比（leverage）と呼ばれ，ハット行列（hat matrix）

$$H = V^{1/2}X(X^tVX)^{-1}X^tV^{1/2} \tag{5.40}$$

のj番目の対角成分である：

$$h_j = n_j\hat{p}(x_j)(1-\hat{p}(x_j))(1, x_j^t)(X^tVX)^{-1}(1, x_j^t)^t \tag{5.41}$$

このとき，2つの診断統計量は，それぞれ次式で与えられる．

$$\Delta X_j^2 = R_j^2 \tag{5.43}$$

$$\Delta\beta_j = (\hat{\beta}-\hat{\beta}_{(-j)})^t(X^tVX)(\hat{\beta}-\hat{\beta}_{(-j)}) = \frac{R_j^2 h_j}{1-h_j} = \frac{\Delta X_j^2 h_j}{1-h_j} \tag{5.44}$$

これらの統計量をy軸に，$\hat{p}(x_j)$，プロファイルIDなどをx軸にプロットして視覚的に検討する．この$\Delta\hat{\beta}_j$はCookの距離（Cook, 1979）への線形近似によりPregibon

(1981) により導かれたものである. なお, デビアンスの残差 (deviance residuals) は省略した.

【ソフトウェア情報】
① BMDPLR では "influence factor" として $\Delta \beta_j$ が出力される.
② S-PLUS では $\Delta \hat{\beta}_j$ と ΔX_j^2 を同じ図に表示できる便利な機能がある.
③ SAS ではこれらの統計量は残念ながら出力されない. SAS LOGISITIC では Cook 型統計量などの診断統計量が出力されるが, そこでは連続変数を想定しているため, ケースごとの診断統計量 (n 個) が出力され, プロファイルごとのもの (J 個) は出力されない. ほぼ, $n=J$ の場合は LOGISTIC で十分であるが, そうでない場合は以下に示す計算を回帰モデル (GLM) を利用して計算すべきであろう. 一般化線形モデル (generalized linear model) によれば,

$$\hat{\beta} = (X^t V X)^{-1} X^t V z \tag{5.45}$$

$$z = X\hat{\beta} + V^{-1}(\boldsymbol{d} - \boldsymbol{q}) \tag{5.46}$$

ここに,

$$\boldsymbol{q} = (n_1 \hat{p}(\boldsymbol{x}_1), \cdots, n_J \hat{p}(\boldsymbol{x}_J))^t \tag{5.47}$$

と表現できるので, β の推定は通常の重み付き線形回帰分析のプログラムで再現できる. つまり,

従属変数: $z_j = (1, \boldsymbol{x}_j^t)\hat{\beta} + (d_j - n_j \hat{p}(\boldsymbol{x}_j))/\{n_j \hat{p}(\boldsymbol{x}_j)(1-\hat{p}(\boldsymbol{x}_j))\}$
$\qquad = \log\{\hat{p}(\boldsymbol{x}_j)/(1-\hat{p}(\boldsymbol{x}_j))\} + (d_j - n_j \hat{p}(\boldsymbol{x}_j))/\{n_j \hat{p}(\boldsymbol{x}_j)(1-\hat{p}(\boldsymbol{x}_j))\}$

重み変数: $w_j = n_j \hat{p}(\boldsymbol{x}_j)(1-\hat{p}(\boldsymbol{x}_j))$

独立変数: $\boldsymbol{x}_j$ (同じモデルを適用する)

とすればよい. なお, 重み付き 2 乗和は

$$\sum_{j=1}^{J} w_j (z_j - \hat{z})^2 = \sum_{j=1}^{J} \frac{(d_j - n_j \hat{p}(\boldsymbol{x}_j))^2}{n_j \hat{p}(\boldsymbol{x}_j)(1-\hat{p}(\boldsymbol{x}_j))} = X^2 \tag{5.48}$$

となり, 適合度を表す Pearson χ^2 統計量 X^2 となる. つまり, 線形回帰プログラムで計算される平均残差平方和 (mean residual sum of squares) は

$$s^2 = X^2/(J - r - 1) \tag{5.49}$$

となる. したがって, このプログラム GLM で出力される統計量を利用して

$$h_j = \text{hat 行列の第 } j \text{ 対角成分} \tag{5.50}$$

$$\Delta \hat{\beta}_j = s^2 (r+1) (\text{Cook 距離}) \tag{5.51}$$

$$\Delta X_j^2 = s^2 (\text{student 化残差})^2 \tag{5.52}$$

と計算できる. なお, $\Delta \hat{\beta}_j$, ΔX_j^2 を正確に計算するためには GLM で出力される Cook

距離,student化残差以外に,s^2,$(r+1)$を計算しなければならないが,散布図で外れ値を検索することが主なねらいであるのでかならずしもその必要性はない(3.2.5項参照).

5.2.8 モデルの有意性検定──尤度比検定

まず,変数が1個の場合には,検定仮説が

帰無仮説 $H_0: \beta_1 = 0$,
対立仮説 $H_1: \beta \neq 0$ (5.53)

となり,尤度比検定統計量であるデビアンスDの差として計算される統計量G

$$G = -2\log\left(\frac{\text{定数項のモデルの尤度}}{\text{フルモデルの尤度}}\right) - \left\{-2\log\left(\frac{\text{変数 }x_1\text{のモデルの尤度}}{\text{フルモデルの尤度}}\right)\right\}$$
$$= -2\log\left(\frac{\text{定数項のモデルの尤度}}{\text{変数 }x_1\text{を含めたモデルの尤度}}\right) = 2L(\beta_0, \beta_1) - 2L(\beta_0, 0)$$

が帰無仮説H_0のもとで,自由度1のχ^2分布することより検定できる.

一般に,r個の変数の中でq個の説明変数$\{x_{r-q+1}, x_{r-q+2}, \cdots, x_r\}$の有意性の検定を考えよう.つまり

帰無仮説 $H_0: \beta_{r-q+1} = \beta_{r-q+2} = \cdots = \beta_r = 0$
対立仮説 $H_1: H_0$ではない.どれかの変数の係数が0ではない. (5.54)

の仮説検定を考えることになる.この場合も同様にデビアンスの差が

$$G = -2\log\left\{\frac{q\text{ 個の変数を除いたモデルの尤度}}{r\text{ 個の変数全部を含めたモデルの尤度}}\right\}$$
$$= 2L(\beta_0, \beta_1, \cdots, \beta_r) - 2L(\beta_0, \beta_1, \cdots, \beta_{r-q}, 0, \cdots, 0)$$ (5.55)

となり,これが,帰無仮説H_0のもとで漸近的に自由度qのχ^2分布に従うことを利用して検定する.最後にモデルの有意性,つまり,

帰無仮説 $H_0: \beta_0 = \beta_1 = \cdots = \beta_r = 0$
対立仮説 $H_1: H_0$ではない.どれかの変数の係数が0ではない (5.56)

に関しては同様に式(5.55)でqをrに置き換えた統計量Gが自由度rのχ^2分布することから検定できる.

5.2.9 モデルの有意性検定──Wald検定とスコア検定

説明変数の有意性の検定としては,尤度比検定の他にWald検定,スコア検定(score test)がよく利用されている.これらの3つの検定は漸近的に同じ自由度をもつχ^2分布に従うという意味で同等である.尤度比検定は説明変数群の有意性の検定と

して階層的なモデル間の比較に利用できるが，そうでない場合には利用できない．Wald 検定は適用したモデルの中での変数の有意性検定として，また，検定に基づく信頼区間の計算に多用されている．スコア検定は尤度関数を注目する説明変数（群）の係数で微分しその漸近的分布を利用する方法であり，優れた特徴を有するが，一般の統計ソフトウェアでは標準機能として用意されているのは少ない．交絡因子の調整としてよく利用される Mantel-Haenszel(MH) 検定との比較でいえば，

1) 尤度比検定と MH 検定とはしばしば同じ数値を示すが一致しない
2) スコア検定と MH 検定とは一致する（連続修正項，有限標本修正を除いて）

となる．特に，各層が小標本（一概にはいえないが $n=5\sim10$ をいうことが多い）の場合はスコア検定のほうが尤度比検定より好ましい．なお，モデルの適合度検定と有意性検定との違いは 5.2.5 項ですでに述べた．

a. Wald 検定　まず，Wald 検定について解説しよう．いま式 (5.6) のモデルを適用したとしよう．項目 x_i の有意性の検定（仮説 (5.53)）を実施するには漸近的に

$$Z = \frac{\hat{\beta}_i}{\mathrm{SE}(\hat{\beta}_i)} \sim 標準正規分布 \, N(0,1) \tag{5.57}$$

に従うことを利用する．または，その 2 乗の値が

$$X^2 = \left(\frac{\hat{\beta}_i}{\mathrm{SE}(\hat{\beta}_i)}\right)^2 \sim 自由度 1 の \chi^2 分布 \tag{5.58}$$

となることを利用する．また，仮説 (5.54) の q 個の説明変数 $\beta_q = (\beta_{r-q+1}, \cdots, \beta_r)$ の有意性の検定は

$$W = \hat{\beta}_q^t \boldsymbol{\Sigma}^{-1}(\hat{\beta}_q)\hat{\beta}_q \sim 自由度 q の \chi^2 分布 \tag{5.59}$$

を利用する．ここで $\boldsymbol{\Sigma}(\hat{\beta}_q)$ は最尤推定値 $\hat{\beta}_q$ の分散共分散行列である．その対角要素は分散，つまり，標準誤差 $\mathrm{SE}(\hat{\beta}_i)$，$i = r-q+1, \cdots, r$ の 2 乗である．

b. スコア検定　次に，スコア検定を説明しよう．仮説 (5.53) の説明変数 x_i の有意性の検定は

$$\begin{aligned} S &= S(\hat{\beta}_i)^t \boldsymbol{I}^{-1}(\hat{\beta}_i) S(\hat{\beta}_i) \\ &= (0,\cdots,0,dL/d\beta_i,0,\cdots,0)\boldsymbol{I}^{-1}(\hat{\beta}_i)(0,\cdots,0,dL/d\beta_i,0,\cdots,0)^t \\ &= \left\{\frac{dL}{d\beta}\bigg|_{\hat{\beta}_i}\right\}^2 \times \left[\boldsymbol{I}^{-1}(\hat{\beta}_j) の (i+1,i+1) 成分\right] \sim 自由度 1 の \chi^2 分布 \end{aligned} \tag{5.60}$$

を利用する．ここで，$\hat{\beta}_i$ は帰無仮説 $H_0: \beta_i = 0$ のモデルでの最尤推定値であり，$S(\hat{\beta}_i)$，$\boldsymbol{I}^{-1}(\hat{\beta}_i)$ は $\hat{\beta}_i$ で評価した値である．同様に，仮説 (5.54) に示す仮説検定は，

$$S = S(\hat{\beta}_{r-q+1,\cdots,r})^t \boldsymbol{I}^{-1}(\hat{\beta}_{r-q+1,\cdots,r}) S(\hat{\beta}_{r-q+1,\cdots,r})^t$$

$$= (0, \cdots, 0, dL/d\beta_{r-q+1}, \cdots, dL/d\beta_r)^t (\boldsymbol{I}^{-1}) (0, \cdots, 0, dL/d\beta_{r-q+1}, \cdots, dL/d\beta_r)$$
$$\sim \text{自由度 } q \text{ の } \chi^2 \text{ 分布} \tag{5.61}$$

を利用する．ここで $\hat{\beta}_{r-q+1,\cdots,r}$ は仮説 (5.54) の帰無仮説 H_0 のモデルでの最尤推定値である．

5.2.10 スコア検定と Mantel-Haenszel 検定

ここでは，具体的例として表 5.1 のように K 層に層別されたデータに関して，スコア検定を適用し，その結果として Mantel-Haenszel 検定を導く．

第 k 番目の層で疾病の起る確率を p_k とすると，

$$\log p_k/(1-p_k) = r_k + \beta x, \quad k = 1, \cdots, K \tag{5.62}$$

というロジスティック回帰モデルが導入できる．ここに，変数 x は 2 値変数で

$$x = \begin{cases} 1, & \text{曝露あり} \\ 0, & \text{曝露なし} \end{cases}$$

と定義する．この場合，尤度関数は第 k 層 i 番目の標本の説明変数を x_{ik} とすると，

$$\text{like}(\beta, \gamma_1, \cdots, \gamma_k) = \prod_{k=1}^{K} \prod_{i=1}^{N_{1k}} \left\{ \frac{\exp(\gamma_k + \beta x_{ik})}{1 + \exp(\gamma_k + \beta x_{ik})} \right\} \prod_{i=1}^{N_{0k}} \left\{ \frac{1}{1 + \exp(\gamma_k + \beta x_{ik})} \right\}$$

$$= \prod_{k=1}^{K} \left\{ \frac{\exp(\gamma_k + \beta)}{1 + \exp(\gamma_k + \beta)} \right\}^{a_k} \left\{ \frac{1}{1 + \exp(\gamma_k + \beta)} \right\}^{b_k} \times \left\{ \frac{\exp(\gamma_k)}{1 + \exp(\gamma_k)} \right\}^{c_k} \left\{ \frac{1}{1 + \exp(\gamma_k)} \right\}^{d_k}$$

ここで

帰無仮説 $H_0: \beta = 0$

対立仮説 $H_1: \beta \neq 0$

となる．式 (5.60) よりスコア検定は

$$S = S(\boldsymbol{\gamma}, \beta = 0)^t I^{-1}(\boldsymbol{\gamma}, \beta = 0) S(\boldsymbol{\gamma}, \beta = 0)$$
$$= (0, \cdots, 0, dL/d\beta) I^{-1}(\boldsymbol{\gamma}, \beta = 0) (0, \cdots, 0, dL/d\beta)^t$$
$$\quad 1, \cdots, K, \ K+1 \qquad\qquad 1, \cdots, K, \ K+1$$

となる．ここで，

$$dL/d\beta = \sum_{k=1}^{K} (a_k - M_{1k} N_{1k}/T_k)$$

表 5.1 層別されたデータ

		患者	対照	計
リスク要因	曝露あり	a_k	b_k	M_{1k}
	曝露なし	c_k	d_k	M_{0k}
	計	N_{1k}	N_{0k}	T_k

となり，$I^{-1}(\gamma, \beta=0)$ の第 $(K+1, K+1)$ 成分を計算すると

$$\frac{1}{\sum_{k=1}^{K} N_{1k} N_{0k} M_{1k} M_{0k}/T_k^3}$$

となるから，スコア検定統計量は

$$S = \frac{\left(\sum_{k=1}^{K}(a_k - M_{1k} N_{1k}/T_k)\right)^2}{\sum_{k=1}^{K} N_{1k} N_{0k} M_{1k} M_{0k}/T_k^3} \tag{5.63}$$

となり，式 (4.4) の 2 項分布 (無限標本) を仮定した場合に一致する．これは連続修正項のない MH 検定と類似しているが，一致はしない．分母の各層の値を $(T_k - 1)/T_k$ 倍 (有限標本修正) すると Mantel-Haenszel 検定と同じになる．

しかし，Mantel-Haenszel 検定と同様に，周辺度数が所与 (有限標本) での条件付き尤度，つまり超幾何分布でスコア検定を導くと連続修正項のない MH 検定が導かれることを示そう．条件付き尤度の詳細は 5.3 節で解説するが，第 k 層の患者数 N_{1k} (γ の十分統計量) を所与とした条件付き尤度は

$$\text{Clike}(\beta) = \frac{\prod_{i=1}^{N_{1k}} \frac{\exp(\gamma_k + \beta x_{ik})}{1 + \exp(\gamma_k + \beta x_{ik})} \prod_{i=1}^{N_{0k}} \frac{1}{1 + \exp(\gamma_k + \beta x_{ik})}}{\sum_{W(N_{1k})} \left\{ \prod_{i \in W} \frac{\exp(\gamma_k + \beta x_{ik})}{1 + \exp(\gamma_k + \beta x_{ik})} \prod_{i \notin W} \frac{1}{1 + \exp(\gamma_k + \beta x_{ik})} \right\}}$$

$$= \exp\left(\sum_{i=1}^{N_{1k}} \beta x_{ik}\right) \bigg/ \sum_{W(N_{1k})} \exp\left(\sum_{i \in W} \beta x_{ik}\right)$$

となる．ここで，パラメータ γ_k が消去されることに注意したい．この特徴から，条件付き尤度に基づくロジスティックモデルは後述のマッチド・ケースコントロール研究で多用される．また，$W(N_{1k})$ は T_k 人の中から N_{1k} 人を抽出した任意の部分集合である．さて，スコア検定は推定すべきパラメータが β の 1 個であるから

$$S = S(\beta=0)^t I^{-1}(\beta=0) S(\beta=0)$$
$$= (dL/d\beta)^2 / (-d^2L/d\beta^2) \qquad (\beta=0 \text{ で評価したもの})$$

となる．ここで，

$$dL/d\beta \big|_{\beta=0} = \sum_{k=1}^{K} \left(\sum_{i=1}^{N_{1k}} x_{ik} - \frac{\sum_{W(N_{1k})} \sum_{i \in W} x_{ik}}{\sum_{W(N_{1k})} 1} \right)$$

となり，第 2 項は超幾何分布の期待値に等しいので，

$$= \sum_{k=1}^{K}(a_k - E(a_k)) = \sum_{k=1}^{K}(a_k - M_{1k} N_{1k}/T_k)$$

となる．一方，

$$-\partial^2 L/\partial \beta^2 \big|_{\beta=0} = \sum_{k=1}^{K} \left\{ \frac{\sum_{W(N_{1k})} \left(\sum_{i\in W} x_{ik}\right)^2}{\sum_{W(N_{1k})} 1} - \left(\frac{\sum_{W(N_{1k})} \sum_{i\in W} x_{ik}}{\sum_{W(N_{1k})} 1}\right)^2 \right\}$$

となる．これは，超幾何分布の分散に等しいので，

$$左辺 = \sum_{k=1}^{K} \mathrm{Var}(a_k) = \sum_{k=1}^{K} \frac{N_{1k} N_{0k} M_{1k} M_{0k}}{T_k^2 (T_k - 1)}$$

となる．したがって，スコア検定は

$$S = \frac{\left(\sum_{k=1}^{K} (a_k - M_{1k} N_{1k}/T_k)\right)^2}{\sum_{k=1}^{K} N_{1k} N_{0k} M_{1k} M_{0k}/\{T_k^2 (T_k - 1)\}} \tag{5.64}$$

となり通常の Mantel-Haenszel 検定，式 (4.4) の超幾何分布の場合と一致する．連続修正項は別である．

5.2.11 変数選択

変数選択（variable selection）には大きく分けて，総当り法と逐次選択の2種類がある．前者は説明変数の考えられるすべての組合せのモデルを検討し，その中で最適なモデルをある基準で探索するものである．これは変数の数が大きくなるとその組合せは天文学的な数字となり，スーパーコンピュータでも実用上計算不能となる．実用上は後者の逐次選択法（stepwise procedure）を利用する．

逐次選択法も，1) 変数増加法（forward），2) 変数減少法（backward），3) 変数増減法（stepwise）の3種類あり，それぞれ統計ソフトウェアに取り込まれている場合が多い．変数増加法は文字どおり有意な変数を1個ずつモデルに取り入れていく方法である．変数減少法はその逆で最初にすべての変数を取り込んでから，有意でない変数を1個ずつ除去していく方法である．これらに対して変数増減法はいったん取り込んだ変数も，取り込んだ変数の組合せによっては有意でなくなることがあるので，その場合は除去する機能を組み込んだ方法である．一般には増減法を利用することが多いので，ここでは逐次選択法を説明するが，そのスタートの方向で増加法と減少法の2種類があるので，ここでは増加法を説明する．

ステップ1：説明変数を全く含まない定数項だけのモデルのデビアンスを D_0，1個の説明変数 x_j（$j=1, \cdots, r$）を入れたモデルのデビアンスを D_j としよう．尤度比検定 $G_j = D_0 - D_j$ で最小の p 値をもつ変数を j とすると，「$p_j < \alpha_E$（変数を enter できる p 値で 20％前後に設定するのが望ましい）」となれば，変数 j を取り込む．すべての変数の

p 値が α_E 以上であればどの変数も有意でないと判断する．α_E を 20%前後に設定するのは，通常の有意差検定で利用する 5%では「重要な」変数（交絡変数）を見逃す確率が高く，望ましくないからである．

ステップ 2：ステップ 1 で変数 x_{k1} が取り込まれ，そのデビアンスを $D_{k1}^{(2)}$ としよう．次に 2 個の変数 $x_{k1}, x_j, j \neq k_1$ からなるモデルを実行する．そのデビアンスを $D_{k1,j}^{(2)}$ とする．尤度比検定 $G_j = D_{k1}^{(2)} - D_{k1,j}^{(2)}$ で最小の p 値をもつ変数 j に関して「$p_j < \alpha_E$」となれば，変数 x_j を取り入れる．そうでなければここで終了．

ステップ 3-1：ステップ 2 で変数 $\{x_{k1}, x_{k2}\}$ が取り込まれ，デビアンスを $D_{k1,k2}^{(3)}$ としよう．次に 3 個の変数 $\{x_{k1}, x_{k2}, x_j, j \neq k_1, k_2\}$ からなるモデルを実行し，それぞれのデビアンスを $D_{k1,k2,j}^{(3)}$ とする．尤度比検定 $G_j = D_{k1,k2}^{(3)} - D_{k1,k2,j}^{(3)}$ により最小の p 値をもつ変数 j について「$p_j < \alpha_E$」となれば，変数 x_j を取り入れる．そうでなければ，ここで終了．

ステップ 3-2：ステップ 3-1 で変数 $\{x_{k1}, x_{k2}, x_{k3}\}$ が取り込まれたとしよう．そのデビアンスは $D_{k1,k2,k3}^{(3)}$ である．ここでは変数 $k_i, i = 1, 2, 3$ が除去できるか否かの検討を行う．つまり，変数 x_{ki} を除いたモデルでのデビアンスを $D_{-ki}^{(3)}$ としたとき尤度比検定 $G = D_{-ki}^{(3)} - D_{k1,k2,k3}^{(3)}$ で最大の p 値をもつ変数について「$p_j > \alpha_D$（delete できる p 値の基準で α_E と同様の意味で 20%前後が望ましい）」であれば，変数 k_i が除かれる．そうでなければ，ここで除かれる変数はない．

ステップ 4：ステップ 3 でモデルの残った変数に残りの変数を 1 つずつ加えたモデルを実行し，ステップ 3 と同様の手続きで変数の取り入れ，除去を検討する．以下同様である．

プロセスが終了するのは
1) すべての変数 x が取り込まれた
2) モデルに含まれている変数の尤度比検定による p 値は α_D より小さく，モデルに含まれていない変数の尤度比検定による p 値はすべて α_E より大きい

のいずれかである．なお，基本的な変数選択の手続きは断層的なモデル間の比較を逐次的に行うことになるので，上記のような尤度比検定を利用することになる．しかし，尤度比検定では各ステップでパラメータの最尤度推定値を計算しなければならず，標本の数 (n) が増加するにつれて計算時間が長くなる．計算時間を節約しかつ漸近的に同等な検定法として，通常のソフトウェアでは尤度比検定に代ってスコア検定（変数取込み時）と Wald 検定（変数除去時）を代用することが多い．SAS **LOGISTIC**, **PHREG** ではこの方式を採用している．

5.2.12 AIC 規準

前項の変数選択の方法は統計的検定を逐次的に適用した方法である．これに対して，赤池（1973）はモデル選択の別の規準として情報量規準（Akaike information criterion）

$$\text{AIC} = -2\log(\text{最大尤度}) + 2q \quad (q：推定すべきパラメータ数)$$

を提案し，最小の AIC をもつモデルが最良のモデルと考えたのである．つまり，最大対数尤度が同程度のモデルであれば，パラメータ数の少ないほうのモデルが良いと主張するもので，パラメータ数に比例したペナルティー，$2q$，を課した規準である．モデルが単純なほど良いモデルとするケチの原理の1つの表現法である．

いま考えているモデル $\{f(z;\theta)\}$ の良さとして真のモデル $g(z)$ への距離として Kullback-Leibler 情報量

$$I\{g(z), f(z;\theta)\} = E_g \log \frac{g(z)}{f(z;\theta)}$$

を導入すると，この距離が小さいほどモデルが真に近いと考えることができる．大きさ n の独立な標本 z_i から推定した最尤推定値 $\hat{\theta}$ でその距離を推定すると

$$\frac{1}{n}\sum_{i=1}^{n} \log\frac{g(z_i)}{f(z;\hat{\theta})} + \frac{q}{n}$$

$$= \frac{1}{n}\sum_{i=1}^{n} \log g(z_i) - \frac{1}{n}\sum_{i=1}^{n} \log f(z_i;\hat{\theta}) + \frac{q}{n}$$

が導かれる．第1項は各モデル共通であるので第2項を $2n$ 倍したものが AIC である．最近 AIC 規準はその計算の容易さ，便利さ，解釈が容易であることから世界的に使用されているが，データの偶然変動に基づく AIC の「誤差」を無視した形で自動的に利用されることが多いので，その問題点もいくつか指摘されている．

（1） 多くのモデルの比較に利用すると，AIC のねらいとは反対にパラメータ数の多いモデルが最適となる傾向が生じる．

（2） AIC が同程度（差が ±1 以内）のモデルが多いときには，最小値をもつモデルを自動的に選択することは望ましくない．

Schwarz（1978）は AIC に代ってモデルの複雑さを導入した

$$\text{BIC} = -2\log(\text{最大尤度}) + q\log n$$

なる情報量規準（Bayesian information criterion）を提案している．データ数が大きくなるとペナルティーの大きさが AIC より大きくなる．しかし，いずれにしてもモデルのサイズ（パラメータ数）の違う多くのモデルの選択，特に変数選択，に適用すると AIC と同じ問題点が生じる．これらの問題を解決する方法の1つとして，モデルの

選択のバラツキを考慮に入れたコンピュータを利用した，クロスモデルバリデーション（cross model validation）によるアプローチが提案されている（Hjorth, 1994）．この方法はなかなか面白く，かつ実用的である．詳細は文献参照のこと．

なお，SAS LOGISTIC では，モデルの有意性のところで AIC が他の統計量と一緒に計算されているが，上記の問題点があるので注意が必要で，特に，最小 AIC 規準を自動化して用いるのは推薦できない．

5.3 条件付き最尤法

通常の**ロジスティック回帰モデル**で推定されるパラメータの妥当性は，標本数がパラメータ数に比較して十分大きいときに成立する漸近理論（「最尤推定値 $\hat{\theta}$ は漸近的に平均 θ，分散行列 $\Sigma(\theta)$ の多変量正規分布に従う」）に基づいていることはすでに述べたとおりである．しかし，標本数に比較してパラメータが多い，データが少ない，などの場合のように漸近理論が破綻するような場合には偏った推定値（biased estimate）が計算されてしまう．このような場合には以下に説明する条件付き尤度に基づく推測を行うのがよい．このモデルを通常は**条件付きロジスティック回帰モデル**（conditional logistic regression model）と呼んでいる．

5.3.1 条件付き尤度

ここでは，まず，条件付き尤度関数に基づく漸近的推測について説明する．その前に一般モデルでの尤度，式 (5.5) を次のように変形しておく．

$$\text{like}(\theta) = \Pr\{Y = y \mid \theta\} = \prod_{i=1}^{n} p(z_i)^{y_i}(1-p(z_i))^{1-y_i} = \frac{\exp(y^t Z\theta)}{\prod_{i=1}^{n}\{1+\exp(z_i^t \theta)\}} \quad (5.65)$$

そうすると，θ に対する十分統計量（sufficient statistics）が

$$t = Z^t y \quad (5.66)$$

であることがわかる．なぜなら，条件付き確率

$$\Pr\{Y = y \mid Z^t Y = t\} = 1/C(t), \quad C(t) = \#\{y : Z^t y = t\} \quad (5.67)$$

が θ に無関係となるからである．ここで，$\#\{a : 条件 b\}$ は条件 b を満足する要素 a の個数である．一方，

$$\Pr\{Z^t Y = t\} = \frac{C(t)\exp(t^t \theta)}{\sum_{u \in \Omega} C(u)\exp(u^t \theta)} \quad (5.68)$$

ここで，

$$\Omega = \{Z^t y : y_i = 1 \text{ or } 0\} \tag{5.69}$$

である．一般に条件付き尤度に基づく推測が問題となるのは，パラメータ θ が (β, γ) の2つに分解されて，β は推測に興味あり，γ は推測に興味がない場合である．通常のモデルでは θ 全体をデータから推測するが，条件付き推測では尤度関係から γ をその十分統計量が与えられたという条件のもとで，完全に消去してしまう方法である．

まず，$\theta = (\beta, \gamma)$ に対する十分統計量を (t, s) としよう．それに伴って説明変数行列も $Z = (Z_1, Z_2)$ と分解しておこう．すると，条件付き尤度は

$$\text{Clike}(\beta | s) = \Pr\{Z_1^t Y = t | Z_2^t Y = s\} = \frac{C(t, s) \exp(t^t \beta)}{\sum_{u \in \Omega} C(u, s) \exp(u^t \beta)} \tag{5.70}$$

となり，γ が消去されたのが理解できよう．ここで，

$$C(u, v) = \#\{y : Z_1^t y = u, Z_2^t y = v\} \tag{5.71}$$

$$\Omega = \{Z_1^t y : Z_2^t y = s, y_i = 1 \text{ or } 0\} \tag{5.72}$$

である．残念ながら，この条件付き尤度を最大にする条件付き最尤推定値を一般の場合に求めるのは計算に膨大な順列組合せの計算を含むので非常に困難である．しかし，疫学研究でよく問題になる，マッチド・ケースコントロールに代表される層別解析の場合にはその計算が比較的簡単となる．

5.3.2 層別解析

交絡因子を調整するために交絡変数で層別化した層別解析（stratified analysis）を行う場合を考えよう．モデルには層化パラメータ $\gamma = (\gamma_1, \cdots, \gamma_K)$ を加えたモデルを適用することになる．第 k 層での標本数を n_k とし，その層内の標本番号を $j (= 1, 2, \cdots, n_k)$ とすると，

$$\text{logit } p(x_{kj}) = \gamma_k + x_{kj}^t \beta \tag{5.73}$$

となる．ここで，β は推定に興味があるパラメータであるのに対し，γ_k は推定すること自体興味のない局外パラメータである．通常の，条件なし最尤推定値（unconditional estimator）は，各層の標本数 n_k が大きくなるにつれて漸近的に最良な一致推定量（consistent estimator）となる．ところが，各層の標本数が小さい場合，層の数が増大するにつれて，パラメータの数も増大するマッチド・ケースコントロール研究などの場合には，条件なし最尤推定量はかなりのバイアスをもつことが知られている（表2.6参照）．さて，式（5.73）のモデルの番号として，第 k 層の j 番目の標本を一連の標本番号 $i (= 1, \cdots, n)$ で書き換えると，

$$i = n_1 + n_2 + \cdots + n_k + j \tag{5.74}$$

5.3 条件付き最尤法

となり，モデルは

$$\text{logit}\, p(\boldsymbol{x}_i) = \boldsymbol{x}_i^t \boldsymbol{\beta} + \boldsymbol{e}_i \boldsymbol{\gamma} \tag{5.75}$$

となり，$\boldsymbol{z}_i^t = (\boldsymbol{x}_i, \boldsymbol{e}_i)$，$\boldsymbol{\theta}^t = (\boldsymbol{\beta}, \boldsymbol{\gamma})$ とすれば式 (5.2) の一般モデルと一致する．ここに，

$$\boldsymbol{e}_i = (e_{i1}, e_{i2}, \cdots, e_{iK}) \tag{5.76}$$

でありその要素は

$$e_{ik} = \begin{cases} 1, & \text{標本 } i \text{ が } k \text{ 層に属するとき} \\ 0, & \text{それ以外} \end{cases}$$

である．さて，このように一連の標本番号に書き換えた場合の式 (5.75) の尤度関数は次のようになる．

$$\text{like}(\boldsymbol{\beta}, \boldsymbol{\gamma}) = \Pr\{Y = y\} = \frac{\exp(\boldsymbol{\beta} X^t \boldsymbol{y} + \boldsymbol{\gamma} E^t \boldsymbol{y})}{\prod_{i=1}^{n}(1 + \exp(\boldsymbol{\beta}\boldsymbol{x}_i^t + \boldsymbol{\gamma}\boldsymbol{e}_i^t))} \tag{5.77}$$

ここで，

$$X = (\boldsymbol{x}_1, \boldsymbol{x}_2, \cdots, \boldsymbol{x}_n)^t : n \times r$$
$$E = (\boldsymbol{e}_1, \boldsymbol{e}_2, \cdots, \boldsymbol{e}_n)^t : n \times K$$
$$\boldsymbol{y} = (y_1, y_2, \cdots, y_n)^t : n \times 1$$

さて，$\boldsymbol{\beta}$, $\boldsymbol{\gamma}$ の十分統計量は

$$\boldsymbol{t} = X^t \boldsymbol{y} \tag{5.78}$$

$$\boldsymbol{s} = E^t \boldsymbol{y} \quad (\boldsymbol{s} \text{ は各層の } y=1 \text{ の標本の数のベクトル}) \tag{5.79}$$

であるから，$\boldsymbol{\beta}$ の条件付き尤度は

$$\text{Clike}(\boldsymbol{\beta}\,|\,\boldsymbol{s}) = \Pr\{X^t Y = \boldsymbol{t}\,|\,E^t Y = \boldsymbol{s}\} = \frac{C(\boldsymbol{t}, \boldsymbol{s})\exp(\boldsymbol{t}^t \boldsymbol{\beta})}{\sum_{\boldsymbol{u} \in \Omega} C(\boldsymbol{u}, \boldsymbol{s})\exp(\boldsymbol{u}^t \boldsymbol{\beta})} \tag{5.80}$$

と，式 (5.70) と同じ形となる．ここで，

$$\Omega = \{X^t \boldsymbol{y} : E^t \boldsymbol{y} = \boldsymbol{s}, \quad y_i = 1 \text{ or } 0\} \tag{5.81}$$

である．たとえば，$1:M$ 型のマッチド・ケースコントロール研究においては，

① $\boldsymbol{s}^t = (1, 1, \cdots, 1)$

② $C(\boldsymbol{t}, \boldsymbol{s}) = 1$,

③ $\exp(\boldsymbol{t}^t \boldsymbol{\beta}) = \prod_{k=1}^{K} \exp(\boldsymbol{x}_{k0}^t \boldsymbol{\beta})$

④ $\Omega = \Omega_1 \times \Omega_2 \times \cdots \times \Omega_K$, $\quad \Omega_k = \{\boldsymbol{x}_{kj}, j = 1, 2, \cdots, M_k\}$

となるので，式 (5.80) は簡単に

$$\text{Clike}(\boldsymbol{\beta}|\boldsymbol{s}) = \prod_{k=1}^{K} \frac{\exp(\boldsymbol{x}_{k0}^t\boldsymbol{\beta})}{\sum_{j=0}^{M_k}\exp(\boldsymbol{x}_{kj}^t\boldsymbol{\beta})} \tag{5.82}$$

と変形できる.ここで,第 k 層の比が $1:M_k$ で,$\boldsymbol{x}_{k0}$ は第 k 層のケースの説明変数ベクトル,$\boldsymbol{x}_{kj}$ ($j=1, \cdots, M_k$) は第 k 層の第 j 番目のコントロールの説明変数ベクトルである.

この条件付き尤度の漸近理論に基づく推測の方法は,すでに説明した条件なしの尤度の場合と同様に,Newton-Raphson 法などにより条件付き最尤推定値を求め,尤度比検定,スコア検定,Wald 検定などを適用できる.

5.3.3 influential プロファイル検索のための診断統計量

式 (5.82) の条件付きマッチド・ケースコントロール研究でのロジスティック回帰モデルにおいても,特異なモデルにフィットしないプロファイルを検討する診断統計量として,Cook 型統計量 $\varDelta\hat{\beta}_{kj}$ と Pearson χ^2 統計量の変化量 $\varDelta X_{kj}^2$ の 2 つが利用できる (Pregibon, 1984) まず,

$$\tilde{\boldsymbol{x}}_{kj} = \boldsymbol{x}_{kj} - \sum_{i=0}^{M_k} \hat{p}_{ki}\boldsymbol{x}_{ki} \tag{5.83}$$

と定義する.ここに $\hat{p}_{kj}$ は k 番目の層の j 番目の標本が case となる条件付き確率の推定値であり,

$$\hat{p}_{kj} = \exp(\boldsymbol{x}_{kj}^t\hat{\boldsymbol{\beta}}) \Big/ \sum_{i=0}^{M_k}\exp(\boldsymbol{x}_{ki}^t\hat{\boldsymbol{\beta}}) \tag{5.84}$$

と計算される.行列 U を $\hat{p}_{kj}$ を対角要素にもつ $n\times n$ 対角行列とすると,てこ比 (leverage) は

$$h_{kj} = \hat{p}_{kj}\tilde{\boldsymbol{x}}_{kj}^t(\tilde{X}^t U \tilde{X})^{-1}\tilde{\boldsymbol{x}}_{kj} \tag{5.85}$$

で与えられる.したがって,基準化 Pearson 残差は

$$R_{kj} = \frac{y_{kj} - \hat{p}_{kj}}{\sqrt{\hat{p}_{kj}(1-h_{kj})}} \tag{5.86}$$

で計算できる.これから,

$$\varDelta X_{kj}^2 = R_{kj}^2 \tag{5.87}$$

$$\varDelta \hat{\beta}_{kj} = \frac{\varDelta X_{kj}^2 h_{kj}}{1 - h_{kj}} \tag{5.88}$$

これらの統計量を y 軸に,確率 p_{kj},パターン ID などを x 軸にプロットして視覚的に検討する.

【SAS 情報】 SAS ではこれらの統計量は残念ながら出力されない．したがって，以前と同様に以下に示す通常の回帰モデル（GLM）を利用して計算する．

一般化線形モデルによれば，

$$\hat{\beta} = (\tilde{X}^t U \tilde{X})^{-1} \tilde{X}^t U z \tag{5.89}$$

$$z = \tilde{X}\hat{\beta} + U^{-1}(\bm{y} - \bm{q}) \tag{5.90}$$

ここに q は

$$\hat{\bm{q}} = (\hat{p}_{10}, \hat{p}_{11}, \cdots, \hat{p}_{K(M_K+1)})^t \tag{5.91}$$

であり，X は変換された説明変数の $(g \times r)$ 行列

$$\tilde{X} = \begin{bmatrix} x_{101} & \cdots & x_{10r} \\ x_{111} & \cdots & x_{11r} \\ & \vdots & \\ x_{K(M_K+1)} & \cdots & x_{K(M_K+1)r} \end{bmatrix} \tag{5.92}$$

であり，と表現できる．ここで，

$$g = \sum_{k=1}^{K}(M_k + 1) \tag{5.93}$$

である．したがって，β の推定は通常の重み付き線形回帰分析のプログラムで再現できる．つまり，

従属変数：$z_{kj} = \tilde{\bm{x}}_{kj}^t \hat{\beta} + (y_{kj} - \hat{p}_{kj})/\hat{p}_{kj} = \bm{x}_{kj}^t \hat{\beta} - \sum_{i=0}^{M_k} \hat{p}_{ki} \bm{x}_{ki}^t \hat{\beta} + (y_{kj} - \hat{p}_{kj})/\hat{p}_{kj}$

重み変数：$\hat{p}_{kj}$

独立変数：$\tilde{\bm{x}}_{kj}$（同じモデルを適用する）

とすればよい．なお，重み付き 2 乗和は

$$\sum_{k=1}^{K}\sum_{j=0}^{M_k} \hat{p}_{kj}(z_{kj} - \hat{z})^2 = \sum_{k=1}^{K}\sum_{j=0}^{M_k} \frac{(y_{kj} - \hat{p}_{kj})^2}{\hat{p}_{kj}} = X^2 \tag{5.94}$$

となり，線形回帰プログラムで計算される平均残差平方和を s^2 とすると，このプログラム GLM で出力される統計量を利用して

$$h_{kj} = \text{hat 行列（てこ比）} \tag{5.95}$$

$$\Delta\hat{\beta}_{kj} = s^2(r+1) \text{（Cook 型統計量）} \tag{5.96}$$

$$\Delta X_{kj}^2 = s^2 \text{（Pearson } \chi^2 \text{ 統計量)}^2 \tag{5.97}$$

と計算できる．これらの具体的な特性は 3.3.6 項参照のこと．

5.4 完全な条件付き尤度最大法——正確な方法

条件付き尤度に基づく方法もやはり少数例,高度に unbalanced な(プロファイルごとの標本数が異なる)デザインの場合はその漸近理論は破綻し,推定値は一致(consistent)せず,バイアスが大きくなる(highly biased).このような場合は,完全な条件付き尤度(full conditional likelihood)に基づく並べ換え(permutation)分布を求めて推測する正確な方法が適用できる.

5.4.1 検　　定

ここでも,前節のように,パラメータ θ が (β, γ) の 2 つに分解されて,

$$H_0 : \beta = 0 \tag{5.98}$$

の検定に興味があるとしよう.帰無仮説 H_0 のもとで,式 (5.80) の条件付き確率は

$$\Pr(t|s) = \frac{C(t, s)}{\sum_{u \in \Omega} C(u, s)} \tag{5.99}$$

$$\Omega = \{Z_1^t y : Z_2^t y = s, \quad y_i = 1 \text{ or } 0\}$$

となる.ここで,(t, s) は $\theta = (\beta, \gamma)$ に対する十分統計量であり,$C(u, v)$ は式 (5.71) で定義されているものである.したがって,帰無仮説のもとで正確な並べ換えによる分布(permutaiton distribution)が計算できる.ここで,検定統計量にはいくつかの候補が考えられるが,十分統計量 T の正確な条件付きスコア検定統計量(exact conditional score test statistic)がよく利用される.

$$W_{\text{EX}} = (T - \mu)^t \Sigma^{-1} (T - \mu) \tag{5.100}$$

ここに,μ, Σ は T の正確な平均,分散行列である.つまり,この並べ換え検定(permutation test)による p 値はその観測値を

$$w_{\text{EX}} = (t - \mu)^t \Sigma^{-1} (t - \mu) \tag{5.101}$$

とすれば,

$$p \text{ 値} = \sum_{v \in \Psi} \Pr\{v|s\} \tag{5.102}$$

ここで,

$$\Psi = \{v \in \Omega : (v - \mu)^t \Sigma^{-1} (v - \mu) > w_{\text{EX}}\}$$

と計算できる.この他に,観測値の条件付き確率よりも小さい確率を合計したものを p 値と定義する方法もある.つまり,

$$\Psi = \{v \in \Omega : \Pr\{v|s\} < \Pr\{t|s\}\}$$

と定義する方法である.しかし,この方法はかならずしも観測値より偏った事象の確率の和を表現しないので推奨できない.

5.4.2 推　　定

いま,推定に興味あるパラメータを θ_1 としよう.他に推定したいパラメータがある場合には以下の手順を繰り返す.まず,パラメータを $\boldsymbol{\theta} = (\theta_1, \boldsymbol{\theta}_{(-1)})$ と,推定したいパラメータ θ_1 と残りのパラメータ $\boldsymbol{\theta}_{(-1)}$ の2つに分解し,その十分統計量を $(t, \boldsymbol{s})$ とする.パラメータ θ_1 の $\boldsymbol{s}$ を所与した条件付き尤度は式 (5.99) の確率を計算して

$$\mathrm{FClike}(\theta_1) = \Pr\{T = t \mid \boldsymbol{s}, \theta_1\} = \frac{C(t, \boldsymbol{s}) \exp(t\theta_1)}{\sum_{u=t_{\min}}^{t_{\max}} C(u, \boldsymbol{s}) \exp(u\theta_1)} \tag{5.103}$$

となるからこの完全な条件付き尤度を最大にする θ_1 を推定値とする.もし,十分統計量の観測値 t が $t_{\min}$,または,$t_{\max}$ の両極端のいずれかである場合には最大値は得られない (monotonically increasing) ため,その場合は点推定値ではなく区間推定で推測すべきである.さて,

$$P_{\mathrm{L}}(\theta_{\mathrm{L}} \mid t, \boldsymbol{s}) = \sum_{v=t_{\min}}^{t} \Pr\{T = v \mid \boldsymbol{s}, \theta_1\}$$

$$P_{\mathrm{U}}(\theta_{\mathrm{U}} \mid t, \boldsymbol{s}) = \sum_{v=t}^{t_{\max}} \Pr\{T = v \mid \boldsymbol{s}, \theta_1\}$$

とおくと,θ_1 の $100(1-\alpha)$% 両側信頼区間 $[\theta_{\mathrm{L}}, \theta_{\mathrm{U}}]$ は次の等式を満たす.

$$P_{\mathrm{L}}(\theta_{\mathrm{L}} \mid t, \boldsymbol{s}) = \alpha/2 \tag{5.104}$$

$$P_{\mathrm{U}}(\theta_{\mathrm{U}} \mid t, \boldsymbol{s}) = \alpha/2 \tag{5.105}$$

ただし,観測値 t が最小値,または最大値であれば対応する下限値が $-\infty$,上限値が ∞ となる.すなわち,

$$t = t_{\min} \quad \text{ならば} \quad \theta_{\mathrm{L}} = -\infty$$
$$t = t_{\max} \quad \text{ならば} \quad \theta_{\mathrm{U}} = \infty$$

となる.仮説検定

帰無仮説 $H_0 : \theta_1 = 0$

対立仮説 $H_1 : \theta_1 \neq 0$

に対する p 値は

$$\text{片側 } p \text{ 値} = \min\{P_{\mathrm{L}}(0 \mid t, \boldsymbol{s}), P_{\mathrm{U}}(0 \mid t, \boldsymbol{s})\} \tag{5.106}$$

$$\text{両側 } p \text{ 値} = 2 \times \text{片側 } p \text{ 値} \tag{5.107}$$

と設定できる.

参 考 文 献

【1 章】

Cornfield J (1962) Dependence of risk of coronary heart disease on serum cholesterol and systolic blood pressure : a discriminant function analysis. *Fedn Proc* **21** No 4 Pt 11 (Suppl No 11) 58-[1.1.2]

Dalal SR, Fowlkes EB and Hoadley B (1989) Risk analysis of the space shuttle : pre-Challenger prediction of failure. *JASA* **84** 945-957 [1.7]

Dawber TR *et al* (1951) Epidemiological approaches to heart disease : the Framingham study. *Am J Pub Health* **41** 279-[1.1]

Diggle PJ, Heagerty P, Liang KY and Zeger SL. (2001) *Analysis of Longitudinal Data*, 2nd ed, Oxford University Press [1.1.5]

Fitzmaurice GM, Laird NM and Ware JH (2011) *Applied Longitudinal Analysis*, 2nd ed. John Wiley & Sons [1.1.5]

廣田安夫 (1979) 心筋梗塞. 医学のあゆみ **110** 889-895 [1.1.3]

小町喜男, 辻岡克彦, 飯田稔, 嶋本喬 他 (1979) 脳卒中. 医学のあゆみ **110** 879-888 [1.1.3]

繁桝算男 (1985) ベイズ統計入門. 東京大学出版会 [1.1.2]

鈴木康雄 (1995) 動物実験. 医学統計学ハンドブック (丹後・宮原編) 第14章. 朝倉書店 [1.6]

Tango T (1985) Statistical model of changes in repeated multivariate measurements associated with the development of disease. *Com Stat Data Ana* **3** 77-88 [1.1.5]

Tango T (1994) Δ-Based statistical tests. *Japanese Journal of Biometrics* **15** 95-110 (with discussions) [1.4]

Truett J, Cornfield J and Kannel W (1967) A multivariate analysis of the risk of coronary heart disease in Framingham. *J Chron Dis* **20** 511-524 [1.1.3]

Truett J and Sorlie P (1971) Changes in successive measurements and the development of disease : the Framingham study. *J Chron Dis* **24** 349-361 [1.1.5]

Walker SH and Duncan DB (1967) Estimation of the probability of an event as a function of several independent variables. *Biometrika* **54** 167-179 [1.1.2]

Wu M and Ware JH (1979) On the use of repeated measurements in regression analysis with dichotomous response. *Biometrics* **35** 513-521 [1.1.5]

【2 章】

Breslow NE and Day NE (1980) *Statistical Methods in Cancer Research* volume I : the analysis of case-control studies. IARC Scientific Publication, Lyon [2.3.2]

Breslow NE and Day NE (1987) *Statistical Methods in Cancer Research* volume II : the design and analysis of cohort studies. IARC Scientific Publication, Lyon [2.10.2]

Carpenter JR and Kenward MG (2013) *Multiple Imputation and its Application*, John Wiley & Sons [2.8.2]

Curhan G *et al* (1993) A prospective study of dietary calcium and other nutrients and the risk of symptomatic kidney stones. *N Engl J Med* **328** 833-838 [2.11.1]

Curtis R et al (1992) Risk of leukemia after chemotherapy and radiation treatment for breast cancer. *N Engl J Med* **326** 1745-1751 [2.11.3]

Diggle PJ, Heagerty P, Liang KY and Zeger SL. (2001) *Analysis of Longitudinal Data*, 2nd ed, Oxford University Press [2.7]

Donner A and Klar N (2000) *Design and Analysis of Cluster Randomization Trials in Health Research*, Arnold [2.7]

EPICURE User's Guide (1993) [2.5]

Fitzmaurice GM, Laird NM and Ware JH (2011) *Applied Longitudinal Analysis*, 2nd ed. John Wiley & Sons [2.7]

Flack VF and Eudey TL (1993) Sample size determinations using logistic regression with pilot data. *Stat in Med* **12** 1079-1084 [2.10.1]

Frome EL and Checkoway H (1985) Use of Poisson regression models in estimating incidence rate and ratios. *Amer J Epidemiol* **121** 309-323 [2.5]

Hardin JW and Hilbe JM (2013) *Generalized Estimating Equations*, 2nd ed. CRC Press [2.7]

Hoffman RE, Henderson N, O'Keefe K and Wood RC (1994) Occupational exposure to human Immunodeficiency virus (HIV)-infected blood in Denver, Colorado, Police officers. *Amer J Epidemiol* **139** 910-917 [2.1.2]

Hsieh FY (1989) Sample size tables for ligistic regression. *Stat in Med* **8** 795-802 [2.10.1]

井出多延子 (1993) 学童の呼吸器症状と大気汚染. 国立公衆衛生院専門課程平成5年度特別研究論文集 49-62 [2.11.5]

小林幸子 他 (1990) 中学生の愁訴出現に関与する食生活因子について. 小児保健研究 **49** 573-579 [2.11.4]

Kupper LL, McMichael AJ, Spirtas R (1975) A hybrid epidemiologic study design useful in estimating relative risk. *J Am Stat Assoc* **70** 524-528 [2.6]

Liddell DK, McDonald JC and Thomas DC. Methods of cohort analysis: appraisal by application to asbestos mining. *J Roy Statist Soc, Ser A* 1977; 140, 469-491 [2.6]

Lubin JH and Gail MH (1984) Biased selection of controls for case-control analysis of cohort studies. *Biometrics* **40** 63-75 [2.6.4]

MacMahon S, Peto R, Cutler J et al (1990) Blood pressure, stroke, and coronary heart disease. Part 1, prolonged differences in blood pressure : prospective observational studies corrected for the regression dilutionbias. *Lancet* **335** 765-774 [2.9.1]

Mantel N (1973) Syntheric retrospective studies and related topics. *Biometrics* **29** 479-486 [2.6]

Mehta CR and Patel NR (1993) *LogXact-Turbo User Mannual*, CYTEL Software Corporation [2.3.3]

Miettinen OS (1982) Design options in epidemiologic research: an update. *Scand J Work Environ Health* **8** (suppl. 1): 7-14. [2.6]

Palca J (1990) Getting to the heart of the cholesterol debate. *Science* **247** 1170-1171 [2.9.1]

Pearce N and Checkoway H (1987) A simple computer program for generating person-time date in cohort studies involving time-related factors. *Amer J Epidemiol* **125** 1085-1091 [2.5]

Prentice RL (1986) A case-cohort design for epidemiologic cohort studies and disease prevention trials. *Biometrika* **73** 1-11 [2.6.3]

Rosenbaum PF et al (1994) Occupational Exposures associated with male breast cancer. *Amer J Epidemiol* **139** 30-36 ［2.11.2］

Rosner B, Willett WC and Spiegelman D (1989) Correction of logistic regression relative risk estimates and confidence intervals for systematic within-person measurement error. *Stat in Med* **8** 1051-1069 ［2.9.2］

Rosner B, Spiegelman D and Willett WC (1990) Correction of logistic regression relative risk estimates and confidence intervals for measurement error : the case of multivariate covariates measured with error. *Amer J Epidemiol* **132** 734-745 ［2.9.2］

Rubin DB (2004) *Multiple Imputation for Nonresponse in Survey*, John Wiley & Sons ［2.8.1］

Samuelsen SO (1997) A pseudolikelihood approach to analysis of nested case-control data. *Biometrika* **84** 379-394 ［2.6.4］

Schafer JL (1997) *Analysis of Incomplete Multivariate Data*, Chapman & Hall ［2.8.4］

Thomas, DC (1977) Addendum to the paper by Liddell DK, McDonald JC and Thomas DC. *J Roy Statist Soc, Ser A* **140** 483-485 ［2.6.4］

van Buuren S, Oudshoorn CGM (2000). *Multivariate Imputation by Chained Equations: MICE V1.0 User's Manual*. Report PG/VGZ/00.038. Leiden: TNO Preventie en Gezondheid ［2.8.4］

White IR, Royston P and Wood AM (2011) Multiple imputation using chained equations: issues and guidance for practice. *Statistics in Medicine* **30** 377-399 ［2.8.4］

Whittemore A (1981) Sample size for logistic regression with small response probability. *J Amer Stat Assoc* **76** 27-32 ［2.10.1］

【3 章】

Bishop YMM, Fienberg SE and Holl PW (1975) *Discrete Multivariate Analysis : Theory and Practice*, The MIT Press ［3.9］

Hayashi, C (1952) On the prediction of phenomena from qualitative data and the quantification of qualitative data from mathematico-statistical point of view. *Ann Inst Statist Math* **3** 69-98 ［3.6］

Hosmer DL and Lemeshow S (1989) *Applied Logistic Regression*. John Wiley & Sons ［3.2.1］

Menard, S. (2000) Coefficient of determination for multipte logistic regression analysis. *The American Statistician* **54**(1) 17-24 ［3.2.2］

小林廉毅 他（1989）高層高密度住宅居住老人の instrumental activities of dailyliving. 医学のあゆみ **151** 135-136 ［3.6］

SAS Institute Inc (1994) *SAS User's Guide : Basics, Statistics* v 6. 10 ed ［3］

鈴木康雄（1995）動物実験，医学統計学ハンドブック（丹後・宮原編）第14章．朝倉書店 ［3.9］

【4 章】

Andersen PK, Borgan O, Gill RD and Keiding N (1993) *Statistical Models Based on Counting Processes*. Springer-Verlag ［4.3］

Brenn T and Arnesen E (1985) Selecting risk factors : a comparison of discriminant analysis, logistic regression and Cox's regression model using data from the Tromso heart study. *Stat in Med* **4** 413-423 ［4.3.1］

Christensen E, Neuberger J, Crowe J et al (1985) Beneficial effect of azathioprine and prediction of prognosis in primary biliary cirrhosis : final results of an international trial. *Gastroenterology* **89** 1084-1091 [4.3.1]

Cox DR (1972) Regression models and life tables. *J Royal Statist Soc Ser* **B34** 187-220 [4.3]

Flemming TR and Harrington DP (1991) Counting Processes and Survival Analysis. John Wiley & Sons [4.3]

Green MS and Symmons MJ (1983) A comparison of the logistic risk function and the proportional hazard model in prospective epidemiologic studies. *J Chron Dis* **36** 715-724 [4.3.1]

Harrel F (1986) The PHGLM procedure. *SAS Supplementary Library User's Guide* ver 5. Cary NC SAS Institute Inc [4.3.1]

Hauck WW (1985) A comparison of the logistic risk function and the proportional hazards model in prospective epidemiologic studies. *J Chron Dis* **38** 125-126 [4.3.1]

Jacobson LP et al (1993) Changes in Survival after acquired immuno-deficiency syndrome (AIDS) : 1984-1991. *Amer J Epidemiol* **138** 952-964 [4.3.2]

Kalbfleisch JD and Prentice RL (1980) The Statistical Analysis of Failure Time Data. John Wiley & Sons [4.3.3]

Markus BH, Dickson ER, Grambsch PM et al (1989) Efficiency of liver transplantation in patients with primary biliary cirrhosis. *New Engl J Med* **320** 1709-1713 [4.3.1]

McCullagh P and Nelder JA (1989) Generalized Linear Models 2nd ed. Chapman & Hall [4.2] [4.2.3]

Prentice RL (1973) Exponential survivals with censoring and explanatory variables. *Biometrika* **60** 279-288 [4.3.3]

佐藤俊哉 (1995) 疫学. 医学統計学ハンドブック (丹後・宮原編) 第16章. 朝倉書店 [4.1]

Schoenfeld D (1982) Partial residuals for the proportional hazard regression model. *Biometrika* **69** 239-241 [4.3.1]

Smith WCS, Tunstall-Pedoe H, Crombie IK and Tavendale R (1989) Concomitants of exess coronary deaths : major risk factor and lifestyle findings from 10,359 men and women in the Scottish Heart Health Study. *Scotland Med J* **34** 550-555 [4.2.2]

Thomsen BL, Keiding N and Altman DG (1991) A note on the calculation of expected survival. *Stat in Med* **10** 733-738 [4.3.1]

Woodward M, Laurent K and Tunstall-Pedoe H (1995) An analysis of risk factors for prevalent coronaly heart disease by using the proportional odds model. *Statistician* **44** 69-80 [4.2.2]

【5 章】

Akaike H (1973) Information theory and an extension of the maximum principle. *Proc 2nd Int Symp Information Theory*, Akademia Kiado, Budapest, 267-281 [5.2.12]

Albert A and Anderson JA (1984) On the existence of maximum likelihood estimates in logistic regression models. *Biometrika* **71** 1-10 [5.2.3]

Cook RD (1979) Influential observations in linear regression. *J Amer Stat Assoc* **74** 169-174 [5.2.7]

Crowder MJ (1978) Beta-Binomial ANOVA for proportions. *Appl Statist* **27** 34-37 [5.2.6]

Hjorth JSU (1994) *Computer Intensive Statistical Methods*. Chapman & Hall [5.2.12]

Hosmer DW and Lemeshow S (1989) *Applied Logistic Regression*, John Wiley & Sons [5.2.5]

McCullagh P and Nelder JA (1989) *Generalized Linear Models*, 2nd ed. Chaman & Hall [5.2.5]

Mehta CR and Patel N (1993) *LogXact-Turbo*, Cytel Software Corp [5.1]

Pregibon D (1984) Data analytic methods for matched case-control studies. *Biometrics* **40** 639-651 [5.3.3]

Pregibon D (1981) Logistic regression diagnostics. *Ann Statist* **9** 705-724 [5.2.7]

Santner TJ and Duffy ED (1986) A note on A Albert and JA Anderson's conditions for the existence of maximum likelihood estimates in logistic regression models. *Biometrika* **73** 755-758 [5.2.3]

Schwarz G (1978) Estimating the dimension of a model. *Ann Statist* **6** 461-464 [5.2.12]

Venzon DJ and Moolgavkar SH (1988) A method for computing profile likelihood based confidence intervals. *Appl Statist* **37** 87-94 [5.2.4]

Williams DA (1982) Extra-binomial variation in logistic linear models. *Appl Statist* **31** 144-148 [5.2.6]

和文索引

ア 行

異質性　50
一致推定量　264
一般化推定方程式　49
一般化線形混合効果モデル　49, 144, 146, 153
一般化線形モデル　14, 81, 255
後ろ向き研究　27
打切りデータ　212

エフィシェントスコア　245

オッズ比　7, 8, 26, 37, 65, 89, 201, 203, 209, 210

カ 行

回帰による補完　56
階層　48
外挿　21, 189
階層構造　143, 145
　――のロジスティック回帰モデル　82
階層的データ　48
χ^2 統計量　116
拡張 Mantel 検定　202
拡張 Mantel 法　90, 95, 97, 99
　――による多変量調整傾向性の検定　100
カテゴリー変数　31, 81
過分散　155
間隔尺度　31
完全ケース（による）解析　52, 54, 163, 165, 169, 173, 174
完全な条件付き尤度　36, 243, 268
完全にフィット　89
　――したモデル　98, 251
完全（に）分離　196, 246
感度分析　52
擬似完全分離　197, 246
擬似的完全データ　57
擬似的にも分離　196
擬似尤度法　253
基準化 Pearson 残差　254
基準生存曲線　213
基準ハザード関数　213
求積点　149, 152
求積点 50　166
寄与危険度　26
局外パラメータ　242

クラスター化されたデータ　48
クラスター間差　144
クラスター構造　143
クラスター内相関　48, 144
クラスター無作為化比較試験　48, 144
クロスセクショナル研究　12, 22, 75, 175
クロスモデルバリデーション　263

経験的標準誤差推定値　162
経験ベイズ推定値　148
傾向性の仮説　201
傾向性の検定　41, 78, 90, 95, 202
経時的繰り返し測定データ　153
ケースコホート研究　42, 46

ケースコントロール研究　10, 42, 68, 85
結果変数　31
欠測データ　51, 163
欠測データメカニズム　52
決定係数　249
検証的研究　32
検定に基づく方法　201

効果修飾　32
交互作用　33, 109, 110, 112, 136, 183, 200, 237
交互作用項の自由度　238
後退法　105, 106, 133, 135
項目の有意性　183
交絡　13, 32
交絡因子　13
効率　163
　――が悪い　51
50%致死量　17, 191
50%有効量　17, 191
個人マッチング　242
個体特異的モデル　49
五分位数　87
五分位点　39
誤分類　60
コホート研究　1, 8, 68
コホート内ケースコントロール研究　74
混合効果モデル　146, 149, 150, 152, 155, 174

サ 行

最尤推定値　33, 242, 244
最尤法　34, 242
最良線形不偏予測値　148
サーベイ　12
残差平方和　249
三分位数　88, 104

時間依存型の変数の扱い 217
事後確率 4
事後分布 57
事前確率 4
疾病発症の指標 22
時間点相関 153
時間点相関構造 162
時点マッチング 47
四分位数 87
四分位点 39
死亡率 23, 26, 39
重回帰分析 212
重回帰モデル 31
重相関係数 102, 249
十分統計量 263, 265
周辺擬似尤度 146
周辺モデル 50
順序尺度 31
条件付き最尤法 34, 263
条件付き正確な推定・検定法 195
条件付き尤度 36, 242, 264
条件付きロジスティック回帰モデル 34, 68, 82, 121, 242, 263
情報量規準 99, 147
人月 24
診断統計量 138, 254
人日 25
人年 24
信頼区間 38

推定生存関数 232, 234
スコア検定 99, 206, 211, 256-258
スコア法 105, 106, 133
ステップワイズ法 105, 106, 133, 224, 230
スパース 103

正確な条件付きスコア検定統計量 268
正確な方法 36
正規線形回帰分析 164
正規線形回帰モデル 57,

164
生存関数 224
生存曲線の推定値 215
説明変数 31
セミパラメトリックモデル 213
漸近的一致性 34
線形判別関数 2, 3, 216
前進法 105, 106, 133, 135
選択モデル 53

相関のあるデータ 48
相対危険度 26, 37, 40
相対超過リスクモデル 41
相対ハザード 213, 218, 221
相対率 26
層別解析 34, 236, 264
層別変数の指定 225
粗オッズ比 92, 98
測定誤差 60
——の調整方法 64
粗相対危険度 122, 124, 126

タ 行

対数オッズ 28
対数線形モデル 40
代替変数 64
多重補完法 52, 56, 164, 165, 167, 168, 171, 173
多重リスクファクター 1
脱落 59
妥当性調査 64
多変量調整オッズ比 96, 100
多変量調整傾向性の検定 91, 97, 100, 102, 128
多変量調整相対危険度 123, 125, 127
——の傾向性の検定 123
多変量調整比例ハザードモデル 224, 229
多変量調整モデル 91
多変量デルタ法 65

ダミー変数 28, 81, 82, 112
探索的研究 32
単調性欠測パターン 59
単調パターン 174

逐次選択法 260
超幾何分布 259
調整 13
調整オッズ比 8, 38

追跡不能例 23

適応型ガウス（-エルミート）求積法 146, 147, 152
適合度（検定）統計量 11, 99, 103
適合度尤度比検定統計量 187
てこ比 254, 266
データ点の準完全分離 180
デビアンス（適合度統計量） 11, 99, 103, 156, 183, 184, 188, 250
——の残差 255
デルタ法 192

等相関 155
特異な「マッチングペア（組合せ）」 139
独立 155
——な標本 241
閉じたコホート 23

ナ 行

並べ換え検定 268

2項分布 24, 253
2重指数関数 15
2重対数プロット 225, 233, 235
2値変数 31, 81

ネステッド・ケースコントロール研究 42, 47

年齢調整オッズ比 90, 94, 98
年齢調整傾向性の検定 98

ハ 行

曝露オッズ 43, 44
曝露オッズ比 56
ハザード関数 213
ハザード比 46, 213
外れ値 114
パーセント点 104
バックグラウンド発症率 41
発症 22
発症オッズ 8, 43, 44
発症オッズ比 55
発症確率 27
発症率 22, 24, 39, 48, 61
発症率差 26
発症率比 26, 40, 46-48, 201
発症割合 23, 24, 39, 44
罰則付き擬似尤度 146
ハット行列 254
反復収束法 164
判別分析 164

比尺度 31
人時間 23
標準正規分布関数 14
標本の大きさ 65
開いたコホート 23, 39
比例オッズ性 211
比例オッズモデル 203, 204, 206, 210
比例ハザード性 213, 218, 224, 235, 236
　――の検討 221
　――の点検 214
比例ハザードモデル 212, 223, 227
非劣性検定 14
頻度マッチング 72

不完全データの解析 51
不均衡 32

ブートストラップ法 65
部分コホート 46
フラミンガム研究 1
フルモデル 98
プロビット回帰分析 194
プロビット回帰モデル 15, 189, 190, 194
プロファイル 30, 33, 36, 183, 243
プロファイル数 184
プロファイルベース 89
分位数 87
分散分析 15, 250

平均残差平方和 255
平均値による補完 56
ベイズ推定 164
偏差 249
変数減少法 260
変数選択 105, 224, 230, 260
変数増加法 260
変数増減法 260
変量効果 49, 150

包括的帰無仮説 99
補完間分散 60
補完する 56
補完内分散 60
補完モデル 57, 175
母集団平均モデル 50
母数効果モデル 145, 149, 152, 155
本調査 64

マ 行

マッチド・ケースコントロール 68, 202, 203
マッチド・ケースコントロール研究 29, 34, 74, 82, 120, 133, 242, 264
マッチマージ 105
マッチング 119, 132
マルチレベルデータ 48
稀な疾患（疾病） 27, 37, 40

密度サンプリング 47
無構造 155
無作為化 13
無視できる最尤法 52, 164-166, 170, 173, 174
無調整モデル 89

名義尺度 31

モデルの適合度 99, 183, 184, 188, 248
モデルの適合度統計量 99, 194
モデルの有意性検定 256
モデル（変数）の有意性 248

ヤ 行

尤度 242
尤度関数 33, 242
尤度近似 152
尤度比 250
尤度比検定 99, 256, 260
尤度比検定統計量 89, 98, 250
有病率 22

用量-反応関係 17, 63, 90, 120
予後因子 13
予後指数 215
予測分布 57

ラ 行

罹患 22
リスク差 26
リスク指標 22
リスク集合 47
　――からのサンプリング 47
リスク比 26, 46, 201
リスクファクター 1, 2
率 22, 25
臨床試験 13, 26

累積オッズモデル　204
累積生存確率　218
累積ハザード関数　214

連続修正項　201, 203
連続変数　31

ロジスティック回帰モデル　216
――で補完した多重補完法　174
ロジスティック関数　3, 241
ロジット　3, 28
ロジット分析　3
ロバストサンドイッチ推定量　49
ロバスト標準誤差推定値　162

ワ 行

割合　22, 25

欧 文 索 引

A

adaptive Gauss-Hermite quadrature　146, 147, 149, 152, 166
adjusted odds ratio　8, 38
adjustment　13
AIC（Akaike information criterion）　99, 262
Albert-Anderson 法　195
analysis of variance　15, 250
asymptotic consistency　34
asymptotic normality of parameter estimates　89
attenuated　61
attributable risk　26
attributable risk percent　26

B

background incidence rate　41
backward　260
baseline hazard function　213
baseline survival curve　213
Bayes の定理　4
Bayesian approach　56

BIC（Bayesian information criterion）　99, 262
binomial distribution　253
BLUP（Best Linear Unbiased Predictor）　148
bootstrap　65

C

case-cohort study　42
case-control study　10
case-control study within cohort　42
categorical variable　31
censored data　212
clinical trial　13, 26
closed cohort　23
cluster randomized controlled trial　48
clustered data　48
Cochran-Armitage 検定　202
coefficient of determination　249
cohort study　1
complementary log-log 回帰モデル　15, 189, 190
complete case analysis　52, 163, 165
complete separation　196, 246
conditional likelihood　36, 242
conditional logistic regression model　34, 242, 263
conditional maximum likelihood method　34
confirmatory study　32
confounding　13, 32
confounding factor　13
consistent estimator　264
contingency table　42
continuity correction term　201, 203
continuous variable　31
Cook('s) distance　20, 188
Cook 型統計量　20, 116, 138, 184, 188
correlated data　48
Cox の比例ハザードモデル　82, 212, 216, 217, 221,
cross model validation　263
cross-sectional study　12, 22
cumulative hazard function　214
cumulative odds model　204

D

deciles　252
delta method　192

density sampling 47
design variables 82
deviance 250
deviance residuals 255
deviation 249
diagnostic statistic 254
dichotomous variable 31, 81
dose-response relationship 17, 90
double exponential function 15
dropout 59
dummy variable 28, 82

E

ED50 17, 191
effect modification 32
efficiency 163
efficient score 245
empirical Bayes estimates 148
empirical standard error estimate 162
errors-in-variable model 60
exact conditional score test statistic 268
exchangeable 155
exploratory study 32
exposure odds 43
extrapolation 21, 189

F

FCS（fully conditional specification） 59, 164
Fisher 情報行列 245
force of morbidity 22
forward 260
Framingham study 1
frequency matching 72
full conditional likelihood 36, 243, 268
full data analysis 174
full model 98

G

GEE（generalized estimating equations） 49, 156
generalized linear mixed-effects model 49, 146
generalized linear model 14, 255
goodness-of-fit 248

H

hat matrix 254
hat 統計量 116
hazard rate 22
hazard ratio 46, 213
heterogeneity 50
hierarchical data 48
hierarchical logistic regression model 82
hierarchy 48
Hosmer-Lemeshow 検定 102, 252
──の分割 103

I

ignorable maximum likelihood 52, 164, 165
imbalance 32
imputation model 56
impute 56
incidence 22
incidence density 22
incidence odds 8
incidence proportion 6, 23, 25, 39
incidence rate 22, 25, 39, 48
incidence rate ratio 47
incidence risk 23
independence 155
independent sample 241
individual matching 242
inefficient 51
influential プロファイル 138, 114, 116, 140, 143, 188, 248, 254
influential プロファイル検出 184
instantaneous incidence rate 22
interaction 33, 109
interval scale 31
intracluster correlation 48
ITT（intention to treat） 56

K

Kaplan-Meier 223, 226
──の生存分析 217
Kullback-Leibler 情報量 262

L

Laplace 法 147
last observation carried forward 56
LD50 17, 191
leverage 254, 266
likelihood 242
likelihood function 33, 242
likelihood ratio 250
likelihood ratio test statistic 250
LOCF 56
log odd 28
logistic function 3
logit 3, 28
logit analysis 3
log-linear model 40
log-rank 検定 218, 223, 226
LogXact の exact 検定 198
longitudinal data 153
loss-to follow-up 23

M

Maharanobis 距離 4
main study 64

Mantel-extension 202
Mantel-Haenszel 型の推定・検査 200
Mantel-Haenszel 検定 257, 258
MAR 53, 55-57
marginal model 50
marginal quasi-likelihood 146
marginal 法 81, 83, 84
marginal モデル 146
matched case-control study 34
maximum conditional likelihood estimate 36, 242
maximum exact conditional likelihood estimate 36, 243
maximum likelihood estimate 33, 242
maximum likelihood method 34, 242
MCAR 53, 55
MCMC (Markov chain Monte Carlo) 59, 164
mean imputation 56
mean residual sum of squares 255
measure of disease occurrence 22
measure of disease risk 22
measurement error 60
median effective dose 17, 191
median lethal dose 17, 191
MH 検定 257
MICE (multiple imputation by chained equation) 59
misclassification 60
missing at random 53
missing completely at random 53

missing data 51
missing data mechanism 52
missing not at random 54
MNAR 54-56
monotone missingness pattern 59
monotone pattern 174
monotonically increasing 269
mortality rate 23, 26, 39
multi-level data 48
multiple correlation coefficient 249
multiple imputation 52, 56, 164
multiple imputation analysis 165
multiple regression model 31
multiple risk factor 1
multivariate δ-method 65

N

nested case-control study 42
nested case-control 研究 75
Newton-Raphson 法 244, 266
nominal scale 31
non-inferiority test 14
non-zero correlation の検定仮説 91
nuisance parameter 242

O

odds ratio 8, 26
open cohort 23, 39
ordinal scale 31
outlier 114, 116
overdispersion 89, 155, 156, 248, 253

P

partial 法 81, 83, 88, 147
Pearson χ^2 156
Pearson residuals 251
Pearson 残差 251
Pearson 適合度統計量 183
Pearson の χ^2 統計量 103, 251
Pearson の適合度統計量 99
penalized quasi-likelihood 146
permutation test 268
person-days 25
person-months 24
person-time 23
person-years 24
Poisson 回帰モデル 40
Poisson 傾向性検定 202
Poisson 分布 24, 40
POM (proportional odds model) 204
population average model 50
population-averaged 146
posterior probability 4
prevalence 22
prior probability 4
probit regression model 15
profile 30
profile likelihood function 89
profile 尤度に基づく (95%) 信頼区間 89, 98, 247
prognostic factor 13
prognostic index 215
propensity 50
proportion 22, 25
proportional hazard 213
proportional hazard model 212

Q

quartile 39, 87
quasicomplete separation 197
quasi-complete separation 246
quasi-likelihood approach 253
quintile 39, 87

R

random-effects 49
randomization 13
rank score 91
rare disease 27, 37, 40
rate 22, 25
rate difference 26
rate ratio 26, 40, 46, 48
ratio scale 31
reference group 84
regression imputation 56
relative excess risk model 41
relative rate 26
relative risk 26, 37
residual sum of squares 249
retrospective study 27
RH（relative hazard）213, 218
risk difference 26
risk factor 1, 2
risk ratio 26, 46
risk set 47
risk-set sampling 47
robust sandwich estimator of variance 49
robust standard error estimate 162
Rubin のルール 60

S

sample size 65
sampling rate 47
saturated model 251
SC 99
Schoenfeld 残差 215, 224, 228
Schoenfeld 残差プロット 236
Schwartz の情報量規準 99
score test 256
selection model 53
semi-parametric 213
sensitivity analysis 52
significance of model 248
sparse 103
standardized normal distribution function 14
statified analysis 34
stepwise 260
stepwise procedure 260
stratified analysis 264
subcohort 46
subject-specific モデル 49, 146
sufficient statistics 263
surrogate variable 64
survey 12

T

table score 90, 91
test for trend 41, 202
test-based confidence interval 201
time at risk 47
time matching 47

U

unbalanced design 36, 243
unconditional estimator 264
unmatched case-control study 85
unstructured 155

V

validation study 64

variable selection 260

W

Wald χ^2 統計量 183
　——に基づく信頼区間 89
Wald 検定 6, 38, 98, 99, 256, 257
　——に基づく95%信頼区間 98
Wald 信頼区間 247
Wilcoxon 順位 91
withdrawn 23
working random variable 146

SAS 関連・プロシージャ

CATMOD 81, 84, 114, 138, 180, 252
FREQ 91, 120
GENMOD 51, 81, 156, 158, 189, 192, 194
GLIMMIX 51, 81, 146, 149, 153, 156, 157, 161, 165, 166, 168, 174
LIFETEST 223
list-wise deletion 164, 166
LOGISITIC 255
LOGISTIC 81, 84, 85, 89, 99, 102, 105, 110, 112, 117, 138, 164, 177, 182, 184, 192, 210, 252, 254, 261, 263
long フォーマット 164, 166, 167
MI 167
MIANALYZE 167, 168, 174
MIXED 146
PHREG 82, 120, 121, 132, 133, 136, 215, 223, 224, 235, 261
STEPWIZE 105, 133
UNIVARIATE 104
wide フォーマット 166, 167

著者略歴

丹後　俊郎（たんご　としろう）
- 1950 年　北海道に生まれる
- 1975 年　東京工業大学大学院理工学研究科修了
　　　　　国立保健医療科学院を経て
- 現　在　医学統計学研究センター長
　　　　　医学博士

山岡　和枝（やまおか　かずえ）
- 1952 年　東京都に生まれる
- 1975 年　横浜市立大学文理学部卒業
　　　　　国立保健医療科学院を経て
- 現　在　帝京大学大学院
　　　　　公衆衛生学研究科長・教授
　　　　　医学博士

高木　晴良（たかき　はるよし）
- 1960 年　愛知県に生まれる
- 1984 年　東京大学医学部卒業
　　　　　帝京大学を経て
- 現　在　東京医療保健大学
　　　　　看護学部・准教授

統計ライブラリー
新版 ロジスティック回帰分析
―SAS を利用した統計解析の実際―

定価はカバーに表示

1996 年 6 月 20 日	初版第 1 刷	
2011 年 5 月 20 日	第 12 刷	
2013 年 11 月 10 日	新版第 1 刷	
2017 年 11 月 20 日	第 3 刷	

　　　　　著　者　丹　後　俊　郎
　　　　　　　　　山　岡　和　枝
　　　　　　　　　高　木　晴　良
　　　　　発行者　朝　倉　誠　造
　　　　　発行所　株式会社　朝　倉　書　店
　　　　　　　　　東京都新宿区新小川町6-29
　　　　　　　　　郵便番号　162-8707
　　　　　　　　　電　話　03(3260)0141
　　　　　　　　　FAX　03(3260)0180
　　　　　　　　　http://www.asakura.co.jp

〈検印省略〉

© 2013〈無断複写・転載を禁ず〉　　新日本印刷・渡辺製本

ISBN 978-4-254-12799-7　C 3341　　Printed in Japan

JCOPY　〈(社)出版者著作権管理機構　委託出版物〉

本書の無断複写は著作権法上での例外を除き禁じられています。複写される場合は、そのつど事前に、(社)出版者著作権管理機構(電話 03-3513-6969、FAX 03-3513-6979、e-mail: info@jcopy.or.jp)の許諾を得てください。

医学統計学研究センター 丹後俊郎・中大 小西貞則編

医 学 統 計 学 の 事 典

12176-6 C3541　　　　A5判 472頁 本体12000円

「分野別調査：研究デザインと統計解析」,「統計的方法」,「統計数理」を大きな柱とし,その中から重要事項200を解説した事典。医学統計に携わるすべての人々の必携書となるべく編纂。〔内容〕実験計画法／多重比較／臨床試験／疫学研究／臨床検査・診断／調査／メタアナリシス／衛生統計と指標／データの記述・基礎統計量／2群比較・3群以上の比較／生存時間解析／回帰モデル分割表に関する解析／多変量解析／統計的推測理論／計算機を利用した統計的推測／確率過程／機械学習／他

医学統計学研究センター 丹後俊郎・
元阪大 上坂浩之編

臨 床 試 験 ハ ン ド ブ ッ ク
―デザインと統計解析―

32214-9 C3047　　　　A5判 772頁 本体26000円

ヒトを対象とした臨床研究としての臨床試験のあり方,生命倫理を十分考慮し,かつ,科学的に妥当なデザインと統計解析の方法論について,現在までに蓄積されてきた研究成果を事例とともに解説。〔内容〕種類／試験実施計画書／無作為割付の方法と数理／目標症例数の設計／登録と割付／被験者の登録／統計解析計画書／無作為化比較試験／典型的な治療・予防領域／臨床薬理試験／グループ逐次デザイン／非劣性・同等性試験／薬効評価／不完全データ解析／メタアナリシス／他

B.S.エヴェリット著
前北里大 宮原英夫・前北里大 池田憲昭・
北里大 鶴田陽和訳

医 学 統 計 学 辞 典

12162-9 C3541　　　　A5判 344頁 本体8800円

医学統計学領域における基本的な専門用語1600について,明快な定義を与える辞典。図を豊富に取り入れ,数式は一切用いず,やさしい表現で解説しており,医者,医学部の学生に理解できるよう配慮したもの。〔内容〕因子分析／後ろ向き研究／欠測値／コックスの比例ハザードモデル／疾病地図／スクリーニング調査／多重エンドポイント／発病率／プラセボ効果／分散分析／メタアナリシス／予後スコアリングシステム／無作為割付け／盲検法／ランダム回答法／臨床試験／他

A.アール-スレイター著
元医薬品医療機器総合機構 佐久間昭・
前北里大 宮原英夫・富山大 折笠秀樹監訳

臨 床 試 験 用 語 事 典

32213-2 C3547　　　　A5判 416頁 本体9800円

診断方法,治療方法,予防方法,看護,患者のリスクプロフィールの知識と理解,などを改善し,疾患の原因論と病原論を支援することを目的とした「臨床試験」全般より500語余りを精選した用語事典。基本的な用語から標準化に欠かせない重要な述語に定義を与えるだけでなく,その背景にある考え方,実際,展望を詳述する。より広く深い理解を得られるよう充実したクロスリファレンス,その先の知識に対しては参考文献を掲げるなど随所に使い勝手の良さを実現したもの。

D.K.デイ・C.R.ラオ編
帝京大 繁桝算男・東大 岸野洋久・東大 大森裕浩監訳

ベイズ統計分析ハンドブック

12181-0 C3041　　　　A5判 1076頁 本体28000円

発展著しいベイズ統計分析の近年の成果を集約したハンドブック。基礎理論,方法論,実証応用および関連する計算手法について,一流執筆陣による全35章で立体的に解説。〔内容〕ベイズ統計の基礎(因果関係の推論,モデル選択,モデル診断ほか)／ノンパラメトリック手法／ベイズ統計における計算／時空間モデル／頑健分析・感度解析／バイオインフォマティクス・生物統計／カテゴリカルデータ解析／生存時間解析,ソフトウェア信頼性／小地域推定／ベイズ的思考法の教育

早大 豊田秀樹著
はじめての 統計データ分析
——ベイズ的〈ポストp値時代〉の統計学——
12214-5 C3041　　　　A5判 212頁 本体2600円

統計学への入門の最初からベイズ流で講義する画期的初級テキスト。有意性検定によらない統計的推測法を高校文系程度の数学で理解。〔内容〕データの記述／MCMCと正規分布／2群の差（独立・対応あり）／実験計画／比率とクロス表／他

早大 豊田秀樹編著
基礎からのベイズ統計学
——ハミルトニアンモンテカルロ法による実践的入門——
12212-1 C3041　　　　A5判 248頁 本体3200円

高次積分にハミルトニアンモンテカルロ法（HMC）を利用した画期的初級向けテキスト。ギブズサンプリング等を用いる従来の方法より非専門家に扱いやすく、かつ従来は求められなかった確率計算も可能とする方法論による実践的入門。

東北大 照井伸彦著
シリーズ〈統計科学のプラクティス〉2
Rによる ベイズ統計分析
12812-3 C3341　　　　A5判 180頁 本体2900円

事前情報を構造化しながら積極的にモデルへ組み入れる階層ベイズモデルまでを平易に解説〔内容〕確率とベイズの定理／尤度関数、事前分布、事後分布／統計モデルとベイズ推測／確率モデルのベイズ推測／事後分布の評価／線形回帰モデル／他

慶人 小暮厚之著
シリーズ〈統計科学のプラクティス〉1
Rによる 統計データ分析入門
12811-6 C3341　　　　A5判 180頁 本体2900円

データ科学に必要な確率と統計の基本的な考え方をRを用いながら学ぶ教科書。〔内容〕データ／2変数のデータ／確率／確率変数と確率分布／確率分布モデル／ランダムサンプリング／仮説検定／回帰分析／重回帰分析／ロジット回帰モデル

統計センター 椿 広計・電通大 岩崎正和著
シリーズ〈統計科学のプラクティス〉8
Rによる 健康科学データの統計分析
12818-5 C3340　　　　A5判 224頁 本体3400円

臨床試験に必要な統計手法を実践的に解説〔内容〕健康科学の研究様式／統計科学的研究／臨床試験・観察研究のデザインとデータの特徴／統計的推論の特徴／一般化線形モデル／持続時間・生存時間データ分析／経時データの解析法／他

元東大 古川俊之監修
医学統計学研究センター 丹後俊郎著
統計ライブラリー
医学への統計学 第3版
12832-1 C3341　　　　A5判 304頁 本体5000円

医学系全般の、より広範な領域で統計学的なアプローチの重要性を説く定評ある教科書。〔内容〕医学データの整理／平均値に関する推測／相関係数と回帰直線に関する推測／比率と分割表に関する推論／実験計画法／標本の大きさの決め方／他

北里大 鶴田陽和著
すべての医療系学生・研究者に贈る
独習統計学24講
——医療データの見方・使い方——
12193-3 C3041　　　　A5判 224頁 本体3200円

医療分野で必須の統計的概念を入門者にも理解できるよう丁寧に解説。高校までの数学のみを用い、プラセボ効果や有病率など身近な話題を通じて、統計学の考え方から研究デザイン、確率分布、推定、検定までを一歩一歩学習する。

北里大 鶴田陽和著
すべての医療系学生・研究者に贈る
独習統計学応用編24講
——分割表・回帰分析・ロジスティック回帰——
12217-6 C3041　　　　A5判 248頁 本体3500円

好評の「独習」テキスト待望の続編。統計学基礎、分割表、回帰分析、ロジスティック回帰の四部構成。前著同様とくに初学者がつまづきやすい点を明解に解説する。豊富な事例と演習問題、計算機の実行で理解を深める。再入門にも好適。

山岡和枝・安達美佐・渡辺満利子・丹後俊郎著
統計ライブラリー
ライフスタイル改善の実践と評価
——生活習慣病発症・重症化の予防に向けて——
12835-2 C3041　　　　A5判 232頁 本体3700円

食事・生活習慣をベースとした糖尿病患者へのライフスタイル改善の効果的実践を計るための方法や手順をまとめたもの。調査票の作成、プログラムの実践、効果の評価、まとめ方、データの収集から解析に必要な統計手法までを実践的に解説。

安達美佐・山岡和枝・渡辺満利子・渡邉純子・丹後俊郎著
ライフスタイル改善の成果を導く エンパワーメントアプローチ
——メタボリック症候群と糖尿病の事例をもとに——
64045-8 C3077　　　　A4判 128頁 本体3000円

科学的根拠に基づいた栄養学の実践プログラム。多数のワークシートやスライドに沿って、中高年対象のメタボリック症候群・糖尿病の栄養指導や、青少年対象の食育プログラムを具体的に解説。食事調査FFQW82の利用法あり。オールカラー。

医学統計学研究センター 丹後俊郎著
医学統計学シリーズ1
統 計 学 の セ ン ス
――デザインする視点・データを見る目――
12751-5 C3341　　　　A 5 判 152頁 本体3200円

データを見る目を磨き，センスある研究を遂行するために必要不可欠な統計学の素養とは何かを説く。〔内容〕統計学的推測の意味／研究デザイン／統計解析以前のデータを見る目／平均値の比較／頻度の比較／イベント発生までの時間の比較

医学統計学研究センター 丹後俊郎著
医学統計学シリーズ2
統 計 モ デ ル 入 門
12752-2 C3341　　　　A 5 判 256頁 本体4000円

統計モデルの基礎につき，具体的事例を通して解説。〔内容〕トピックスI〜IV／Bootstrap／モデルの比較／測定誤差のある線形モデル／一般化線形モデル／ノンパラメトリック回帰モデル／ベイズ推測／Marcov Chain Monte Carlo法／他

中大 中村 剛著
医学統計学シリーズ3
Cox 比 例 ハ ザ ー ド モ デ ル
12753-9 C3341　　　　A 5 判 144頁 本体3400円

生存予測に適用する本手法を実際の例を用いながら丁寧に解説する〔内容〕生存時間データ解析とは／KM曲線とログランク検定／Cox比例ハザードモデルの目的／比例ハザード性の検証と拡張／モデル不適合の影響と対策／部分尤度と全尤度

医学統計学研究センター 丹後俊郎著
医学統計学シリーズ4
新版 メタ・アナリシス入門
――エビデンスの統合をめざす統計手法――
12760-7 C3371　　　　A 5 判 280頁 本体4600円

好評の旧版に大幅加筆。〔内容〕歴史と関連分野／基礎／手法／Heterogeneity／Publication bias／診断検査とROC曲線／外国臨床データの外挿／多変量メタ・アナリシス／ネットワーク・メタ・アナリシス／統計理論

医学統計学研究センター 丹後俊郎著
医学統計学シリーズ5
無 作 為 化 比 較 試 験
――デザインと統計解析――
12755-3 C3341　　　　A 5 判 216頁 本体3800円

〔内容〕RCTの原理／無作為割り付けの方法／目標症例数／経時的繰り返し測定の評価／臨床的同等性・非劣性の評価／グループ逐次デザイン／複数のエンドポイントの評価／ブリッジング試験／群内・群間変動に係わるRCTのデザイン

元阪大 上坂浩之著
医学統計学シリーズ6
医薬開発のための 臨床試験の計画と解析
12756-0 C3341　　　　A 5 判 276頁 本体4800円

医薬品の開発の実際から倫理，法規制，ガイドラインまで包括的に解説。〔内容〕試験計画／無作為化対照試験／解析計画と結果の報告／用量反応関係／臨床薬理試験／臨床用量の試験デザイン／用量反応試験／無作為化並行試験／非劣性試験／他

丹後俊郎・横山徹爾・髙橋邦彦著
医学統計学シリーズ7
空 間 疫 学 へ の 招 待
――疾病地図と疾病集積性を中心として――
12757-7 C3341　　　　A 5 判 240頁 本体4500円

「場所」の分類変数によって疾病頻度を明らかにし，当該疾病の原因を追求する手法を詳細にまとめた書。〔内容〕疫学研究の基礎／代表的な保健指標／疾病地図／疾病集積性／疾病集積性の検定／症候サーベイランス／統計ソフトウェア／付録

医学統計学研究センター 丹後俊郎・Taeko Becque著
医学統計学シリーズ8
統 計 解 析 の 英 語 表 現
――学会発表，論文作成へ向けて――
12758-4 C3341　　　　A 5 判 200頁 本体3400円

発表・投稿に必要な統計解析に関連した英語表現の事例を，専門学術雑誌に掲載された代表的な論文から選び，その表現を真似ることから説き起こす。適切な評価を得られるためには，の視点で簡潔に適宜引用しながら解説を施したものである。

医学統計学研究センター 丹後俊郎・Taeko Becque著
医学統計学シリーズ9
ベイジアン統計解析の実際
――WinBUGSを利用して――
12759-1 C3341　　　　A 5 判 276頁 本体4800円

生物統計学，医学統計学の領域を対象とし，多くの事例とともにベイジアンのアプローチの実際を紹介。豊富な応用例では，例→コード化→解説→結果という統一した構成〔内容〕ベイジアン推測／マルコフ連鎖モンテカルロ法／WinBUGS／他

医学統計学研究センター 丹後俊郎著
医学統計学シリーズ10
経時的繰り返し測定デザイン
――治療効果を評価する混合効果モデルとその周辺――
12880-2 C3341　　　　A 5 判 260頁 本体4500円

治療への反応の個人差に関する統計モデルを習得すると共に，治療効果の評価にあたっての重要性を理解するための書〔内容〕動物実験データの解析／分散分析モデル／混合効果モデルの基礎／臨床試験への混合効果モデル／潜在クラスモデル／他

上記価格（税別）は 2017 年 10 月現在